Jablonski (Hg.) | Bäume – Was Sie schon immer fragen wollten

Eike Jablonski (Hg.)

# BÄUME

## Was Sie schon immer fragen wollten

**222 Antworten für Neugierige**

Unter Mitarbeit von:
Veit Martin Dörken, Rolf Kehr, Mirko Liesebach, Volker Meng,
Ulrich Pietzarka, Andreas Roloff, Peter A. Schmidt, Manfred Wessel

Quelle & Meyer Verlag Wiebelsheim

Die Angaben in diesem Buch sind vom Herausgeber und dem Verlag sorgfältig erwogen und geprüft, dennoch kann keine Garantie übernommen werden. Eine Haftung des Herausgebers bzw. des Verlags und seiner Beauftragten für Personen-, Sach- und Vermögensschäden ist ausgeschlossen.

**Bibliografische Information der Deutschen Nationalbibliothek**
Die Deutsche Nationalbibliothek verzeichnet diese Publikation in der Deutschen Nationalbibliografie; detaillierte bibliografische Daten sind im Internet über http://dnb.d-nb.de abrufbar.


www.quelle-meyer.de



Umschlagabbildungen: Platane: Eike Jablonski; Eichenquerschnitt: Andreas Roloff; Spaltöffnungen von Weiß-Tanne: Veit Martin Dörken
Abbildungen: Alle Fotos stammen von den Autoren der jeweiligen Beiträge, sofern dies nicht anders vermerkt ist.
Druck und Verarbeitung: Buchdruck Zentrum, Prüm
Printed in Europe/Imprimé en Europe
ISBN 978-3-494-01919-2

MIX
Papier | Fördert gute Waldnutzung
FSC® C084698

# Vorwort

Bäume spielen seit Beginn der Menschheit eine große Rolle in unserem Leben – mit ihrem Holz können wir Häuser bauen, Wärme erzeugen, Geräte anfertigen; ihre Früchte dienen vielfach als Nahrung; ihr Bast, ihre Rinde und Borke können genutzt werden. Aber sie produzieren auch Sauerstoff, filtern Staub aus der Luft, sind Lebensraum für unzählige andere Lebewesen. Sie beschatten unsere Straßen oder wirken durch ihr Grün wohltuend auf uns. Alte Bäume werden fast ehrfürchtig behandelt, in vielen Kulturen sind Bäume Teil des kulturellen Lebens. Ihre Bedeutung für die Beobachtung von menschlichen Eingriffen in die Umwelt, vor allem des Klimawandels, ist enorm. Wir nehmen sie wahr; und wenn sie fehlen, fällt es sofort auf. Und dennoch gehen wir nicht immer sorgsam mit ihnen um. Das, was uns selbstverständlich erscheint, ist auch verletzlich.

Bäume sind Lebewesen. Wir verstehen sie nur teilweise, denn sie können nicht direkt mit uns kommunizieren. Aber durch ihr Erscheinungsbild sehen wir, was ihnen im Laufe ihres Lebens zugestoßen ist.
Bäume werden von uns auch erforscht. Viele Dinge, die wir heute über Bäume wissen, sind überliefert, aber es gibt auch neue Erkenntnisse, die wir in den letzten Jahrzehnten dazu gewonnen haben. Ganz verstehen können wir Bäume nicht. In der Natur laufen viele Prozesse gleichzeitig ab, und manche fast „menschliche" Eigenschaft ist durch Selektionsdruck entstanden und sichert das Überleben eines Baumes. Einiges aber, was wir über sie wissen, ist doch erstaunlich.

Die Autoren dieses Buches beschäftigen sich ihr gesamtes (Berufs-)Leben mit Bäumen: aus forstlicher, botanischer, gärtnerischer, wissenschaftlicher, kulturhistorischer oder pädagogischer Sicht. Sie werden immer wieder zu Bäumen befragt, sei es auf Führungen oder im Gespräch mit interessierten Menschen, in der Lehre von Studierenden, in Seminaren von Berufsschülern der „grünen Berufe" oder in Schulen von Kindern. Viele der Fragen, die dort gestellt werden, sind in dieses Buch eingeflossen. Einige Fragen können nicht beantwortet werden, dazu sind Bäume zu vielfältig. Manchmal ist es schwierig, allgemeine Aussagen über Bäume zu treffen. Sie bleiben geheimnisvoll.

Dieses Buch möchte zum Wissen über Bäume beitragen. Die Fragen beziehen sich vor allem auf Bäume der gemäßigten Zonen; sie gelten aber häufig für alle Bäume weltweit. Das Buch wendet sich an alle, die Bäume besser verstehen möchten.

Ich danke dem Autorenteam für die gemeinsame Arbeit an diesem Buch und ihre Bereitschaft, aus ihrem jeweiligen Wissensgebiet Fragen und Antworten beizutragen. Dem Verlag danke ich für die gute Zusammenarbeit und ansprechende Ausstattung des Buches.

**Eike Jablonski (Herausgeber)**

# Inhaltsverzeichnis

**Vorwort** ........................................ 4

## 1 Was ist ein Baum? (Fragen 1–18) ........................ 9

In den Fragen 1–6 geht es darum, was einen Baum überhaupt ausmacht und was ihn von einem Strauch unterscheidet. Zudem werden die Wuchsformen der Bäume behandelt und die Frage geklärt, ob das Genom von Bäumen entschlüsselt ist. Gibt es lebende Fossilien unter den Bäumen? Die **Stellung der Bäume im Pflanzenreich** wird in den Fragen 7–14 geklärt. Wie werden die Bäume im Reich der Pflanzen klassifiziert? Der Unterschied zwischen Nacktsamern und Bedecktsamern wird erklärt und auch, welche Pflanzen dazugehören. Auch die Begriffe Nacktsamer, Nadelbaum und Konifere werden erläutert. Die Fragen 15–18 beschäftigen sich mit den Namen der Bäume. Woher kommen die wissenschaftlichen und deutschen Bezeichnungen für Bäume? Sind sie weltweit gültig?

## 2 Was bedeuten Blätter, Rinde und Wurzeln für den Baum? (Fragen 19–45) ........................ 35

In diesem Kapitel erfährt man, wie **Blätter und Nadeln** sich unterscheiden und wie sie funktionieren, wie alt sie werden können und welche Funktionen sie haben (Fragen 19–27). **Rinde und Borke** werden in den Fragen 28–32 behandelt. Dabei wird erläutert, wieso man **überhaupt** zwischen Rinde und Borke unterscheidet, welche unterschiedlichen Typen es gibt und welche Funktionen sie jeweils haben. Was Harz ist wird ebenso erklärt wie der Unterschied zwischen Dornen und Stacheln. Die Funktion, das Wachstum und der Aufbau der **Wurzeln** wird in den Fragen 33–40 behandelt. Schließlich wird in den Fragen 41–45 geklärt, was **Holz überhaupt** ist.

## 3 Wie pflanzen sich Bäume fort? (Fragen 46–68) ............ 71

**Blüte, Frucht und Zapfen** (Fragen 46–68) werden erklärt, aber auch, welches Geschlecht Bäume haben und wie die Bestäubung bei Bäumen vor sich geht. Dabei werden auch die Unterschiede zwischen Nacktsamern und Bedecktsamern veranschaulicht. Spannend ist auch die Frage, was man vom Aussehen von Früchten ableiten kann. Schließlich wird erläutert, wie die Keimung eines Baumes abläuft.

## 4 Wie wachsen Bäume? (Fragen 69–108) .................. 101
Wie die Photosynthese abläuft und wieviel Sauerstoff ein Baum produzieren kann, wird bei der Erklärung der **Stoffwechselvorgänge** (Fragen 69–73) ebenso erläutert wie das Phänomen der Atmung der Bäume. Auch, ob und wie viel Feinstaub ein Baum filtern kann. Das **Wachstum** der Bäume, also wie hoch, klein oder dick ein Baum werden kann, und welches Alter Bäume erreichen können, behandeln die Fragen 74–91. Und auch, ob ein Baum Winterschlaf hält. Die vor allem im Herbst auffällige **Blattfärbung** und der Laubfall wird in den Fragen 92–95 behandelt, und dazu, ob sich überhaupt alle Blätter vor dem Laubfall verfärben, und wie sich Nadelgehölze verhalten.
Der Wasserhaushalt und der Wassertransport innerhalb eines Baumes werden in Frage 96–102 erklärt; auch, wie sich Bäume vor Sonne und Hitze schützen können oder im Gegensatz vor zu viel Wasser. Schließlich wird das **Alter** der Bäume behandelt, vor allem, wie alt Bäume überhaupt werden können (Fragen 103–108).

## 5 Haben Bäume ein Gedächtnis? (Fragen 109–112) ......... 147
Ein Gedächtnis im menschlichen Sinne haben Bäume nicht, aber sie können Informationen speichern. Wie das geht und wie Bäume mit anderen Bäumen in Kontakt treten, wird in den Fragen 109–112 behandelt.

## 6 Wo und wie leben Bäume? (Fragen 113–140) ............ 151
Standortansprüche und Wuchsareale vom Bäumen werden unter dem Stichwort **Ökologie und Verbreitung** (Fragen 113–126) ebenso behandelt wie Waldtypen und Winterhärtezonen. Man erfährt auch, welche heimischen Baumarten vor allem Nahrung für Insekten und andere Tiere bieten. Die **Vielfalt von Baumarten** wird in den Fragen 127–131 behandelt. Dabei wird u. a. der Frage nachgegangen, wie viele Bäume es deutschland- und weltweit gibt und wie viele Baumarten in Deutschland vorkommen. Die Fragen zum Thema **Wald** (Fragen 132–140) beschäftigen sich mit der forstwirtschaftlichen Seite des Baumes und damit, wem der Wald gehört. Zudem werden häufige Waldgesellschaften erklärt.

## 7 Welche Schadfaktoren können auf Bäume einwirken? (Fragen 141–169) .................................... 185
Schadfaktoren, die auf Bäume einwirken können, zählen entweder zu den unbelebten (abiotischen) oder belebten (biotischen) Faktoren. Die Fragen 141–169 behandeln dazu die wichtigsten und häufig auftretenden Faktoren.

**8 Welche Beziehungen haben Menschen und Bäume? (Fragen 170–218) .......................................... 215**

Menschen haben seit Jahrtausenden eine enge Beziehung zu Bäumen entwickelt. Im Abschnitt **Gartenbau, Stadtbäume, Obstbäume** (Fragen 170–192) wird nicht nur darüber informiert, wie ein Baum gepflanzt wird, sondern auch, wie man Straßenbäume fördern kann oder welche Ökosystemleistungen Bäume aufweisen. Warum Schnittmaßnahmen wichtig für den Gesundheitszustand des Baumes sind und was es mit buntgescheckten Blättern auf sich hat, wird ebenfalls erläutert. Zudem erfährt man, welche Bäume den Abwurf der Atombombe über Hiroshima überlebt haben, oder welche Bäume die giftigsten der Welt sind. Zur **Kulturgeschichte** (Fragen 193–202) gehören Erklärungen zum Baum des Jahres, zu den Nationalerbebäumen oder zum Weihnachtsbaum. Fragen zu **nichteinheimischen Baumarten** (Fragen 203–207) beziehen u. a. sich auf eingeführte Bäume und auf die Begriffe Archäophyt, Neophyt und invasiv. Die **Gefährdung von Baumarten** ist Thema der Fragen 208–212; welche Bäume sind deutschland- und weltweit gefährdet und welche sogar ausgestorben? Was ist eine Rote Liste und warum sind einige Baumarten so selten? Wie der **Schutz von Baumarten und Bäumen** u. a. aus rechtlicher Sicht gewährleistet werden kann, wann ein Baum ein Naturdenkmal ist und was Baumsammlungen zum Schutz von Gehölzen beitragen können, wird in den Fragen 213–218 geklärt.

**9 Wie sieht die Zukunft der Bäume aus? (Fragen 219–222) .. 274**

Wie Bäume mit dem Klimawandel umgehen können oder was für Gehölze getan werden kann, wird in den Fragen 219–222 behandelt. Dabei wird auch geklärt, ob die Pflanzung von fremdländischen Gehölzen problematisch sein kann.

**Autoren .................................................. 279**

**Literatur .................................................. 281**

**Register .................................................. 285**

## 1. Was ist ein Baum?

Wer hätte gedacht, dass die Beantwortung dieser Frage gar nicht so einfach ist. Das liegt daran, dass verschiedene Wissenschaftler den Baum etwas unterschiedlich definieren.

Viele Wissenschaftler beschreiben Bäume als langlebige, hochwachsende, freitragende und Holz bildende Pflanzen mit Stamm und Krone, deren Stamm zeitlebens in die Dicke wächst. Bäume haben dazu unter der Rinde eine Wachstumsschicht, das Kambium, dass beständig neue Zellen nach innen und außen abgibt, solange der Baum lebt. Man nennt dies **„sekundäres Dickenwachstum“**, also das zweite Dickenwachstum, nachdem der junge Spross, der aus der Knospe hervorgegangen ist, ja schon gleich zu Beginn ein wenig dicker geworden ist (**primäres Dickenwachstum**).

Das bedeutet dann wiederum, dass die Palmen nicht zu den Bäumen gezählt werden, da sie nicht fortwährend in die Dicke wachsen. Sie bilden zu Beginn ihres Lebens einen Schopf großer Blätter. Dieser Schopf wird zunächst etwas dicker, um mehr Blätter tragen zu können. Erst ab einem bestimmten Alter beginnt er in die Höhe zu wachsen, wird dann aber eben nicht mehr dicker.

*Baum oder nicht Baum, das ist hier die Frage*

Andere Wissenschaftler verzichten in ihrer Definition auf das sekundäre Dickenwachstum. Bei dieser einfachen Definition würden neben all den Nadel- und Laubbäumen auch Palmen und sogar einige baumförmige Farne in tropischen Regen- oder Nebelwäldern oder Bambus zu den Bäumen im weitesten Sinne zählen.

*UP*

## 2. Was unterscheidet den Baum vom Strauch?

Auf den ersten Blick scheint es einfach: Bäume erreichen eine gewisse Höhe, in die Sträucher nicht gelangen – sie bleiben im Normalfall kleiner. Das auffallendste Merkmal dabei ist, dass das Idealbild eines Baumes einen mehr oder weniger gerade in die Höhe wachsenden Stamm aufweist, während der Strauch mehrere bis viele, dabei scheinbar gleichberechtigte Stämmchen oder Triebe hervorbringt.

Die Wissenschaft beschreibt dieses Phänomen mit dem Begriffspaar „Akrotonie / Basitonie“. Ein Baum wächst bevorzugt akrotonisch, das heißt, seine oberen bzw. äußeren Erneuerungsknospen am Ende der Triebe und des Stammes sind die, die am stärksten gefördert werden. Dies führt dazu, dass er stetig

*Rote Heckenkirsche, ein typischer Strauch (links); Berg-Ahorn, Musterbeispiel eines Baumes (rechts)*

in die Höhe wächst und die Breite seiner Krone mehr oder weniger gleichmäßig zunimmt. Der Strauch dagegen wächst „von der Basis her – basitonisch", er entwickelt keinen Stamm, der sich erst ab einer bestimmten Höhe verzweigt, sondern beginnt die Verzweigung sofort mit dem Hervortreten aus dem Erdboden – seine an der Basis von Trieben stehenden Erneuerungsknospen sind die am stärksten geförderten. Auf diese Weise erkennt man den Habitus, also die äußere Gestalt eines Busches oder Strauches im Gegensatz zu dem eines Baumes, auf den ersten Blick.

*MW*

## 3. Welche Lebensformen der Pflanzen gibt es und wie ist es bei den Bäumen?

Unter dem Begriff „Lebensform" versteht man in der botanischen Welt in der Regel die verschiedenen Möglichkeiten, die die Pflanzen im Laufe der Evolution entwickelt haben, um die für sie ungünstigen Jahreszeiten zu überdauern. Hierbei geht es für sie meist um folgende Frage: Wo sind im Winter – bei Schnee und Eis, wenn die Lebensprozesse im wahrsten Sinne des Wortes eingefroren sind – meine Knospen, mit denen ich im Frühling weiterwachsen kann? Die Abbildung zeigt den Erfindungsreichtum von Pflanzen in dieser für sie überlebenswichtigen Frage.

Die Strategie der Bäume und Sträucher ist dabei unschwer zu erkennen: Sie gehören zum Typ der Luftpflanzen oder Phanerophyten (griechisch phanero = sichtbar), unter c in der Abbildung zu finden. Ihre Erneuerungsknospen befinden sich deutlich oberhalb des Erdbodens, mindestens aber 30 cm hoch,

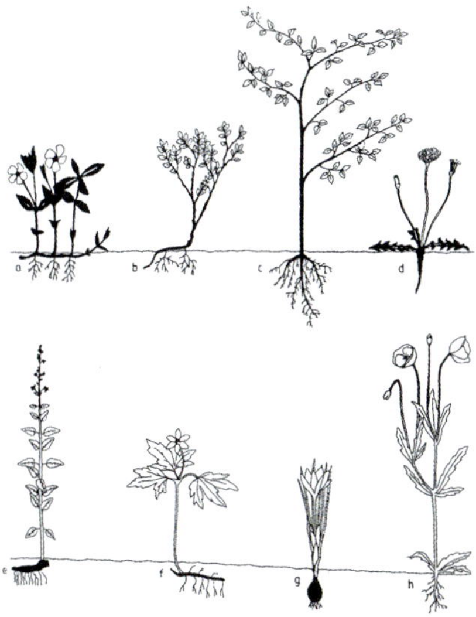


*Die Lebensformen nach dem dänischen Botaniker Christen C. Raunkiaer (1860 – 1938), die schwarz gefärbten Pflanzenteile überwintern: a = Halbstrauch, z. B. Echter Salbei; b = Zwergstrauch, z. B. Heidekraut; c = Gehölz (Baum und Strauch); d = Rosettenpflanze, z. B. Gänseblümchen; e = Schaftpflanze, z. B. Wasser-Minze; f = Erdpflanze mit Rhizom- oder Erdspross, z. B. Maiglöckchen; g = Erdpflanze mit Zwiebel, z. B. Küchen-Zwiebel oder mit Knolle, z. B. Herbstzeitlose; h = Einjährige Pflanze, z. B. Gemeine Sonnenblume*

und sitzen an mehr oder weniger vollständig verholzten Trieben. Oft werden die Knospen durch besondere Strukturen, z.B. den Knospenschuppen, geschützt. Zu den Gehölzen gehören die Sträucher wie z.B. der Sauerdorn, der Hartriegel oder die Johannisbeere. Die Bäume haben ihre Erneuerungsknospen mindestens in der Höhe sitzen und unterscheiden sich damit deutlich von den Sträuchern. Auch die Lianen zählen zu den Gehölzen, wenn sie einen verholzten Stamm besitzen, wie die Waldrebe und der Efeu.

Die Lebensformen, die man bei den Pflanzen erkannt und beschrieben hat, sagen aber nichts über die verwandtschaftlichen Beziehungen aus. Bleiben wir bei den groß werdenden Bäumen, den Makrophanerophyten, das sind die Bäume, die deutlich über 2–3 m groß werden. Hier findet man Vertreter der in Deutschland wichtigsten Laubwaldarten aus der Familie der Buchengewächse, also Buchen und Eichen, aber auch gänzlich andersartige wie die Magnolien oder den Ginkgobaum. Letzterer ist als einzige Art von einer ehemals großen Verwandtschaft übriggeblieben und steht heute nicht nur gänzlich allein in seiner Gattung und seiner Familie, sondern sogar in seiner eigenen Klasse, den Ginkgopflanzen. Keine Verwandten mehr, aber doch unter seinesgleichen im System der Lebensformen, immerhin.

*MW*

## 4. Was kennzeichnet die Wuchsformen Baum, Strauch, Halbstrauch und Liane und was ist dann ein Großstrauch?

Wie schön, dass es Definitionen gibt! Hier folgen die wichtigsten Gruppen der Wuchsformen von Gehölzen.

**Baum**: hohe, aufrechte Holzpflanze von mehr als zwei bis drei Meter, meist mit aufrechtem Stamm, der sich erst ab einer gewissen Höhe verzweigt (siehe auch Frage 1),

**Strauch**: kleinere, aufrechte Holzpflanze bis meistens nur zwei bis drei Meter Höhe, mit oft mehreren gleichwertigen Stämmen oder Stämmchen, dicht über dem Erdboden verzweigt,

**Halbstrauch**: steht im Übergang von einem Strauch zur krautigen Pflanze, die unteren Teile verholzen mehr oder weniger, die oberen dagegen sind krautig und sterben zum Ende der Vegetationszeit ab, dadurch meist nur bis ca. 0,5 Meter hoch,

**Liane**: kletterndes Holzgewächs, welches im Erdboden wurzelt und sich in der Regel an anderen Pflanzen oder Objekten auf verschiedenste Weise hochrankt oder hochwindet... – "In der Regel"? Es ist eines der wunderbaren Merkmale der Botanik im Allgemeinen und der Dendrologie im Besonderen, dass es herrliche Ausnahmen von den vielen Regeln gibt, siehe folgende Abbildung.

**Großstrauch**: noch eine weitere interessante Ausnahme. Schaut man in einen der Angebotskataloge von Baumschulen, liest man von „baumartigen Großsträuchern“ oder auch „Kleinbäumen“ – fließende Übergänge allenthalben.

*MW*

*Das Wald-Geißblatt als Bodendecker? Wenn es nichts zum Hochklettern gibt, dann wird eben auf dem Erdboden gekrochen und die Liane wird zur horizontalen Kletterpflanze – eine Frage der Blickrichtung*

*Der aus Japan stammende Fächer-Ahorn, in einer der unglaublich vielen Sorten gern gepflanzter Gast unserer Gärten und Parks, hier als Wildexemplar mit einem relativ natürlichen Habitus. Man erkennt die drei gleichwertigen Stämme des Gehölzes, die alle aus dem Boden kommen – also ein Strauch. Man registriert aber auch die deutlich über 3 m hinaus gehende Größe, die nun eher für die Baum-Definition sprechen würde – ein Beispiel für ein Gehölz, das mal als großer Strauch und mal als kleiner Baum daherkommt. Andere der recht zahlreichen Beispiele hierfür sind die Kornelkirsche oder der Schwarze Holunder. Man kann fast den Eindruck gewinnen, als seien bei diesen die Ausnahmen aus den Übergangsbereichen in der Überzahl*

## 5. Ist das Genom von Bäumen entschlüsselt?

Das Genom eines Baumes wurde 2006 erstmals vollständig entschlüsselt. Es war das Genom der Westlichen Balsampappel. Damals haben über 100 Wissenschaftler aus 38 Forschungsinstituten in Europa, Kanada und den USA daran gearbeitet, das Pappelgenom zu sequenzieren, das sich aus 485 Millionen Basenpaaren, den Bausteinen der DNA, zusammensetzt.

Mittlerweile ist das Genom von vielen Baumarten entschlüsselt, etwa von der Weymouths-Kiefer. Das Genom dieses Baumes zählt 23 Milliarden Basenpaare und ist damit das größte bisher sequenzierte Genom einer Baumart.

Auch die Genome von Kirsche, Stiel-Eiche, Esche oder Wald-Kiefer sind entschlüsselt. Während ein Mensch etwa 3 Milliarden Basenpaare aufweist, sind bei der Fichte knapp 20 Milliarden Basenpaare gefunden worden. Laubgehölze haben mit 338 Millionen Basenpaaren (Süß-Kirsche) oder 740 Millionen Basenpaaren (Stiel-Eiche) vergleichsweise kleine Genome. Obwohl man die gesamte DNA-Sequenz mancher Baumarten kennt, das heißt die reine Anordnung von Milliarden dieser „Buchstaben des Lebens“, ist man noch weit davon entfernt, dieses System zu verstehen.

*EJ*

## 6. Gibt es unter den Bäumen lebende Fossilien?

Unter dem Begriff „lebende Fossilien“ werden Pflanzen oder Tiere aus erdgeschichtlich sehr alten Gruppen bezeichnet. Diese weisen heutzutage nur noch Reliktcharakter auf oder zeigen noch zahlreiche ursprüngliche, sogenannte primitive Merkmale. Die Gruppen der Farne, der Schachtelhalme sowie der Bärlappe sind durchweg als „lebende Fossilien“ zu bezeichnen. Diese wiesen ehemals eine wesentlich höhere Diversität auf, so z.B. im Karbon, wo sie maßgeblich an der Steinkohlebildung beteiligt waren und einige Arten großbaumartig wuchsen. Heute sind sie bis auf wenige krautige Arten ausgestorben.

Auch unter den Samenpflanzen, die die beiden Gruppen der „Nackt-“ und „Bedecktsamer“ umfassen, gibt es lebende Fossilien. Unter den Bedecktsamern sind z.B. die Magnolien wohl mit die bekanntesten “lebenden Fossilien“. Sie zeigen noch zahlreiche aus evolutionsbotanischer Sicht ursprüngliche Merkmale, dies besonders in der Blütenstruktur wie z.B. spiralige Stellung aller Blütenorgane, variable Anzahl an freien Blüten-, Staub- und Fruchtblättern sowie die fehlende Differenzierung der Blütenhülle in Kelch und Krone.

Aber zweifelsohne sind die prominentesten „lebenden Fossilien“ unter den Nacktsamern zu finden. Diese waren

*Lebende Fossilien; A: Ginkgo (Ginkgo adianthoides, fossil & Ginkgo biloba, rezent); B: Urwelt-Mammutbaum (Metasequoia occidentalis, fossil & Metasequoia glyptostroboides, rezent); C: Sago-Palmfarn (Cycas revoluta); D: Wollemie (Wollemia nobilis)*

die dominierende Landpflanzengruppe vor allem im Jura (vor ca. 201–145 Mio. Jahren) und der Kreidezeit (vor ca. 145–66 Mio. Jahren). Allerdings haben die sich rasant entwickelnden Bedecktsamer diese bereits am Ende der Kreidezeit in die heutigen Randsituationen abgedrängt. Nacktsamer sind bis auf wenige Reste ausgestorben (heute rund 800 Arten). Zu den bekanntesten „lebenden Fossilien“ unter den Nacktsamern, die auch fossil gut dokumentiert sind, zählen z. B. sämtliche Palmfarne, die erstmalig bereits im Unterperm, vor 299–270 Mio. Jahren, nachgewiesen wurden; Ginkgo der bis auf eine Art ausgestorben ist, aber aus dessen Verwandtschaftskreis mittlerweile rund 35 fossile Taxa bekannt sind; der Urwelt-Mammutbaum, der in einem kleinen chinesischen Reliktareal in den 1940ern wiedergefunden wurde oder auch die erst 1994 wiederentdeckte australische Wollemie. Diese galt zuvor als seit 65 Millionen Jahren ausgestorben. Das Besondere: Teilweise lassen die rezenten Vergleichsarten kaum Unterschiede zu ihren fossilen Vorläufern erkennen. So ist z. B. die auch ehemals bei uns heimische fossile Art *Metasequoia occidentalis* kaum unterscheidbar von der einzigen heutigen lebenden Art *Metasequoia glyptostroboides*, des Urweltmammutbaumes. *VD*

# Stellung der Bäume im Pflanzenreich

## 7. Wo befinden sich die Bäume im Reich der Pflanzen?

Wo gehören unsere Bäume im System der Pflanzen hin, wo im Schrank muss gesucht werden? Das Pflanzenreich umfasst die beiden Gruppen der Moose und der Gefäßpflanzen. Um die ca. 25 000 Arten von Moosen müssen wir uns nicht kümmern. Sie leben zwar auch auf dem Land wie unsere Bäume, haben aber kein Stütz- und Leitgewebe. Bei den Höheren Pflanzen oder auch Gefäßpflanzen finden sich die ca. 15 000 Farne und Farnartigen, z. B. die Bärlappe, die alle über die drei Grundorgane Wurzel, Sprossachse und Blatt verfügen und diese Organe mit einem Leitbündelsystem verbinden. Die Suche nach den „echten" Bäumen führt bei den Gefäßpflanzen weiter zu den Samenpflanzen. Diese werden unterteilt in die Nacktsamer und die Bedecktsamer – das Ziel ist erreicht.

Alle heute lebenden Nacktsamer sind echte Holzpflanzen mit sekundärem Dickenwachstum. Hier sind die ca. 200 Arten der Palmfarne versammelt, die in Mitteleuropa nicht winterhart sind. Dann gibt es eine einzige Art bei den

*Ein Samenschrank in einem Botanischen Garten – so ähnlich muss man auch bei den geschätzten 250 000 bis maximal 500 000 Pflanzenarten auf der Erde vorgehen: immer ordentlich in beschriftete Schubladen stecken*

Ginkgopflanzen und schließlich ca. 620 Arten von Nadelgehölzen. In unseren Gärten und Parks findet man davon aufgrund der Klimabedingungen nur einen Teil davon, nämlich ca. 120 Arten.

Es bleiben also die Bedecktsamer übrig, bei denen je nach Auffassung zwischen 2000 bis über 4000 in Deutschland bzw. Mitteleuropa lebensfähige, wild vorkommende und kultivierte Gehölzarten zu finden sind. Die auch hier auftretende Spannbreite erklärt sich zum Teil aufgrund unterschiedlicher Definitionen, was dauerhaft lebensfähig ist und ob auch Halb- und Zwergsträucher sowie Unterarten, Varietäten und Kleinarten mitgezählt werden.

*MW*

## 8. Wie sieht die Systematik der Gehölze aus?

Alle ungefähr 60 000 Gehölzarten auf der Erde gehören zu den Samenpflanzen, die wiederum in Nacktsamer und Bedecktsamer unterteilt werden.

Im großen Schrank der Pflanzenwelt sind die Schubladen, die die Gehölze bergen, nun stetig weiter aufgeschlüsselt. Die ungefähr 820 Nacktsamer, alles Holzpflanzen, und die knapp 60 000 holzigen Bedecktsamer (von

*Zupfen der Chinesischen Weiß-Kiefer – Samen liegt frei (nackt, links); Frucht der Walnuss – Samen ist geschützt (bedeckt, rechts)*

mindestens 250 000 Arten insgesamt) werden in immer verästelterer Form in weitere systematische Kategorien unterteilt. Die wichtigsten sollen an den beiden abgebildeten Bäumen näher angeschaut werden.

Die Chinesische Weiß-Kiefer steckt zusammen mit ca. 110 anderen Arten in der Gattung *Pinus*, deutsch Kiefer, Föhre oder Spirke. Hier ist die Verwandtschaft der einzelnen Arten untereinander relativ groß, es gibt viele Gemeinsamkeiten. Mit 10 anderen Gattungen, z. B. den Tannen und Fichten, wird *Pinus* in die Schublade mit dem Namen der Familie einsortiert: die Kieferngewächse oder Pinaceae. Hier finden sich ca. 230 Arten, die gemeinsame Familienmerkmale aufweisen. Die Familie der Kieferngewächse bildet alleine die nächsthöhere systematische Einheit, die Ordnung der Pinales, die Kiefernartigen, auch Koniferen oder Nadelhölzer genannt.

Bei der Europäischen Walnuss gibt es ca. 20 Arten in der Gattung. Mit weiteren sieben Gattungen, u. a. der Hickorynuss, bilden sie die Familie der Walnussgewächse, die Juglandaceae, die mit sechs anderen Familien, u. a. den Birken- und den Buchengewächsen, in der Ordnung der Buchenartigen, Fagales stehen. Hier sind die Gemeinsamkeiten untereinander schon deutlich weniger stark vorhanden als in der Familie oder sogar Gattung. Man sieht im Übrigen, dass die Endungen der systematischen Gruppen jeweils gleich sind, was beim Erkennen der Schubladen helfen kann.

*MW*

## 9. Was sind Nacktsamer und was Bedecktsamer?

**Nacktsamer** (= Gymnospermen) gehören wie auch die **Bedecktsamer** (= Angiospermen) zu den **Samenpflanzen** (= Spermatophyta). Unter den heutigen Samenpflanzen sind die Nacktsamer als eine Reliktpflanzengruppe zu betrachten, deren heutiges Artenspektrum nicht ansatzweise deren ehemalige Formen- und Artenvielfalt widerspiegelt. Besonders im Jura (vor ca. 201–145 Mio. Jahren) und der Kreidezeit (vor ca. 145–66 Mio. Jahren) waren die Nacktsamer die dominierende Landpflanzengruppe. Sie wurden dann von den sich rasant ausbreitenden Bedecktsamern bereits am Ende der Kreidezeit verdrängt und starben bis auf wenige Reste aus. Es gibt heute rund 800 Nacktsamer, im Vergleich dazu umfassen die Bedecktsamer rund 300 000 rezente Arten.

Merkmal der Samenpflanzen ist, dass sie Samenanlagen bzw. Samen ausbilden. Die Samenanlage ist die weibliche reproduktive Struktur, in der die Eizelle/Eizellen ausgebildet werden.

Bei den Bedecktsamern wird die Samenanlage noch von einem Fruchtblatt (= Karpell) umhüllt, das später die Frucht-

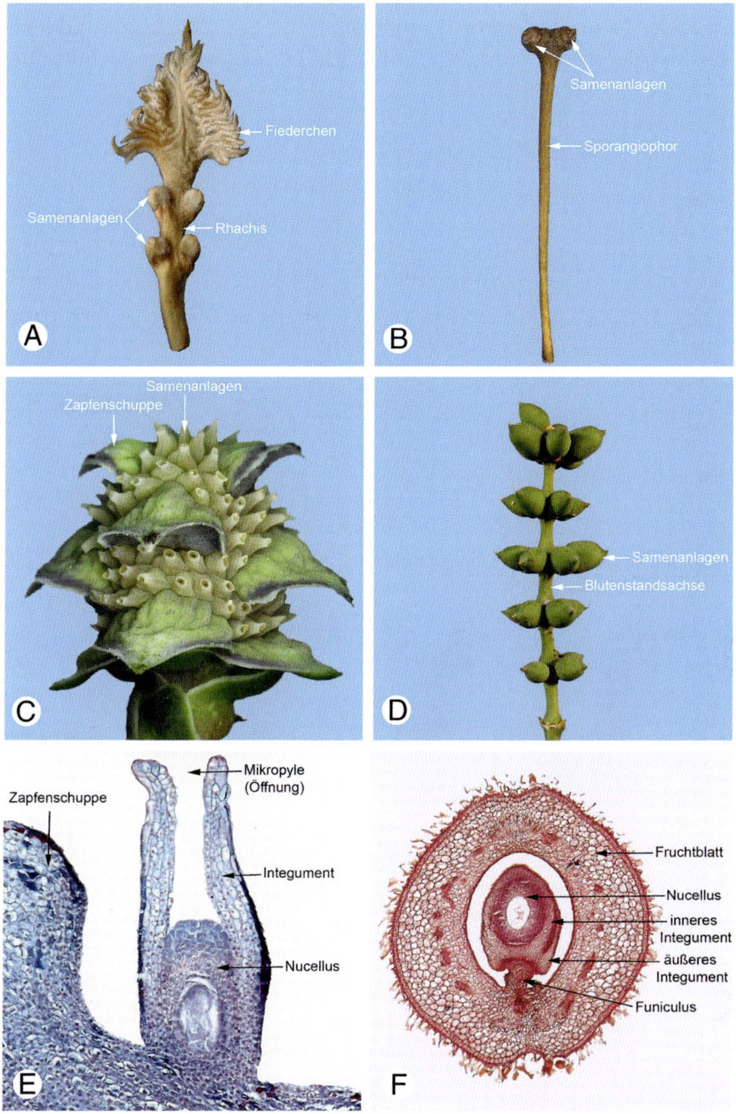


*Merkmale der Nacktsamer; A: Cycas revoluta; Samenblatt mit frei exponierten Samenanlagen; B: Ginkgo biloba; Samenanlagen terminal an langgestielten Samenträger (= Sporangiophor); C: Cupressus cashmeriana; zahlreiche Samenanalgen in der Achsel einer jeweiligen Zapfenschuppe; D: Gnetum gnemon; Samenanlagen in etagenartiger Anordnung an aufrechten Blütenstandsachse; E: Fitzroya cupressoides, Samenanlage von nur einem Integument umgeben; F: Lupinus polyphyllus (Bedecktsamer), Samenanlagen mit 2 Integumenten und von einem zusätzlichen Fruchtblatt umgeben*

wand ausbildet. Daher sind die Samenanlagen der Bedecktsamer immer bedeckt (Name!). Nur Bedecktsamer bilden Früchte aus. Bei den Nacktsamern fehlen solche umhüllenden Fruchtblätter. Die Samenanlagen werden frei, also „nackt" (Name!) exponiert.

Ein weiterer wichtiger Unterschied zu den Bedecktsamern ist, dass bei den Nacktsamern jede Samenanlage für sich selbst für den Pollenfang verantwortlich ist. Bei den Bedecktsamern ist in Form der Narbe ein gemeinsames pollenfangendes Gewebe ausgebildet, von dem aus zahlreiche Samenanlagen mit Pollenkörnern versorgt werden können.

Bei den ursprünglichen Palmfarnen und *Ginkgo* erfolgt die Befruchtung über begeißelte männliche Keimzellen (= Spermatozoide). Die Spermatozoidbefruchtung gibt es auch bei allen Moosen, Farnen und Farnverwandten. Nacktsamer wie die Koniferen und Gnetaten weisen hingegen die höher entwickelte Pollenschlauchbefruchtung auf. Diese ist auch bei allen Bedecktsamern zu finden.

*VD*

## 10. Sind alle Nacktsamer Bäume?

Neben Baumgiganten wie den Mammutbäumen kommen auch zahlreiche andere Lebensformen vor.

Alle heutigen Nacktsamer sind durchweg Holzgewächse mit unterschiedlichen Wuchs- und Lebensformen. Unter den fossilen Nacktsamern konnte jedoch auch eine höchstwahrscheinlich krautige Konifere (*Aethophyllum stipulare*) aus dem Trias nachgewiesen werden. Dies ist unter fossilen als auch rezenten Koniferen einzigartig.

Unter den Palmfarnen lassen sich neben kleinen Schopfbäumen, die ein fast schon palmenartiges Erscheinungsbild haben, auch solche Arten finden, deren unverzweigter Stamm stark kugelig reduziert ist und nur wenige Dezimeter hoch wird.

Die Koniferen umfassen neben zahlreichen Bäumen auch eine Vielzahl an kleinbleibenden Sträuchern. In den Kieferngewächsen findet man strauchartige Vertreter ausschließlich in der Gattung *Pinus*, den Kiefern. Auch unter den Zypressengewächsen lassen sich zahlreiche teilweise niederliegende Zwergsträucher von mitunter nur bis zu einem halben Meter Höhe finden. Hierzu zählen einige Wacholder-Arten (*Juniperus*) oder auch der Sibirische Lebensbaum. Auch unter den Steineibengewächsen kommen zwergige Strauchformen vor. Die Arten der Gattungen Maulbeereibe und Zwergstrobe überschreiten im Alter kaum 1 m Höhe. In diesem Zusammenhang ist besonders die neuseeländische Art *Lepidothamnus laxifolius*, die Lockere Berg-Eibe, zu nennen. Hierbei handelt es sich um einen winzigen Zwergstrauch, dessen

Erscheinungsbild fast schon heideartig anmutet. Es werden im Alter kissenartige Poster ausgebildet, die 5 bis maximal 10 cm hoch werden und im Gelände daher auch leicht zu übersehen sind. Somit stellt diese Art die kleinste Konifere der Welt dar.

Auch innerhalb der Gnetaten gibt es zahlreiche Sträucher, besonders innerhalb der Gattung *Ephedra*, den Meerträubeln. Neben Sträuchern kommen hier auch Spreizklimmer vor, in der Gattung *Gnetum* aus den Gnetumgewächsen neben kleinen Bäumen auch windende Lianen.

Eine Besonderheit unter den heutigen Nacktsamern ist die epiphytische Lebensweise von *Zamia pseudoparasitica*.

*Lebensformen der Nacktsamer; A: Schopfbaum (Cycas circinalis); B: Zwergstrauch (Platycladus decussata); C: Rutenstrauch (Ephedra distachya); D: Spreizklimmer (Ephedra fragilis)*

Dieser ist ein kleiner Palmfarn, der in den Tropen und Subtropen Panamas heimisch ist und dort als Aufsitzerpflanze auf Bäumen vorkommt.

Außergewöhnlich ist auch die parasitische Lebensweise der neukaledonischen Art *Parasitaxus usta* (Steineibengewächse). Dieser chlorophyllfreie Vollparasit erreicht im Alter eine Maximalhöhe von 1,5 m. Er ist ein Wurzel- und Stammparasit, der alleinig auf der ebenfalls aus der Familie der Steineibengewächse stammenden Art *Falcatifolium taxoides* wächst.

*VD*

## 11. Sind alle Nadelbäume Koniferen?

Nein, zwar sind Nadelblätter unter den heutigen Nacktsamern nahezu ausschließlich bei Arten aus den Koniferen zu finden, jedoch gibt es auch eine Vielzahl an Bedecktsamern, die ebenfalls nadelblättrig sind. Bei einigen Bedecktsamern, wie z.B. Arten aus der Gattung *Calothamnus* (Myrtaceae), entsteht dadurch ein koniferenartiges Erscheinungsbild. Das australische Gehölz erinnert stark an eine Fichte oder Kiefer. Aus der heimischen Vegetation ist z.B. die Schnee-Heide als nadelblättriger Bedecktsamer zu nennen.

Die Ausbildung von Nadelblättern hat unterschiedliche Gründe. Bei den meisten holzigen Arten der Koniferen sowie der Bedecktsamer kann durch stark reduzierte Nadelblätter die äußere exponierte Oberfläche massiv reduziert werden. Dies führt zu einer starken Verminderung der Verdunstungsrate über die Außenhaut

*Nicht alle Nadelbäume sind Koniferen; A: Wald-Kiefer (Pinus sylvestris), Konifere; B: Granite Net-Bush (Calothamnus rupestris), Bedecktsamer mit koniferenartigem Erscheinungsbild*

(= Epidermis), die im Gegensatz zu Verdunstung über die Spaltöffnungen nicht reguliert werden kann. Diese verringerten Verdunstungsraten sind z. B. für solche Arten von Bedeutung, die auf trocken-heißen Standorten heimisch sind und neben Luft- und Bodentrockenheit meist auch mit hohen UV-Belastungen zu kämpfen haben. In dem Falle ist die Ausbildung des Nadelblattes also eine Anpassung an trocken-heiße Standortbedingungen und Wasserstress.

Anders verhält es sich bei Arten, die auf sehr nährstoffarmen Substraten vorkommen. Hier werden ebenfalls Nadelblätter ausgebildet, diese jedoch nicht zur Minimierung der Verdunstungsrate, sondern als Anpassung an die geringe Bodenfruchtbarkeit. Die bezieht sich vor allem auf Mangel an Stickstoff und Phosphor. In diesem Falle stellen die Nadelblätter eine Anpassung an Nährstoffarmut dar (= Peinomorphose), wie dies auch für die Nadelblätter zahlreicher Heidekrautgewächse gilt.

*VD*

## 12. Warum ist der Ginkgo ein Nacktsamer?

*Ginkgo* vermittelt zunächst das Erscheinungsbild eines Laubbaums mit flächig ausgebildeten Blättern und gelben Steinfrüchten. Dieser erste Eindruck ist trügerisch. *Ginkgo* gehört eindeutig zu den Nacktsamern und wird hier zu der Gruppe der Ginkgoartigen (= Ginkgolaes) gestellt. Diese sind bis auf eine einzige Art *Ginkgo biloba* ausgestorben.

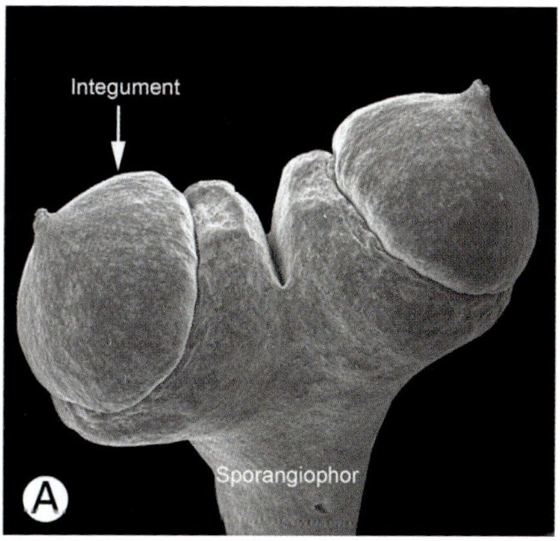

*Ginkgo biloba; A: Samenanlagen frei exponiert und mit nur einem Integument; ein Fruchtblatt fehlt; B: Gabelblattnervatur*

Die Blätter des Ginkgos sind aufgrund ihres einzigartigen Zuschnitts mit fächerartiger und mittig tief eingeschnittener Spreite allgemein bekannt. Diese Blätter sind in der Knospenlage eingerollt und haben die für Nacktsamer typische sogenannte Gabelnervatur. Hier verzweigen sich die einzelnen Leitbündel in der Blattspreite immer gabelig (= dichotom). Die einzelnen Gabeläste verschmelzen niemals miteinander und enden „blind" in Randbereich der Blattspreite (= offen). Diese Art der Nervatur entsteht durch ein ausgeprägtes Randwachstum, bei dem fortlaufend neues Blattgewebe im Randbereich entsteht.

Ein Fruchtblatt fehlt, die Samenanlagen werden nackt exponiert. Folglich bildet Ginkgo auch keine Früchte, sondern wie für Nacktsamer typisch, ausschließlich Samen aus. Die reifen Samen sehen einer Steinfrucht, wie die der Kirsche, relativ ähnlich. Beim Ginkgo wird jedoch die vermeintliche Fruchtwand nicht von einem Fruchtblatt, sondern von der Samenschale (= Testa) ausgebildet. Zum Zeitpunkt der Samenreife differenziert sich die Testa in eine stark verholzte innere Schicht (= Sklerotesta), die dem Schutz des Embryos dient, und in eine fleischig-saftige äußere Schicht (= Sarkotesta). Letztere ist eine Anpassung an Tierausbreitung (= Endozoochorie). Früher wurden die Samen von Dinosauriern gefressen und durch Ausscheidung dann entsprechend ausgebreitet. Heute übernehmen Vögel, die Nachfahren der Dinosaurier, die Ausbreitung.

Ein weiteres Gymnospermenmerkmal ist die Befruchtung mittels begeißelter männlicher Keimzellen, den Spermatozoiden, anstatt durch Pollenschlauch.

*VD*

## 13. Warum gehört der Palmfarn zu den Nacktsamern?

Die Palmfarne sind eine sehr alte und ursprüngliche Gruppe. Sie haben einen palmenähnlichen Habitus und farnartige Belaubung, worauf die deutsche Bezeichnung „Palmfarne" Bezug nimmt. Die Palmfarne sind aber weder mit Palmen oder Farnen näher verwandt.

Wie für Nacktsamer typisch werden bei den Palmfarnen die Samenanlagen frei exponiert und sind nicht von einem Fruchtblatt umgeben. Bei den Palmfarnen werden die Samenanlagen an sogenannten Samenblättern hervorgebracht. Bei den Arten der Gattung *Cycas* stehen die Samenanlagen an den Samenblättern basal in der Position von seitlichen Fiedern. Bei *Cycas* werden diese Samenblätter terminal als Schopf am Ende der Sprossachse ausgebildet. Der Vegetationspunkt der Sprossachse wird hierbei nicht aufgebraucht. Diese treiben in der nächsten Vegetationsperiode wieder aus und bildet dann einen

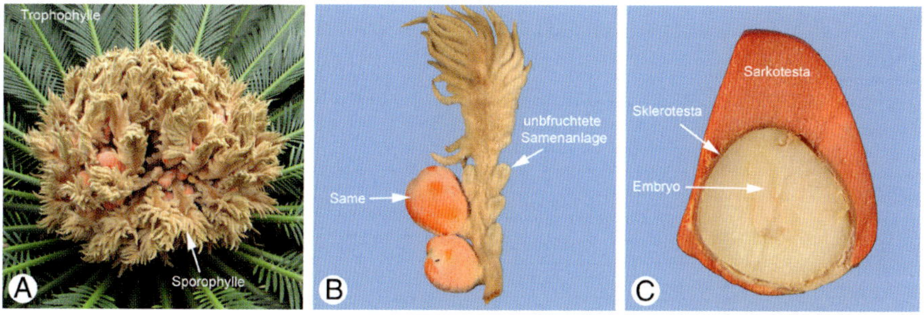


*Merkmale, die die Palmfarne als Nacktsamer charakterisieren. A: An den Stämmen werden abwechseln Ernährungsblätter (Trophophylle) und Samenblätter (Sporophylle) ausgebildet (Sago-Palmfarn, Cycas revoluta); B: Samenblatt des Sago-Palmfarns (Cycas revoluta); Samenanlagen sind frei exponiert, ein Fruchtblatt fehlt; C: Zamia amblyphyllidia; Querschnitt durch einen reifen Samen; die Samenschale differenziert sich in eine fleischige äußere Sarkotesta und in eine innere verholzte Sklerotesta*

Schopf von grünen Ernährungsblättern. Dann werden an den Stämmen Ernährungsblätter und Samenblätter abwechselnd zu einander ausgebildet. Bei den übrigen Palmfarnen sind die Samenblätter stark reduziert und die Blattspreite ist tischartig abgeplattet. Pro Samenblatt werden hier stets nur zwei Samenanlagen entwickelt. Diese stark reduzierten Samenblätter sind hier in kompakten Zapfen, die als Strobili bezeichnet werden, ausgebildet. Die Zapfen können spektakuläre Dimensionen erreichen, die bei einigen Arten zur Reife artspezifisch teilweise bis zu 45 kg schwer werden.

Zum Zeitpunkt der Samenreife differenziert sich bei allen Arten der Palmfarne die Samenschale in einerseits eine innere stark verholzte Schicht (= Sklerotesta), die den Embryo schützt. Zum anderen wird die äußere Schicht fleischig und auffällig gefärbt (= Sarkotesta). Dies ist eine Anpassung an Tierausbreitung (= Endozoochorie). Ehemals wurden diese Samen durch Dinosaurier ausgebreitet, die die Samen gefressen haben und diese dann in ihren Ausscheidungen ausgebreitet haben. Unter den heutigen Nacktsamern gibt es ähnliches beim nicht näher mit den Palmfarnen verwandten *Ginkgo*.

Für alle Palmfarnen ist charakteristisch, dass sie noch den ursprünglichen Befruchtungsmodus mittels begeißelter männlicher Keimzellen (= Spermatozoiden) aufweisen. Diese Spermatozoidbefruchtung findet man noch bei den Moosen und den Farnen und Farnverwandten sowie bei *Ginkgo*. Alle übrigen Landpflanzen weisen eine Pollenschlauchbefruchtung auf.

*VD*

## 14. Gibt es auch epiphytische oder parasitische Nacktsamer?

Sämtliche Nacktsamer sind bis auf zwei Ausnahmen im Erdboden (terrestrisch) wachsende Gehölze. Sie sind mit ihrer Wurzel im Substrat verankert. Anders hingegen die Situation in den Bedecktsamern. Unter diesen gibt es auch zahlreiche epiphytische Pflanzen, die als Aufsitzerpflanzen auf anderen Pflanzen wachsen. Bei einigen Arten ernähren sich diese sogar parasitisch von der Pflanze, der sie aufsitzen. Die parasitische Lebensweise kann in Halb- und Vollparasit unterscheiden werden. Halbparasiten sind solche Pflanzen, die nur Wasser und Nährsalze aus der Wirtspflanze beziehen. Aber aufgrund dessen, dass sie selber noch grüne Blätter haben, sind diese in der Lage, Photosynthese zu betreiben und damit entsprechend sich selber mit

*Epiphytische Lebensweise (Zamia amblyphyllidia)*

den benötigten Photosyntheseprodukten versorgen können (Beispiel Mistel). Anders hingegen der Vollparasit. Er ist chlorophyllfrei und bezieht alles zum Leben notwendig ist aus dem „Anzapfen“ der Wirtspflanze.

Parasit und Epiphyt sind keine Synonyme. Viele Parasiten sind zwar gleichzeitig auch Epiphyten, aber nicht jeder Epiphyt ist zwangsläufig ein Parasit. So nutzen viele Epiphyten andere Pflanzen nur als Wuchsunterlage, wie dies bei uns heimisch z. B. für viele Moose und einige Farne der Fall ist. In den Tropen sind es viele Bromelien, Araceen und Orchideen.

Der einzige epiphytische Nacktsamer ist *Zamia pseudoparasitica*. Er ist ein kleiner Palmfarn, aus den Tropen und Subtropen Panamas, wo er als Aufsitzerpflanze auf Bäumen vorkommt. Hierbei handelt es sich um ausschließlich eine epiphytische Lebensweise. Die Pflanze ist vollständig photoautotroph, das heißt sie produziert über die grünen Fiederblätter Photosyntheseprodukte und nimmt mit den Wurzeln Wasser und Nährelemente auf. Hierauf nimmt auch der botanische Artbeiname *pseudoparasitica* Bezug.

Die monotypisch Gattung *Parasitaxus* (Steineibengewächse) umfasst lediglich die neukaledonische Art *Parasitaxus usta*. Die Art ist die einzige unter den rezenten Nacktsamern mit parasitischer Lebensweise. Er ist ein chlorophyllfreier Vollparasit, der maximal 1,5 m hoch wird. Er kommt als Wurzel- sowie Stammparasit alleinig auf der ebenfalls aus der Familie der Steineibengewächse stammenden Art *Falcatifolium taxoides* vor. Als echter Vollparasit bezieht *Parasitaxus* alle lebenswichtigen Stoffe aus der Wirtspflanze. In Anpassung an die vollparasitische Lebensweise sind die Blätter zu kleinen rotbraunen, spiralig angeordneten Schuppenblättern reduziert.

*VD*

# Namen der Bäume

## 15. Wie kommen die Bäume zu ihren Namen?

Der griechische Philosoph, Lehrer und Naturforscher Theophrast, ein Schüler von Aristoteles, war der erste Mensch, der sich mit dem Benennen von Pflanzen beschäftigte. Er sammelte Informationen über sie und versuchte, die gefundenen Pflanzen voneinander zu unterscheiden. Man geht heute davon aus, dass er sich einem zur damaligen Zeit fundamental neuen Ansatz zuwandte, nämlich über die reine Nützlichkeit von Pflanzen für den Menschen hinauszudenken und die Erkenntnisse über sie um ihrer selbst willen zu erlangen. Theophrast kannte ungefähr 500 verschiedene Pflanzenarten und

*Theophrastos von Eresos, geboren um 371 v. Chr. auf der Insel Lesbos, gestorben um 287 v. Chr. in Athen, dort als Nachfolger von Aristoteles der Leiter einer von mehreren philosophischen Schulen*

*Carl von Linné gilt als Urheber der „binären Nomenklatur"*

versuchte, diese in eine überschaubare und nachvollziehbare Ordnung zu bringen – ein erstaunlicher und bewundernswerter wissenschaftlicher Quantensprung. Vor allem, wenn man bedenkt, dass der „Erfinder" der heute gültigen und für die Namensgebung anerkannten sogenannten binären Nomenklatur, Carl von Linné, sein dafür grundlegendes Werk „Systema naturae" im Jahre 1735 veröffentlichte, also rund 2000 Jahre später (dazu in der Frage 16 mehr).

Wie kam z. B. die Gewöhnliche Eberesche, Vogelbeere oder Vogelbeerbaum, im Englischen *Mountain Ash* oder *Rowan*, im Französischen *Sorbier des oiseleurs* zu ihrem Namen? Beheimatet in ganz Europa, im Herbst und Winter mit überreichem Behang an roten „Beeren", nutzten die Menschen die Früchte zum Vogelfang sowie zur Schweinemast – und gaben ihm deshalb volkstümliche Namen. Das Anlocken von Vögeln ist bereits im wissenschaftlichen Namen *Sorbus aucuparia* belegt: *„aucuparia"* leitet sich ab von lat. avis = Vogel, capere = fangen. Auch der französische Volksname fußt auf dem Vogelfang: Sorbier = Vogelbeerbaum, oiseleur = Vogelfänger, während die beiden englischen Namen beide „Eberesche" bedeuten. Das deutsche Wort „Eberesche" lässt sich bereits im 15. Jahrhundert finden, ein Hinweis auf die Schweinemast im Spätmittelalter. Linné leitete von den alten Volksnamen dann im 18. Jahrhundert den wissenschaftlichen Namen ab.

*MW*

## 16. Wie ist ein wissenschaftlicher Name aufgebaut und wozu dienen diese (und was bedeuten dann die deutschen Namen)?

Der wissenschaftliche Name des Speierlings ist wie der aller anderen Pflanzen und auch der Tiere nach einem einheitlichen, international gültigen Schema aufgebaut. Dieses Grundprinzip nennt man „binäre Nomenklatur", also übersetzt „doppelte Namensgebung". Vorne steht die Gattung, hier *Sorbus*, dann folgt das Artepitheton *domestica*. Das Epitheton ist ein sprachlicher Zusatz zum vorangestellten Gattungsnamen und definiert nur in Zusammenhang mit diesem eindeutig die jeweilige Pflanzenart. *Sorbus* allein könnte auch die Eberesche, die Elsbeere oder die Mehlbeere sein, erst mit dem Zusatz ist die Art eindeutig bezeichnet. Man schreibt den Gattungsnamen immer groß, den Artnamen dagegen immer klein.

Gattungsnamen tragen ein bestimmtes Geschlecht, unsere Bäume sind dabei meist weiblich, z.B. die *Fagus* = Buche und die *Tilia* = Linde. Neben dem männlichen, z.B. der *Pandanus* = Schraubenbaum, gibt es auch das sächliche Geschlecht oder Neutrum: das *Acer* = Ahorn.

Die wissenschaftlichen Namen stammen meist aus der lateinischen Sprache, ein Teil ist aber auch griechischen Ursprungs. Zum vollständigen wissenschaftlichen Namen einer Pflanzenart gehört zusätzlich zu den beiden Namensteilen auch der Name des Botanikers, der die Art zum ersten Mal beschrieben hat, in unserem Beispiel L. Dahinter steckt Carl von Linné, der

*Der Speierling im herbstlichen Laubkleid, wissenschaftlich als Sorbus domestica L. bezeichnet. Neuerdings wird als korrekter wissenschaftlicher Name allerdings Cormus domestica (L.) Spach diskutiert*

*Blick auf das Eingangsportal des National Botanic Garden Glasnevin in Dublin, Irland*

schwedische Naturforscher, dessen Namenskürzel viele Pflanzen- und Tiernamen ziert. Diese wissenschaftlichen Namen sind international gültig, die deutschen oder jeweils inländischen Namen sind dagegen oft nur regional bekannt. Sie sind „im Volke" entstanden, also Volksnamen, die aus unterschiedlichsten Gründen heraus vergeben wurden. Oft beschreiben sie eine Eigenschaft, wie bei unserem Speierling. Die unreifen Früchte werden zwar einem vernünftig hergestellten Apfelwein zugesetzt, schmecken aber roh gegessen eben „zum Speien", da sie recht sauer sind.

Die international gültigen Regeln der Nomenklatur werden ständig überprüft und Namen korrigiert, wenn Fehler bei der korrekten Benennung begangen wurden. Auch kommt es in Folge der weiter entwickelten Untersuchungsmethoden der genetischen Codes der Pflanzen häufiger zu Namensänderungen altbekannter Gartenpflanzen, die oft auch noch in andere Pflanzenfamilien eingruppiert werden. Mitunter werden ganze Familien oder auch Gattungen aufgelöst und die betreffenden Arten anderen Gruppen zugeordnet. All das wird durch regelmäßig tagende Botanik-Kommissionen diskutiert, entschieden und dann an ausführende Stellen weitergegeben. Aber warum das Ganze?

Ein wichtiger Grund ist, sicherzustellen, dass über das Gleiche gesprochen wird. Pflanzen sind wichtige Forschungsobjekte, die eine immense Bedeutung z. B. in den Bereichen der Arzneimittelforschung, der Ernährung, der Lebensmitteltechnologien, der wirtschaftlichen Verwertbarkeit pflanzlicher Rohstoffe besitzen. Ohne Pflanzen ist das Leben auf unserem Planeten schlicht nicht möglich. In unserer modernen globalisierten Welt ist es umso wichtiger, dass ein chinesischer Forscher in Peking, der eine ganz bestimmte Pflanzenart bearbeitet, seiner argentinischen Kollegin in Buenos Aires den wissenschaftlich korrekten Namen seines Forschungsobjektes mitteilen kann – anders ist ein Diskurs unter den Forschenden sinnlos.

Auch die Botanischen Gärten sind zu nennen. Viele der dort gezeigten Pflanzen stammen aus anderen Weltgegenden. Der Bezug solcher Arten ist in den wenigsten Fällen über den gärtnerischen Handel möglich, sondern erfolgt durch den Austausch von Pflanzensamen, die direkt im Ursprungsland bei einem anderen Botanischen Garten bestellt werden. Ohne gesicherte wissenschaftliche Namen ist das nicht praktikabel. Oder können Sie sich vorstellen, dass ein Botaniker in Südafrika mit unserem deutschen Begriff Elsbeere etwas anfangen könnte?

*MW*

## 17. Was ist ein Mammutbaum?

Umgangssprachlich werden unter Mammutbäumen die Arten der Unterfamilien der Mammutbaumartigen (Sequoioideae) aus den Zypressengewächsen (Cupressaceae) bezeichnet, die die drei Gattungen Berg-, Küsten- und Urwelt-Mammutbaum umfasst. Jede der drei Gattungen weist nur eine einzige Art auf. Sowohl der Berg- (*Sequoiadendron giganteum*) als auch der Küsten-Mammutbaum (*Sequoia sempervirens*) sind in den westlichen USA heimisch. Die dritte Art, der Urwelt-Mammutbaum (*Metasequoia glyptostroboides*), kommt in einem kleinen chinesischen Areal vor.

Die Bezeichnung „Mammutbaum" nimmt Bezug auf die immensen Dimensionen, die die zwei nordamerikanischen Arten im Alter erreichen können. Die Bäume können über 2000 Jahre alt werden und gigantische Dimensionen in Höhe und Breite erreichen. So kann alleine der Stamm eines einzelnen Berg-Mammutbaums im Alter durchaus die Holzmenge von 400 oder mehr Fichten umfassen. Allerdings braucht der Mammutbaum hierzu viele Jahrhunderte. Der Küsten-Mammutbaum wird in seiner Heimat bis 100 m hoch und zählt somit zu den größten Bäumen der Welt. Besonders große Bäume findet man entlang der „Avenue of the Giants", eine Parallelstraße zur Route 101 und in unmittelbarer Nähe der Metropole San Francisco im „Muir Woods National Monument". Besonders beeindruckende Bäume tragen sogar Namen, wie „Grandfather's Tree" oder „Drive-Thru Tree". Durch letzteren kann man mit dem PKW fahren. Mit einer maximalen Endhöhe von "nur" 90 m bleibt der Berg-Mammutbaum etwas niedriger als der Küsten-Mammutbaum. Trotzdem ist diese Baumart mit einer amtlich nachgemessenen Höhe von 130 m die höchste Baumart der Welt. Nur eine australische Eukalyptus-Art soll angeblich noch größer sein. Besonders mächtige und alte Exemplare sind noch im Yosemite und King's Canyon National Park

*Mammutbäume; A & B: Küsten-Mammutbaum (Sequoia sempervirens); C & D: Berg-Mammutbaum (Sequoiadendron giganteum)*

*E & F: Urwelt-Mammutbaum (Metasequoia glyptostroboides)*

zu finden, wo besonders markante Bäume ebenfalls Eigennamen wie „General Sherman“ oder „Grizzly Giant“ tragen. Verglichen dazu ist der Urwelt-Mammutbaum mit einer Höhe von lediglich 35 m ein wahrer Zwerg unter den drei Mammutbaumarten.

*VD*

## 18. Worauf wird der Name Rot-Buche zurückgeführt?

Wenn man allgemein von der Buche spricht, ist hierzulande immer die Rot-Buche (*Fagus sylvatica*) gemeint. Sie ist die in Deutschland verbreitetste Laubbaumart und nimmt etwa 16 % der Waldfläche ein. Der Name Buche kommt aus dem Alt- und Mittelhochdeutschen, wo er „*buchhe*“ und „*buoche*“ lautete. Auch das englische *beech*, das holländische *beuk* und die skandinavischen *bok*, *bök* und *bög* gehen auf den gleichen germanischen Wortstamm zurück. Auch die Wörter *Buch* und *Buchstabe* leiten sich von der Buche ab, weil man die Lettern zunächst in Buchenholz schnitt und mehrere beschriebene oder bedruckte Blätter zwischen dünne Buchenbrettchen einband.

Warum aber gerade Rot-Buche? Hiermit sind nicht die Blutbuchen, eine verhältnismäßig häufig auftretende Mutante der Rot-Buche gemeint, die mit ihrer rot-grünen Blattfarbe auffallen.

Der Namensteil geht auf die Holzverarbeitung zurück. Durch das Dämpfen wird das im frischen Zustand weißliche bis hellrosa und bei der Trocknung heller werdende Holz der Buche rötlich. Buchenholz wird zum Spannungsabbau, zum Plastifizieren als Vorbereitung zum Biegen, bei der Furnierherstellung und zur Farbintensivierung gedämpft.

Die Weißbuche (Hain-, Hagebuche – *Carpinus betulus*) gehört einer ganz anderen Pflanzenfamilie, den Birkengewächsen, an und ist nicht mit der Rot-Buche verwandt. Ihr Holz ist hell und äußerst hart. Aus ihm wurden für Spezialzwecke gefertigt, u.a. Metzgerklötze oder Zahnräder.

Ein weiterer heimischer Baum trägt (manchmal) den Zusatz „Rot" – die Schwarz- oder Rot-Erle (*Alnus glutinosa*), deren Holz frisch nach dem Schlagen durch Oxidation einen orange-rötlichen Farbton annimmt, der aber beim Trocknen wieder verschwindet.

*ML*

*In Rot-Buche geschnitzte Lettern, die beim Holzspalten sichtbar wurden*

# Was bedeuten Blätter, Rinde und Wurzeln für den Baum?

## Blatt und Nadeln

### 19. Wie ist ein Blatt aufgebaut?

Zweifelsohne gehören Blätter zu den vielgestaltigsten vegetativen Strukturen, die die Pflanzen ausbilden und die je nach Standort unterschiedliche Funktionsanpassungen aufweisen können. So gibt es eine Vielzahl an unterschiedlichen Blattformen. Der anatomische Grundbauplan der Blätter ist recht ähnlich, sodass sich hier drei Grundtypen finden lassen: 1.) **bifazial**; 2.) **äquifazial** und 3.) **unifazial**. Diese drei Blatttypen unterscheiden sich maßgeblich durch die Ausbildung und Orientierung des Palisaden- und Schwammgewebes. Das Palisadengewebe ist ein Gewebe, das aus dicht gedrängt stehenden, palisadenartigen Zellen (Name!) aufgebaut ist. Es ist chlorophyllreich und Hauptort der Photosynthese. Daher ist das Palisadengewebe auch immer zur lichtexponierten Seite ausgebildet. Das Schwammparenchym hingegen ist durch einen lockeren, schwammarti-

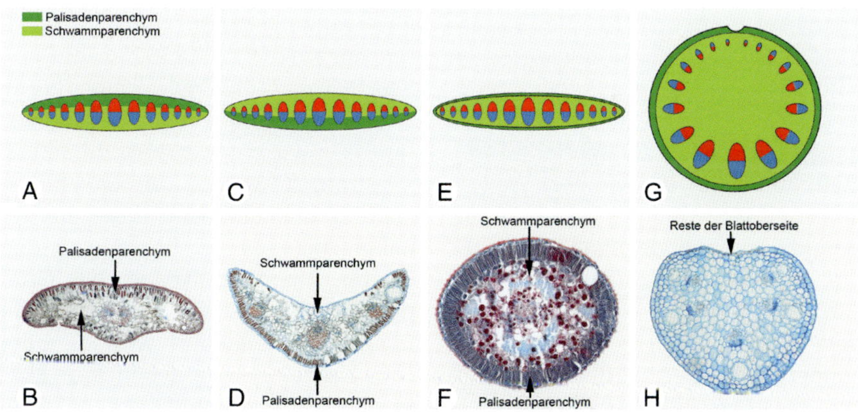


*Blattaufbau; A & B: Bifazial (Abies cephalonica); C & D: Invers-bifazial (Regelia inops); E & F: Äquifazial (Calothamnus rupestris); G & H: Unifazial (Senecio rowleyanus)*

gen (Name!) Aufbau gekennzeichnet und weist daher große Zwischenzellräume auf. Es dient der Durchlüftung des Blattes und steht mit den Spaltöffnungen zum Gasaustausch in Kontakt.

Beim **bifazialen Blatt** liegt eine ausgeprägte Dorsiventralität vor, d.h. es gibt eine deutliche morphologische und anatomische Differenzierung des Blattes in eine Oberseite und Unterseite. Das Palisadengewebe ist zur Ober-, das Schwammgewebe zur Unterseite ausgerichtet. Der Großteil der Spaltöffnungen (= Stomata) wird auf der Blattunterseite ausgebildet. Im Leitbündel zeigt das Xylem (der Holzteil) zur Blattober- und das Phloem (der Bastteil) zur -unterseite. Das bifaziale Laubblatt ist bei den meisten Bedecktsamern und in einigen Farngruppen der vorherrschende Blatttyp.

Bei einem **äquifazialen** Aufbau ist das Assimilationsparenchym auf allen Seiten des Blattes gleich ausgebildet. Die tatsächliche morphologische Oberseite lässt sich nur noch anhand der Lage des Holzanteils (= Xylem) im Leitbündel definieren, denn auch hier ist es zur adaxialen Seite orientiert.

Das **unifaziale Laubblatt** weist eine noch geringere Dorsiventralität als das äquifaziale Laubblatt auf. Auch bei diesem Blatttyp ist das Assimilationsparenchym auf allen Seiten des Blattes gleich verteilt.

*VD*

## 20. Warum sind Blätter und Nadeln grün?

Unser normales, weißes Tageslicht setzt sich aus verschieden Farben zusammen. Dies kann man anhand eines Prismas oder den Farben des Regenbogens beobachten. In beiden Fällen wird das weiße Licht in seine Grundfarben Rot, Orange, Gelb, Grün, Blau, Indigo und Violett zerlegt. Jede Farbe steht für einen bestimmten Wellenlängenbereich und hat einen unterschiedlichen Energiegehalt. Die Farbe, die wir sehen, entspricht genau dem Farbspektrum des Lichtes, das von dem Gegenstand nicht absorbiert, sondern reflektiert wird. Auf die Blätter übertragen bedeutet dies, dass das in den Blättern enthaltene grüne Chlorophyll vor allem das Licht aus dem roten, orangen, gelben, blauen und violetten Farbspektrum zur Energiegewinnung herausfiltert. In unseren Augen kommt daher nur der von den Blättern zurückgeworfene, grüne Lichtanteil an. Das ist der Grund dafür, dass wir die Blätter grün sehen. Pflanzen, die wie z.B. die Blut-Buche keine grünen, sondern rote Blätter haben, haben eigentlich auch grüne Blätter. Allerdings ist hier das Grün durch Farbstoffe wie z.B. Anthozyan überdeckt. Reflektiert wird hier der rote Lichtanteil, wir sehen rote Blätter. Eine Besonderheit gibt es noch bei blaunadeligen Gehölzen wie z.B. der

Blau-Fichte. Auch hier ist es so, dass die Nadeln eigentlich grün sind. Die blaue Nadelfarbe entsteht dadurch, dass die Pflanze auf allen vier Nadelseiten eine verstärkte Wachsschicht ausbildet, in der sich das blaue, energiereiche Licht bricht und reflektiert wird. Man kann das ganz einfach überprüfen, indem man mit den Fingern ein paarmal über die blauen Nadeln streift und damit das Wachs auf der Nadeloberfläche abwischt. Die Nadeln werden grün.

*VM*

## 21. Sind die Nadeln der Koniferen auch Blätter?

Auch bei den Nadelblättern der Koniferen handelt es sich um echte Blätter. Sie sind die Hauptphotosyntheseorte der Pflanze. Auch Nadelblätter zeigen den typischen Aufbau eines Blattes mit einem photosynthetisch aktiven Gewebe, dem Palisadengewebe und einem Durchlüftungsgewebe, dem Schwammparenchym.

Bei zahlreichen Arten sind Nadelblätter eine Anpassung an Trockenheit, um die Verdunstungsraten über die Blattspreite unter trocken-heißen Standortbedingen massiv zu reduzieren. Da eine Reduktion der Blattspreite auch gleichzeitig mit einer Reduktion der photosynthetisch aktiven Oberfläche einhergeht, ist bei vielen Nadelblättern, wie bei den Kiefern, das Palisadengewebe nicht stabartig ausgebildet. Hier weisen die Zellen starke innere Einstülpungen auf. Durch diese Einstülpungen der Zellwände wird die innere Oberfläche stark vergrößert, was dann entsprechend die Reduktion der äußeren Blattfläche kompensiert. Dieser spezielle Typ des Palisadengewebes wird als Armpalisadengewebe bezeichnet.

*VD*

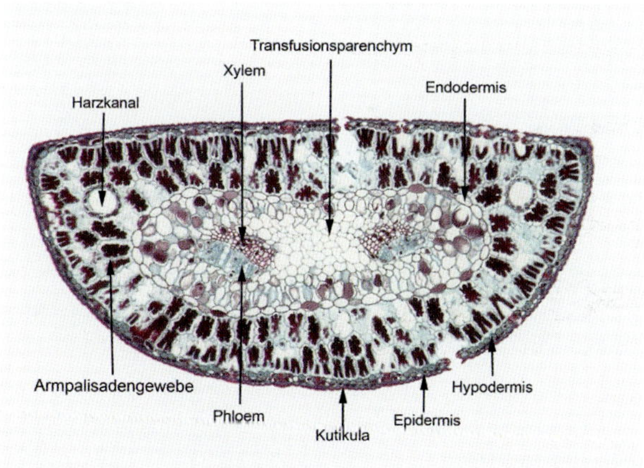


*Nadelblattmorphologie (Wald-Kiefer, Pinus sylvestris)*

## 22. Haben alle Nacktsamer Nadelblätter?

Nicht alle Nacktsamer haben Nadelblätter. Bei Palmfarnen werden teilweise mehrere Meter lange ein- oder ausnahmsweise doppeltgefiederte Blätter ausgebildet.

*Ginkgo* hat laubblattartig gestaltete Flächenblätter, die die typische fächerartige Struktur mit einer ausgeprägten Gabelnervatur zeigen.

In den Nadelbäumen (= Koniferen) werden unterschiedliche Blattformen ausgebildet. Der Großteil der Arten ist nadelblättrig, jedoch gibt es auch zahlreiche schuppenblättrige Arten. Bei diesen liegt Vielfach eine Differenzierung in Kanten- und Flächenblättern vor. Aber auch die Jungendformen der schuppenblättrigen Koniferen sind zunächst nadelblättrig, bevor dann ein Wechsel in der Belaubung stattfindet. Später werden dann nur noch Schuppenblätter ausgebildet.

Bei den Gnetaten kommen unterschiedliche Blattformen vor. Beim Großteil der Meerträubel-Arten, sind die Blätter meist zu trockenhäutigen, schuppigen Strukturen reduziert. Die

*Blattformen der Nacktsamer; A: Fiederblätter (Stangeria eriopus); B: Fächerblätter (Ginkgo biloba); C: Grüne Schuppenblätter (Thujopsis dolabrata); D: Trockenhäutige Schuppenblätter (Ephedra distachya); E: Bandartige Blätter (Welwitschia mirabilis); F: Netznervige Flächenblätter (Gnetum gnemon)*

Aufgabe der Photosynthese wurde auf die grünen Sprossachsen verlagert (Rutenstrauch). Bei der Welwitschie wird neben den zwei Keim- und Primärblättern lediglich nur noch ein weiteres Folgeblattpaar gebildet. Diese Blätter sind bandartig und wachsen unbegrenzt in die Länge. Dabei wird fortlaufend an der Blattbasis neues Blattgewebe gebildet. Von der Spitze her trocknet das Blatt jedoch ein, sodass die ältesten funktionsuntüchtigen Blattbereiche nicht mehr mit Wasser und Nährstoffen versorgt werden müssen. Durch sekundäres Dickenwachstum der tellerartig abgeflachten Sprossachse kann es jedoch im Alter zum Einreißen des Blattbildungsgewebes kommen, so dass durch dessen Spaltung nachfolgend einzelne Blattstränge ausgebildet werden, sodass fälschlicherweise der Eindruck der Ausbildung einer Vielzahl von Blättern entsteht. Dieses funktioniert allerding nur dadurch, dass die Blattnerven in den bandartigen Blättern parallel zueinander in Längsrichtung des Blattes verlaufen. Die Belaubung der *Gnetum*-Arten ist in vielerlei Hinsicht einzigartig. Hier werden teilweise riesige Flächenblätter gebildet, die artspezifisch bis zu 30 cm lang und bis zu 15 cm breit werden können. Die Blattnervatur zeigt bemerkenswerterweise eine ausgeprägte Netznervatur, wie sie ansonsten in keiner anderen Nacktsamer-Gruppe vorzufinden ist. Sie ist typisch ist für zahlreichen zweikeimblättrige Bedecktsamer. Damit vermittelt die Belaubung der *Gnetum*-Arten aufgrund der großen, netznervigen Flächenblätter auf den ersten Blick einen bedecktsamer-artigen Eindruck.

*VD*

## 23. Warum findet man auf der Nadelunterseite zahlreicher Nadelbäume weiße Streifen?

Bei zahlreichen Nadelbäumen, bei denen die Nadelblätter eine ausgeprägte Ober- und Unterseite aufweisen, sind auf der Nadelunterseite häufig zwei weiße Streifen erkennbar. Diese können leicht durch einfaches Darüberstreichen entfernt werden. Die weiße Schicht ist eine Wachsschicht (= Kutikula). Diese wird von der Außenhaut (= Epidermis) gebildet. Diese Wachsschicht ist auch in sämtlichen anderen Bereichen der Blattoberfläche vorhanden. Sie ist jedoch vor allem in den Bereichen der Spaltöffnungen besonders dick. Bei den meisten Koniferen, die einen dorsiventralen Nadelaufbau haben, liegen die Spaltöffnungen (= Stomata) auf der Blattunterseite. Denn auf der lichtabgewandten Seite wird weniger Wasser während des Gasaustausches über die geöffneten Spaltöffnungen abgegeben. Die dicke Wachsschicht dient der zusätzlichen Reduktion des Wasserverlusts über die Spaltöffnungen. Denn diese Wachsschicht ist nicht nur der Epidermis aufgelagert, sondern auch in der äußeren sowie inneren Atemhöhle der Spaltöffnungen vorhanden. In der äußeren Atemhöhle, die den Umwelteinflüssen ausgesetzt ist, ist sie meist als pfropfartige Struktur ausgebildet. Die Breite des Öffnungsspalts der Atempore wird dadurch stark einschränkt, um so den Wasserverlust über die geöffnete Spaltöffnung zu minimieren. In der inneren Atemhöhle, die sich unterhalb der Stomata im Inneren des Blattgewebes befindet, liegt hier kein Wachspropfen vor. Stattdessen kleidet die Kutikula die Wände der Atemhöhle als dünne Schicht aus.

Bei Arten, die keine oder nur eine geringe Dorsiventralität der Nadeln aufweisen, sind die Nadeln so ausgerichtet, dass sie ringsum lichtexponiert sind. Die Spaltöffnungen befinden sich auf der gesamten Epidermis aller Blattseiten in gleicher Dichte. Dabei können die Spaltöffnungen dann zerstreut unregelmäßig ausgebildet sein oder in Längsreihen liegen. Bei einer zerstreuten Anordnung sind nur die einzelnen Stomata und hier wieder deren äußere Atemhöhlen mit einem dicken Wachspfropfen versehen, die als weiße Pünktchen auf der Blattoberfläche zu erkennen sind. Bei Arten mit Spaltöffnungen in zahlreichen Längsreihen sind die Spaltöffnungen einerseits einzeln mit einem Wachspfropfen versehen. Andererseits ist die gesamte Spaltöffnungsreihe mit einem dicken durchgehenden Wachsstreifen bedeckt, der dann von außen als kleine weiße Linien erkennbar ist. Mehrere dieser Linien verlaufen in Längsrichtung über die gesamte Blattoberfläche.

*VD*

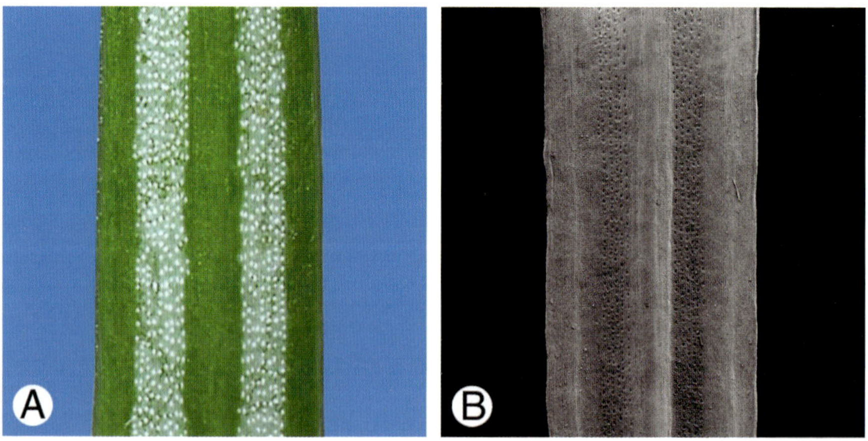


*Spaltöffnungsstreifen auf der Nadelunterseite der Weiß-Tanne (Abies alba); A: Spaltöffnungsbänder von einer dicken Wachsschicht bedeckt; B: Im rasterelektronenmikroskopischen Bild sind die einzelnen Spaltöffnungsreihen deutlich zu erkennen*

## 24. Wie alt können Blätter oder Nadeln werden?

Während die Blätter laubabwerfender Bäume nur wenige Monate, nämlich eine Vegetationsperiode alt werden, bleiben diejenigen von „immergrünen“ Laubgehölzen und Nadelbäumen einige Jahre funktionstüchtig. Dabei bedeutet immergrün nicht, dass die Blätter und Nadeln ein Baumleben lang überdauern.

Werden Blätter am Ende der Vegetationsperiode abgeworfen, muss der Baum keinen Frostschutz betreiben – anders jedoch bei den Arten mit langlebigen Blättern und Nadeln. Diese müssen frosthart und trockenheitstolerant sein. Der Vorteil für den Baum zeigt sich zum Ende des Winters, wenn die Temperaturen steigen. Nun können diese Gehölze bereits wieder Photosynthese betreiben, während laubabwerfende Bäume damit bis zum Blattaustrieb warten müssen.

*Bis zu sieben Nadeljahrgänge kann man an einer Fichte beobachten*

Viele „immergrüne“ Laubgehölze werfen ihre Blätter nach 2 oder 3 Jahren ab. Die Beschattung durch andere Blätter wird zu stark, als dass sie noch Photosynthese betreiben könnten. Nadelgehölze behalten unterschiedlich lange funktionstüchtige Nadeln: Kiefern bis zu 3 Jahre, Fichten bis zu 7 Jahre, Tannen bis zu 10 und Araukarien bis zu 15 Jahre. Junge Nadeln sind am produktivsten. Mit fortschreitendem Alter nimmt die Photosyntheseleistung ab, und die ältesten Nadeln können sich gerade noch selbst am Leben erhalten. Sie stellen aber noch immer einen wichtigen Nährstoffspeicher für den Baum dar.

Auch hier gibt es Ausnahmen: Die Langlebige Kiefer (*Pinus longaeva*) wächst zwischen 2200 und 3700 Metern Höhe in den White Mountains in Kalifornien. Amerikanische Forscher fanden heraus, dass Ihre Nadeln bis zu 45 Jahre am Zweig bleiben können. Einige dieser Bäume sind über 4000 Jahre alt.

*EJ*

## 25. Was sind sommergrüne Gehölze und wodurch sind die gekennzeichnet?

Sommergrüne Gehölze werfen am Ende der Vegetationsperiode die gesamte Belaubung nach einer meist auffälligen **Herbstfärbung** ab. Die Herbstfärbung ist eine riesige Recycling-Aktion am Ende des Jahres. Dabei wird dann das Blattgrün (= Chlorophyll) im Blatt abgebaut und es werden andere Farbstoffe im Blatt zusätzlich sichtbar. Sie wurden zuvor vom Blattgrün überdeckt. Zudem werden sämtliche Nährstoffe und -elemente aus den Blättern in die Sprossachsen verlagert. Sie werden dort als Reservestoffe gespeichert, die der Pflanze dann im Frühjahr wieder zum Neuaustrieb zur Verfügung zu stehen (siehe Frage 92).

Bei sämtlichen laubabwerfenden Gehölzen ist das Sprosssystem in **Lang- und Kurztriebe** differenziert. Durch die Ausbildung der Kurztriebe wird bei den laubwerfenden Arten dadurch die jährlich nötigen Investitionen in die Triebe stark minimiert. Da für diese Arten die neu hervorzubringende Belaubung bereits sehr "kostenintensiv" ist, ist es daher wichtig, zumindest die Investitionen in die Triebe so gering wie möglich zu halten.

Der Begriff **sommergrün**, wie er gerne in der deutschsprachigen Literatur verwendet wird, ist ein wenig irreführend. Denn auch **immergrünen** Arten, die dauerhaft ihre Belaubung behalten, sind ebenfalls im Sommer grün. Daher sollte das Äquivalent zu immergrün nicht sommergrün, sondern winterkahl heißen. In unseren Breiten erfolgt

*Winterkahle Lebensweise; A: Laubabwurf nach einer intensiven Herbstfärbung (Eisenholzbaum, Parrotia persica); B: Triebbasisnarben markieren den jährlichen Längenzuwachs (Vogel-Kirsche, Prunus avium)*

der Abwurf des Laubs als Anpassung an das saisonal geprägte Klima. Der Laubabwurf dient dazu, um im Winter die Verdunstungsraten der Gehölze massiv zu senken, um potentiellen Schädigungen durch Frosttrocknis vorzubeugen. Dies ist ein Problem vieler immergrüner Arten, die bei uns als Ziergehölze gepflanzt werden haben.

*VD*

## 26. Was sind immergrüne Gehölze und wie erkennt man, dass sie immergrün sind?

Die Lebensdauer der Blätter immergrüner Gehölze beschränkt sich nicht nur auf eine Vegetationsperiode, sondern über mehrere Jahre. Bei diesen Gehölzen erfolgt der Abwurf der ältesten bzw. der funktionsuntüchtigen Blätter über das ganze Jahr hinweg kontinuierlich. Lediglich zum Zeitpunkt des Neuaustriebs erfolgt ein leicht verstärkter Abwurf der ältesten Blätter.

Immergrüne Arten findet man besonders auf Standorten, die entweder ein permanentes, ganzjähriges Wachstum zulassen, oder die einem Wasser- und Nährstoffmangel unterliegen. Bei zahlreichen Arten der Trockenstandorte, sind die immergrünen Blätter relativ hartlaubig und in ihrer Größe stark reduziert, um die Verdunstungsraten entsprechend herabzusetzen. Bei Arten auf sehr nährstoffarmen Böden kann die immergrüne Lebensweise als eine Anpassung an die dort herrschenden Mangelbedingungen verstanden werden, da hier die Pflanzen mit den wenigen zur Verfügung stehenden Nährstoffen entsprechend haushalten müssen. Daher ist die immergrüne Lebensweise eine wichtige Anpassung um die jährlichen Investitionen in die neu hervorzubringende Belaubung auf ein absolutes Minimum zu reduzieren.

Nicht nur die Hartlaubigkeit vieler Arten ist ein Erkennungsmerkmal der immergrünen Lebensweise. Auch die immergrünen Arten aus saisonal geprägten Zonen bilden am Ende der Sprossachse eine Knospe aus. Wie auch bei laubwerfenden Arten erfolgt dann der Austrieb am Anfang der kommenden Vegetationsperiode. Die Knospenschuppen stehen immer dicht gedrängt und bilden nach deren Abwurf bei beiden Lebensweisen – saisonal kahl oder immergrün – stets dicht gedrängt stehende Narben aus. Diese sogenannten Triebbasisnarben markieren auch bei den immergrünen Arten den diesjährigen Zuwachs. Durch Abzählen der Triebbasisnarben kann entsprechend dann das Alter des Sprossabschnitts und der daran ansetzenden Belaubung ermittelt werden.

Die Lebensdauer immergrüner Blätter ist ein wichtiger Bioindikator für die Luftreinheit. So wird z.B. bei uns die Lebensdauer der Nadeln der Rot-Fichte (*Picea abies*) als Indikator für die Luftreinheit genutzt. Je stärker die Luftverschmutzung umso kurzlebiger sind deren Nadeln.

*VD*

## 27. Sind die Doppelnadeln der Schirmtanne Blätter oder Sprosse?

Die Identität der Doppelnadeln der Japanischen Schirmtanne (*Sciadopitys verticillata*) war lange Zeit unter Gehölzkundlern (Dendrologen, siehe Frage 192) ein sehr kontrovers diskutiertes Thema.

Die Japanische Schirmtanne ist eine immergrüne Konifere, die nicht näher mit der Tanne verwandt ist. Ihr Sprosssystem ist deutlich in Lang- und Kurztriebe differenziert. Die Langtriebblätter sind zu trockenhäutigen Schuppen reduziert, die keinerlei Photosynthese betreiben. Diese wird durch schirmartig am Ende der Langtriebe ausgebildete sogenannte Doppelnadeln übernommen. Diese Doppelnadeln ähneln stark verlängerten Tannennadeln, bei denen die Blattspitze gerundet und eingekerbt ist, wie das z. B. bei unserer heimischen Weiß-Tanne (*Abies alba*)

*Die Doppelnadeln der Schirmtanne (Sciadopitys verticillata); A: Doppelnadeln schirmartig am Ende von Langtrieben; B: Langtriebblätter zu rudimentären Schuppen reduziert; C: Doppelnadeln immer in der Achsel eines Tragblattes stehend; D: Doppelspitze; E: Unterseite mit deutlichen Stomatastreifen; F: Querschnitt durch eine Doppelnadel*

der Fall ist. Auf diese tannennadelartigen, am Ende der Langtriebe schirmartig ausgebildeten, Doppelnadeln nimmt auch die deutsche Bezeichnung „Schirmtanne“ Bezug.

Auf den ersten Blick erscheinen die Doppelnadeln wie stark verlängerte Nadelblätter. Die genaue Betrachtung der Basis der Doppelnadeln zeigt jedoch, dass diese immer in der Achsel eines kleinen schuppigen Langtriebblatts stehen. Somit ist ein Blattcharakter dieser Struktur ausgeschlossen, da Blätter niemals in der Achsel eines Blattes stehen können. Blätter werden als seitliche Anhangsorgane vom Vegetationsscheitel der Sprossachse nach unten abgegliedert. Folglich kann auch niemals zwischen Blättern nachträglich ein Blatt eingeschoben werden. Alles, was in der Achsel eines Blattes steht, muss daher in irgendeiner Form Sprosscharakter ausweisen.

Demnach sind die Doppelnadeln ein umgewandelter belaubter Kurztrieb, bei dem während der Ausbildung der Belaubung der Vegetationsscheitel des Kurztriebs verloren ging. Die Doppelnadeln der Schirmtanne sind ein Verwachsungsprodukt zweier Nadelblätter an einer extrem reduzierten Kurztriebachse, die jedoch als solche nicht mehr zu erkennen ist. Dabei wird die Doppelspitze der Doppelnadel von den beiden verwachsenen Nadelblättern gebildet. Somit besteht also die Doppelnadel aus überwiegend Blattgewebe.

*VD*

# Rinde und Borke

## 28. Was ist der Unterschied zwischen Rinde und Borke?

Natürlich müssen sich Bäume als lebende Wesen vor zahlreichen Außeneinflüssen schützen (z. B. Austrocknung, Hitze, Eindringen von Pilzen). Diese Funktion übernimmt die **Rinde**. Damit werden all die Gewebe des Baumes bezeichnet, die außerhalb der Wachstumsschicht – dem Kambium – den Stamm und natürlich auch die Äste umgeben. Die Rinde schließt den Baum nach außen ab, in ihr werden

*Borke des Riesenmammutbaumes*

aber auch Stoffe aus der Baumkrone in Richtung der Wurzeln transportiert.

Wenn der Baum dann aber immer weiter in die Dicke wächst, müsste sich die Rinde immer weiter dehnen. Dies kann sie nicht. Daher bildet sich in der Rinde ein weiteres Wachstumsgewebe, das dafür sorgt, dass die Rinde mitwächst. Dieses Gewebe wird **Korkkambium** genannt, weil es nach außen Zellen abgibt, die verkorken und so eine Schutzschicht bilden. Bei einigen Baumarten bleibt diese Wachstumsschicht nahe der Stammoberfläche sehr lange erhalten und gibt nach außen nur sehr feine Korkschichten ab, die später staubartig abfallen (Glattrinde bei Buche oder Hainbuche) oder sich in papierartigen dünnen Streifen lösen (Ringelkork bei Birke oder Kirsche).

Bei anderen Baumarten bleibt diese korkbildende Wachstumsschicht aber nicht an der Oberfläche des Stammes, sondern wird abschnittsweise immer wieder in etwas tieferen Schichten der Rinde neu gebildet. Dort gibt sie verkorkende Zellen nach außen ab und schneidet so die weiter außerhalb liegenden Gewebe der Rinde von der Versorgung mit Wasser und Nährstoffen ab. Diese sterben ab und bilden die **Borke**.

Die Borke ist also das tote Äußere der gesamten Rinde. Sie dient einem noch besseren Schutz vor mechanischen oder anderen Schäden. Die Borke des Mammutbaumes kann z. B. bis zu 40 cm dick werden, ist sehr weich und enthält viel Luft. Sie ist eine optimale Isolationsschicht, die das lebende Gewebe im Inneren bei Waldbränden vor der Hitze schützt (siehe Frage 30).

*UP*

## 29. Warum bezeichnet man die Rinde bzw. Borke auch als Gesicht des Baumes?

Wer sich die Rinde bzw. Borke (siehe Frage 28) eines Baumes genau anschaut, erkennt, dass sie sich wie bei einem Menschengesicht mit zunehmendem Alter stark verändert. Bei jungen Zweigen ist sie z. B. noch recht glatt und häufig grünlich und kann assimilieren. Mit zunehmendem Alter der Zweige bzw. Stämme wird sie dann z. B. grau oder braun, fester, dicker, wird rissig und reißt auf, da sie mit dem Dickenwachstum des Stammes mithalten muss. Dabei entstehen dann die für jede Baumart typischen Rinden oder Borkenstrukturen. Einige Gehölze sind durch auffällige Lentizellen (Holunder), Korkleisten (Feldulme), Rinden- oder Maserknollen, Astrosetten oder Chinesenbärte (siehe Frage 89) gekennzeichnet. Die Rinde wird zum baumarttypischen Gesicht. Ein chinesisches Sprichwort umschreibt das sehr passend „Menschen brauchen ein Gesicht, Bäume eine Rinde“.

Generell werden folgende Rindentypen unterschieden:

Eine ausdauernde **grüne Rinde** finden wir bei der Stechpalme, dem Lorbeer oder Ginster. Die Epidermis enthält Chlorophyll, kann dadurch Photosynthese betreiben und bleibt bei der Stechpalme bis zu 10 Jahre grün, bevor sie sich zu einer grauen Glattrinde weiterentwickelt.

Eine **Glattrinde** ist dünn und hat, wie es der Name schon sagt, eine glatte Struktur. Sie reißt nicht auf, rollt und blättert nicht ab. Die Buche gehört zu den wenigen Baumarten, die sie bis ins hohe Alter beibehalten. Bei vielen anderen Baumarten stellt sie eine Übergangsform da, bevor sie eine starke Borke ausbilden.

**Ringel-** oder **Streifenkork** hat z. B. der Zimt-Ahorn, unsere Kirsche oder die Birke. Die Rinde löst und ringelt sich quer zum Stamm ab (siehe Frage 28).

**Massenkork** finden wir bei der Kork-Eiche oder dem Amur-Korkbaum. Er findet z. B. als Weinkorken Verwendung. Eine Kork-Eiche kann ca. alle 10 Jahre entrindet werden, ohne dass sie abstirbt. Dies liegt daran, dass die teilungsfähige Kambiumschicht nicht wie bei anderen Bäumen fest an der Borke sitzt, sondern am Stamm bleibt.

*Der Rote Schlangenhaut-Ahorn (Acer capillipes) weist eine dekorative Glattrinde auf (links); Ringelkork der Gelb-Birke (Betula alleghaniensis, Mitte); die Kork-Eiche zeigt deutlichen Massenkork (rechts)*

**Streifenborke** findet sich bei der Weinrebe, Clematis, Heckenkirschen, Flieder oder den Zypressen-Gewächsen. Die Rinde blättert in langen Streifen ab.

Bei der **Schuppenborke** unterscheidet man: a) die **haftende Schuppenborke**, auch bekannt als Netz- oder Faserborke. Hierzu gehören z. B. Linde, Ulme, Esche, die Stiel- und Traubeneiche, Weiden oder die Robinie; b) die **abblätternde Schuppenborke** oder **Plattenborke.** Die Borke blättert nach einigen Jahren schuppenförmig ab. Die darunterliegende junge Rinde zeichnet sich oftmals durch interessante Farbspiele aus. Als Beispiele seien die Platane, Eibe, Eisenholzbaum, Wald- und Schwarzkiefer genannt.

Übrigens soll sich der Begriff Rinde vom alt- bzw. mittelhochdeutschen „renda" ableiten, was so viel wie „Abgerissenes", „Zerrissenes" oder „Rissiges" bedeutet und auf die frühere Nutzung von Rinde hinweist.

*VM*

*Die Japanische Sicheltanne zeigt die typische Streifenborke (links); Schuppenborke bei der Birkenblättrigen Birne (Pyrus betulifolia, rechts)*

## 30. Wozu dient die dicke Borke der amerikanischen Mammutbäume?

Die Borke der beiden amerikanischen Berg- und Küsten-Mammutbäume zeigen unter den heutigen Koniferen eine einzigartige Borkenstruktur. Die fuchsrote Borke baut sich aus zahlreichen einzelnen dünnen Lagen auf und bildet im Alter eine bis 40 Zentimeter mächtige Schicht aus. Beim Berg-Mammutbaum kann die Borke auch durchaus noch dicker sein. Allerdings ist die im Unterschied zu unseren heimischen Koniferen nicht hart, sondern von auffällig schwammartiger Struktur.

Während innerhalb der Koniferen solch ein Borkentyp eher selten ist, ist er ganz allgemein unter den Bedecktsamern nicht so selten. Er kommt hier bevorzugt bei solchen Arten vor, die in Regionen wachsen, die regelmäßigen Buschbränden unterliegen. Dieses Phänomen ist auch von zahlreichen australischen Arten der Myrten- und Silberbaumgewächse gut bekannt. Dieser Borkentyp schütz den Stamm vor Feuer, da durch den viellagigen Aufbau bei einem Feuer nur die äußeren Borkenschichten verkohlen. Die daruntergelegenen bleiben jedoch unversehrt, sodass die Gehölze nach einem Brand erneut als Stockausschlag austreiben können. Solche Borken werden „**Feuerschutzborken**“ genannt und solche an Feuer angepasste Pflanzen als Feuerpflanzen (= Pyrophyten). Wie so eine Feuerschutzborke funktioniert, kann man leicht nachvollziehen, indem man ein Telefonbuch mittig über eine Kerzenflamme hält. Hier verkohlen nur die äußeren Papierseiten, aber das ganze Telefonbuch wird dadurch nicht in Brand gesetzt. Auch die Standorte des Berg- und Küsten-Mammutbaums sind durch regelmäßige Waldbrände ge-

*Feuerschutzborke der amerikanischen Mammutbäume; A: Periodisch auftretende Waldbrände; B: Verkohlte Stämme älterer Bäume (Küsten-Mammutbaum); C: Borke ist aus zahlreichen Schichten aufgebaut (Berg-Mammutbaum)*

kennzeichnet, die durch Blitzeinschlag alle 200–300 Jahre auftreten. Hierbei handelt es sich um kurzzeitige Brände im Unterholz, sodass die Stämme durch die mächtige schwammartige Borke gut geschützt das Feuer überstehen. Aufgrund der beeindruckenden Höhe der Bäume und der sehr hoch ansetzenden Krone kann zudem die Krone kein Feuer fangen. Daher sind an Stämmen älterer Mammutbäume häufig einige meterhohe Verkohlungen der äußeren Borkenschichten zu erkennen.

*VD*

## 31. Wieso hat ein Nadelbaum Harz?

Der Großteil der Nadelbäume produziert Harz, das teilweise in großen Mengen gebildet wird. Das Harz kommt in fast sämtlichen Strukturen und Organen der Nadelbäume vor. Harz ist ein recht diverses Gemisch unterschiedlicher Substanzen. Häufig sind es Diterpenen wie z. B. Harzsäure. Im Harz sind aber auch in hohem Maße flüchtige aromatische Verbindungen in Form von ätherischen Ölen enthalten. Diese geben frisch ausgetretenem Harz zunächst eine zähflüssige Konsistenz. Harz erstarrt jedoch nach Verflüchtigung der ätherischen Öle.

Harz hat unterschiedliche Aufgaben. Es dient dem Fraßschutz, dem Wundschnellverschluss und dem Verkleben von Knospen- und Zapfenschuppen. Bei Verletzungen tritt das flüssige Harz an der beschädigten Stelle aus. Nach Verflüchtigung der ätherischen Öle bildet es eine feste, schützende Kruste aus, sodass über die Verletzungsstelle keine Krankheitserreger wie Viren, Bakterien und Pilze ins Innere der Pflanze eindringen können. Auch Schadinsekten werden ferngehalten. Zudem wird die verletzte Stelle durch die Versiegelung mit Harz vor Verwitterung (bedingt durch äußere Umwelteinflüsse) geschützt.

Auch wenn die Harze so viele Vorteile für die Pflanzen bieten, sind sie dennoch nicht ganz unproblematisch, da sie eigentlich für die Pflanze selbst sogar toxisch sind. Deshalb werden Harze immer in speziellen Harzbehältern ausgebildet. Diese können entweder in Form von Harzgallen oder bei zahlreichen Kieferngewächsen in Form von langen Harzkanälen vorliegen. Dabei befinden sich die Harzgallen meist im Bereich der Rinde. Ihre Entstehung ist meist auf lokal begrenzte kleinere Verletzungen des Bildungsgewebes (= Kambiums) zurückzuführen. Anders hingegen verhält es sich mit der Ausbildung der langen Harzkanäle im Holzkörper und in Blättern. Ihre Bildung erfolgt durch Spaltung (= schizogen). Dabei können die Harzkanäle, besonders die im Stammbereich, mehrere Dezimeter erreichen. Die Innenwand eines Harzkanals ist von dünnwandigen Epithelzellen umgeben. Besonders in den Nadelblättern haben die Harzkanäle eine deutliche Harzkanalscheide, die ihn vom umgebenden Gewebe deutlich trennt. Sie kann entweder aus lebenden, cellulosereichen Zellen bestehen oder ist stark verholzt. Die Ausgestaltung der Harzkanalscheiden in den Blättern zahlreicher Koniferen ist ein wichtiges Bestimmungsmerkmal, wie dies auch für die Anzahl und Lage der Harzkanäle im Nadelblatt zutrifft.

Die Harze der heutigen Koniferen, besonders die von Fichte, Kiefer und Tanne, werden industriell geerntet und zur Herstellung von Terpentinöl, Farben und Lacken, aber auch zur Herstellung von Flussmitteln oder als Brennstoff genutzt.

Fossiles Koniferenharz ist in Form von Bernstein erhalten geblieben.

*VD*

*Koniferen sind reich an Harz; A: Harzernte an der Wald-Kiefer (Pinus sylvestris); B: Harzgallen in der Borke der Purpur-Tanne (Abies amabilis); C: Querschnitt durch eine mehrjährige Sprossachse der Wald-Kiefer (Pinus sylvestris); sowohl im Holzkörper als auch im Bast sind zahlreiche Harzkanäle ausgebildet; D: Harzkanäle im Holzkörper der Wald-Kiefer (Pinus sylvestris); E: Harzfluss zum Wundschnellverschluss nach Stammverletzung bei der Rot-Fichte (Picea abies); F: Knospenversiegelung durch starke Harzabsonderungen bei der Wald-Kiefer (Pinus sylvestris)*

## 32. Was ist der Unterschied zwischen Dornen und Stacheln?

Umgangssprachlich werden die Begriffe „Dorn“ und „Stachel“ häufig synonym verwendet, sodass nicht alles das, was landläufig als Dorn oder Stachel bezeichnet wird, auch im botanischen Sinne auch ein solcher tatsächlich ist. Umgangssprachlich werden beide Begriffe für stechend-spitze Auswüchse an Sprossachsen oder an Blättern verwendet, die hauptsächlich der Abwehr von Fraßfeinden dienen.

Im botanischen Sinne sind Dornen stets umgewandelte Organe, die eine stechend-spitze Struktur aufweisen. Dabei können sowohl Sprossachsen, Blätter als auch in seltenen Fällen Wurzeln verdornen. Diese stehen immer mit tieferen Schichten der Abstammungsachse in Verbindung. Sie verfügen daher auch immer über einen Leitbündelanschluss. Wenn es sich um belaubte Sprossdornen handelt, weisen diese eine Gliederung in Knoten (= Nodien) und Internodien auf. Bei Blattdornen kann man zwei Formen unterschieden: 1.) das ganze Blatt verdornt, wie dies bei vielen Kakteen der Fall ist; 2.) Nur die Nebenblätter (= Stipeln) verdornen, während das eigentliche

*Dorn und Stachel: A: Unverzweigter Sprossdorn (Prunus spinosa); B: Verzweigte Sprossdornen (Gleditsia caspica); C: Wurzeldornen (Chrysophila warscewiczii); D: Blattdornen (Trichocereus terscheckioides); E: Nebenblattdornen (Euphorbia triangularis); F: Stacheln (Rosa omeiensis f.) pteracantha)*

Laubblatt abgeworfen wird, wie z. B. bei Robinien und zahlreichen sukkulenten Euphorbien, die in dem Falle sog. Nebenblattdornen (= Stipulardornen) ausbilden. Blattdornen sind niemals in Knoten (= Nodi) und Internodien gegliedert. Die Ausbildung von Wurzeldornen ist hingegen sehr selten und lediglich bei einigen mittel- und südamerikanischen tropischen Palmenarten, z. B. aus der Gattung *Crysophila*, ausgebildet. Hier verdornen nicht etwa die unterirdischen Wurzeln im Substrat, sondern die oberirdischen, sprossbürtigen Wurzeln am Stamm und bilden 3 – 12 cm lange Dornen aus.

Anders hingegen die Stacheln. Diese sind durchweg sog. „Emergenzen", die nichts Anderes darstellen als epidermale „Anhängsel" der Sprossachse. Diese stehen daher nicht mit tieferen Gewebeschichten der Sprossachse in Verbindung, haben weder eine Leitbündelversorgung noch die Fähigkeit zum sekundären Dickenwachstum. Sie sind auch nicht in Knoten und Internodien gegliedert. Sie lassen sich zudem leicht von der Sprossachse entfernen, wie man dies z. B. von Rosen her kennt. Denn auch die Rose bildet ausschließlich Stacheln aus und keine Dornen, auch wenn dies das Grimm'sche Märchen "Dornröschen" fälschlicherweise botanisch unkorrekt suggeriert. Und übrigens, die „Stacheln" der Kakteen sind stets Dornen.

*VD*

# Wurzeln

## 33. Welche Aufgaben haben die Wurzeln der Bäume?

Bestimmt rechnet niemand mit so einer Fülle von Aufgaben, Funktionen und Fähigkeiten. Jedes Kind weiß, dass die Wurzeln den Baum im Erdboden verankern sollen, damit er nicht umfällt, und das selbst bei Sturm. Für diese Verankerung sind die sogenannten Skelettwurzeln verantwortlich, das sind alle, die über 2 mm dick sind. Die Feinwurzeln (<2 mm) dagegen dienen der Wasser- und Nährstoffaufnahme. Auch das ist klar.

Eine ganz wesentliche Aufgabe des Wurzelsystems ist auch die Aufnahme, Speicherung und ggf. Rückführung von Assimilaten. Das sind Produkte der Photosynthese aus den oberirdischen Teilen des Baumes. Die Wurzeln sind Teil des Depots im Winter. Wie könnte es sonst sein, dass bei vielen Baumarten aus einem Wurzelstock ein kompletter neuer Baum aufwächst?

Hierfür sind natürlich eine ganze Reihe von Transportvorgängen nötig. Das aufgenommene Wasser mit den Nährstoffen muss vom Wurzelsystem effektiv in den oberirdischen Teil transportiert werden und Produkte von dort in der Gegenrichtung. Einige Baumarten transportieren sogar aktiv Sauerstoff zu den Wurzelenden, damit diese auch in sauerstoffarme Bodenbereiche vordringen können.

In den Wurzeln werden aber auch verschiedene Stoffe produziert. Einige davon sind sogenannte Wachstumsregulatoren. Sie werden in der ganzen Pflanze verteilt und steuern im Wechselspiel miteinander ganz verschiedene Vorgänge von dem Wachstum bis zur Blüte. So wird immer für ein ausgewogenes Verhältnis innerhalb der Gesamtpflanze gesorgt.

Wieder andere Stoffe werden ausgeschieden oder freigesetzt, wenn eine abgestorbene Wurzel zersetzt wird. Diese können das Wurzelwachstum von Konkurrenten hemmen oder die Nährstoffaufnahme erleichtern.

Auf die Symbiose mit anderen Organismen (Frage 34) oder die Rolle von Wurzelverwachsungen (Frage 40) wird an anderer Stelle hingewiesen.

*UP*

*Was Baumwurzeln alles können*

## 34. Haben Baumwurzeln Hilfe bei der Nährstoffaufnahme?

Wer schon einmal in einer dicken Humusauflage auf einem Waldboden gescharrt hat, hat sie vielleicht schon einmal gefunden, die Feinwurzeln der Bäume. Sie sind weniger als 2 mm dick und gerade im Oberboden recht kurz und an der Spitze keulig verdickt. Es sieht aus, als wären sie in Watte gepackt. Das ist ein Pilzgeflecht, das die Wurzeln dicht umgibt und sogar in sie hinein vordringt. Bei einigen Arten dringt dieses Geflecht nicht nur in die Zwischenräume zwischen den Pflanzenzellen in der Wurzelrinde vor, sondern sogar in die lebenden Zellen ein.

In diesem Fall ist das Miteinander von Baum und Pilz von beiderseitigem Vorteil. Man nennt das eine Symbiose. Der Pilz versorgt sich aus den Wurzeln mit Kohlenhydraten, da er selbst keine Photosynthese betreiben kann. Im Gegenzug liefert der Pilz Wasser und Nährstoffe für den Baum. Dies leistet er, weil sich das Pilzgeflecht weit durch den Boden zieht und dort selbst feinste Bodenporen erschließt, in die keine Wurzel mehr vordringen kann. Zudem zersetzen Pilze tote organische Substanz und gelangen so an darin gebundene Nährstoffe. Des Weiteren schützt der Pilzpartner die Baumwurzel vor dem Eindringen schädigender Organismen.

*Mykorrhiza (links); rechts Wurzelknollen der Erle (Foto: A. Roloff)*

Man nennt diese Symbiose Mykorrhiza, wörtlich übersetzt eine „Pilzwurzel“. In Zusammenarbeit mit dem Pilzgeflecht kann die aufnehmende Oberfläche der Wurzel um das 1000fache vergrößert werden. Der Baum wächst schneller und ist stress- und trockentoleranter. Diese Symbiose ist so erfolgreich, dass 95% aller Landpflanzen eine solche ausgebildet haben. Viele Baumarten gehen solche Gemeinschaften mit verschiedenen Pilzarten ein, andere sind spezialisiert. Bei den Pilzen ist es genauso. Viele unserer beliebten Speisepilze sind solche Mykorrhiza-Partner von Waldbäumen.

Andere Baumarten (z.B. Erlen, Robinien) gehen solche Symbiosen im Bereich der Wurzeln auch mit Bakterien ein. Diese dringen in Wurzelzellen ein und es entstehen knollenartige Verdickungen. In diesen finden die Bakterien einen geschützten Lebensraum und werden von der Pflanze mit Kohlenhydraten versorgt. Damit sind sie in der Lage, Luftstickstoff in eine pflanzenverfügbare Form umzuwandeln, wodurch die Pflanze wiederum mit diesem sehr wichtigen Nährelement versorgt wird.

*UP*

## 35. Wie tief reichen die Wurzeln der Bäume?

Bei der Beantwortung dieser Frage werden die meisten Bäume wohl überschätzt. Natürlich kommt es vor, dass einzelne Exemplare von Baumarten, die allgemein recht tiefe Wurzeln ausbilden (Eiche, Walnuss, Wacholder, Eibe, Kiefer), auch einmal Wurzeltiefen von 10 m oder sogar etwas darüber erreichen. Dies ist aber nicht die Regel, sondern besonderen Umständen geschuldet.

Verallgemeinernd kann man eher sagen, dass Bäume so tief wurzeln, wie es möglich und sinnvoll ist. Generell befindet sich der Großteil des Wurzelsystems auch alter Bäume oberhalb einer Bodentiefe von 2,5 m. Natürlich ist dies vom Alter abhängig und auch etwas artspezifisch, wenn man sich die verschiedenen Wurzelsysteme ansieht (siehe Frage 36). Noch wichtiger bei der Durchwurzelungstiefe sind aber die Bodenbeschaffenheit und vor allem der Bodenwasserhaushalt. In einem lockeren Boden, der der Wurzelausbildung wenig Widerstand entgegensetzt, aber auch luftgefüllte Bodenporen enthält, können die erstaunlichen Wurzeltiefen ausgebildet werden. Das kommt aber auch in Felsklüften vor, die mit etwas Lehm gefüllt sind, durch die die Baumwurzeln tiefliegende Wasservorräte erreichen können.

Sehr häufig sind die Böden aber zu kompakt oder ausreichende Wasservorräte stehen in höheren Bodenschichten zur Verfügung. Dann braucht der Baum nicht tiefer zu wurzeln oder kann es gar nicht. Denn das Wichtigste für das Wurzelwachstum ist neben den

Nährstoffen und der Energie aus der Photosynthese der für das Wachstum benötigte Sauerstoff aus der Bodenluft. Ja, Wurzeln atmen Sauerstoff. Und dieser wird bei zu stark verdichteten Böden oder gar hohem Wasserstand knapp, was dem Tiefenwachstum der Bäume Grenzen setzt. Daher ist es so gefährlich für den Baum, wenn man den Boden in seinem Wurzelraum durch sehr häufiges Betreten verdichtet oder gar mit einem Straßenbelag versiegelt. Luftsauerstoff kann dann nicht mehr ausreichend zu den Wurzeln gelangen.

*UP*

*Wurzel entlang eines Felsspalts*

## 36. Wie sehen die Wurzelsysteme der Bäume aus?

Die Baumarten oder -gattungen werden immer wieder bestimmten Typen von Wurzelsystemen zugeordnet, um hier eine gewisse Ordnung zu schaffen. So unterscheidet man die klassischen Systeme der Pfahl-, Senker- oder Herzwurzeln. Dabei betrachtet man die Form, die Wuchsrichtung und Verteilung der Grobwurzeln direkt unterhalb des Wurzelstocks. Hierbei muss man aber beachten, dass sich das Wurzelsystem auch ungehindert entwickeln konnte, wenn man verschiedene Bäume vergleichen will. In den ersten Lebensjahren sind die Wurzelsysteme nahezu aller heimischen Baumarten gleich, da sie von der Primärwurzel geprägt werden. Erst im weiteren Verlauf des Wachstums bilden sich dann art- und gattungsspezifische Systeme heraus.

Das Pfahlwurzelsystem besteht aus einer sehr starken, direkt unter dem Wurzelstock senkrecht nach unten verlaufenden Wurzel, die bis ins Alter erhalten bleibt und von der deutlich schwächere Seitenwurzeln abzweigen (Tanne, Kiefer, Eiche).

Von einem Herzwurzelsystem spricht man, wenn von der Stockunterseite mehrere starke Hauptwurzeln schräg abwärts in den Boden vordringen, wodurch ein halbkugelförmiges Wurzelsystem aufgespannt wird, das sich intensiv verzweigt (Lärche, Douglasie, Birke, Linde, Hainbuche).

Schließlich wird das Senkerwurzelsystem von kräftigen Seitenwurzeln gebildet, die vom Stock flach im Boden verlaufen. Von diesen zweigen dann später die Senker ab und dringen nach unten in den Boden vor (Fichte, Esche, Zitter-Pappel).

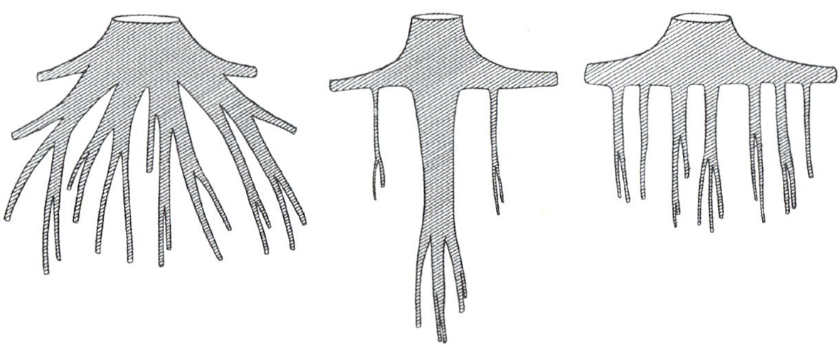

*Grundtypen der Wurzelsysteme (v. l. n. r.: Herzwurzelsystem, Pfahlwurzelsystem, Senkerwurzelsystem) (aus: Köstler et al., 1968)*

Diese Unterscheidung ist aber ganz häufig bloß graue Theorie. Es gibt Übergangsformen und nur sehr selten kann sich das Wurzelsystem ungestört entwickeln. Irgendwas ist immer: Fels, verdichteter Boden (seitlich oder in der Tiefe), geringer Wurzelraum, Konkurrenten... Auf all dies müssen die Bäume sehr flexibel reagieren können, um sich zu etablieren, und tun dies auch.

*UP*

## 37. Wie weit dehnt sich das Wurzelsystem der Bäume aus?

Während bei der Durchwurzelungstiefe (s. Frage 36) die Bäume oft überschätzt werden, werden sie bei der seitlichen Ausdehnung des Wurzelsystems wohl eher unterschätzt. Dabei ist diese Frage doch so wichtig, wenn man zum Beispiel über den Baumschutz bei Baumaßnahmen nachdenkt. Wie weit sollte man von einem Baum Abstand halten, um ihn nicht zu stark zu schädigen? Selbst im privaten Garten kann es interessant sein, wie weit vom Baum entfernt dessen Wurzeln noch eine kräftige Konkurrenz für andere angebaute Zier- oder Nutzpflanzen darstellen.

*Oberflächennahes, ausgedehntes Wurzelsystem einer Alteibe*

Leider gibt es dazu immer noch recht wenige Untersuchungen, die wieder zeigen, dass praktisch nichts zu verallgemeinern ist. Das Wurzelsystem ist einfach zu plastisch. Kann der Baum aus irgendeinem Grund nicht in die Tiefe vordringen, um sich zu verankern, dehnt er eben seine Wurzeln horizontal als Stütze aus. Aber wie weit?

Mit an Sicherheit grenzender Wahrscheinlichkeit geht das Wurzelsystem deutlich über die Ausdehnung der Krone hinaus. Grabungen an zahlreichen einheimischen Baumarten bestätigen, dass die Ausdehnung des Wurzelsystems vom Stammfuß doppelt bis mehrfach so groß wie die Baumhöhe sein kann. Bei einer 24 m hohen Robinie wurde ein Durchmesser des Wurzelbereichs von 48 m festgestellt, bei einer 1,2 m hohen jungen Sal-Weide sogar ein Durchmesser von über 10 m, nur um ein paar Beispiele herauszugreifen. Gerade bei jungen Bäumen ist das Verhältnis der Wurzelausdehnung zur Baumhöhe sehr groß. Zudem ist die Ausdehnung um den Stamm herum selten symmetrisch und richtet sich nach der Durchwurzelbarkeit oder dem Vorhandensein der benötigten Ressourcen (Wasser und Nährstoffe).

*UP*

## 38. Wie hoch ist der Anteil der Wurzeln an einem Baum?

Bei ganz jungen Bäumen ist das ganz unterschiedlich! Es hängt stark davon ab, ob die Art zunächst auf ein intensives Wurzelwachstum programmiert ist, um sich sicher am Standort zu etablieren, ehe mehr Höhenwachstum einsetzt. Bei einem Eichen-Sämling kann die Wurzelmasse 5-mal höher sein als die oberirdische Masse, bei Fichten-Sämlingen ist es nur etwa halb so viel.

Dieses Verhältnis zwischen oberirdischer und unterirdischer Masse verringert sich dann allmählich mit dem

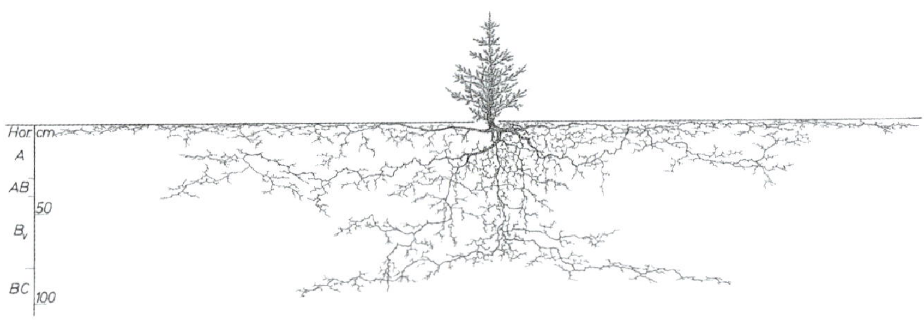


*Junge Fichte mit ganz erstaunlichem Wurzelanteil (aus: Kutschera & Lichtenegger, 2002)*

Alter. Generell liegt das Wurzelgewicht später bei etwa 10 bis 20 % der oberirdischen Biomasse. Da dies aber besonders für Altbäume außerordentlich schwer zu ermitteln ist, liegen dazu nur sehr wenige Untersuchungen vor und die Werte sind eher als Schätzungen anzusehen.

Auch gibt es hiervon Abweichungen, die genetisch, aber auch standortbedingt sein können. Bäume derselben Art haben in bestimmten Regionen einen erhöhten Wurzelanteil, aber zum Beispiel auch unter besonders trockenen Standortbedingungen. Das Wurzelsystem ist je nach Standortbedingungen äußerst flexibel hinsichtlich der Form und Ausprägung.

In jedem Fall entwickelt sich aber ein ausgewogenes Verhältnis zwischen ober- und unterirdischen Pflanzenteilen. Beide müssen sich gegenseitig versorgen. Die Wurzeln liefern ausreichend Wasser- und Nährstoffe, während der oberirdische Teil Assimilate für das Wurzelwachstum liefert. So kommt es, dass sich beide Baumteile gegenseitig stark beeinflussen. Starke Beschädigungen der Wurzeln führen zu teilweisem Absterben in der Krone, wobei nicht eine Wurzel genau mit einem Ast zusammenhängt. Andersherum führt eine starke Beschädigung oberirdisch, bis hin zur Fällung, zu Schäden an den Wurzeln oder ganz besonders starkem und schnellen Neuaustrieb und Wachstum, um wieder ein ausgewogenes Verhältnis herzustellen.

*UP*

## 39. Haben Wurzeln auch Jahresringe?

Wie die Sprossachsen sind auch die Wurzeln von zweikeimblättrigen Bedecktsamern und die der Nacktsamer zu sekundärem Dickenwachstum befähigt. Dabei gewinnt der Holzkörper auch im Bereich der Wurzeln mit zunehmendem Alter fortlaufend an Dimensionen. Dieser zeigt dann, wie auch in den Sprossachsen, eine Gliederung in Jahresringe, die dann die jährlichen Zuwächse im Holzkörper (Übergänge zwischen Früh- und Spätholz) markieren.

Allerdings ist dieses sekundäre Dickenwachstum der Wurzel recht kompliziert, da hier im Unterschied zu den Sprossachsen die Leitbündel nicht in einem Ring angeordnet sind. Wurzeln haben einen strahligen Aufbau mit jungen Elementen des Holzes (= Xylem) und des Basts (= Phloem), die zueinander alternieren, also auf Lücke stehen. Ist die Wurzel zum sekundären Dickenwachstum befähigt, so erfolgt die Ausbildung von Sekundärholz und Sekundärbast. Zu Beginn des sekundären Dickenwachstums wird aus einer Gewebeschicht, die zwischen den radial liegenden jungen Elementen liegen, nachfolgend ein Bildungsgewebe (= Kambium) ausgebildet, dessen

Teilungsaktivität sich später so weit fortsetzt, dass ein geschlossener Kambiumring entsteht. Dieser gibt dann nach innen Sekundärholz und nach außen Sekundärbast ab. An älteren Wurzeln ist ähnlich wie bei Sprossachsen eine Borkenbildung zu beobachten. Durch die Ausbildung einer ausgeprägten abgestorbenen Korkschicht wird die Wasseraufnahme unmöglich.

*VD*

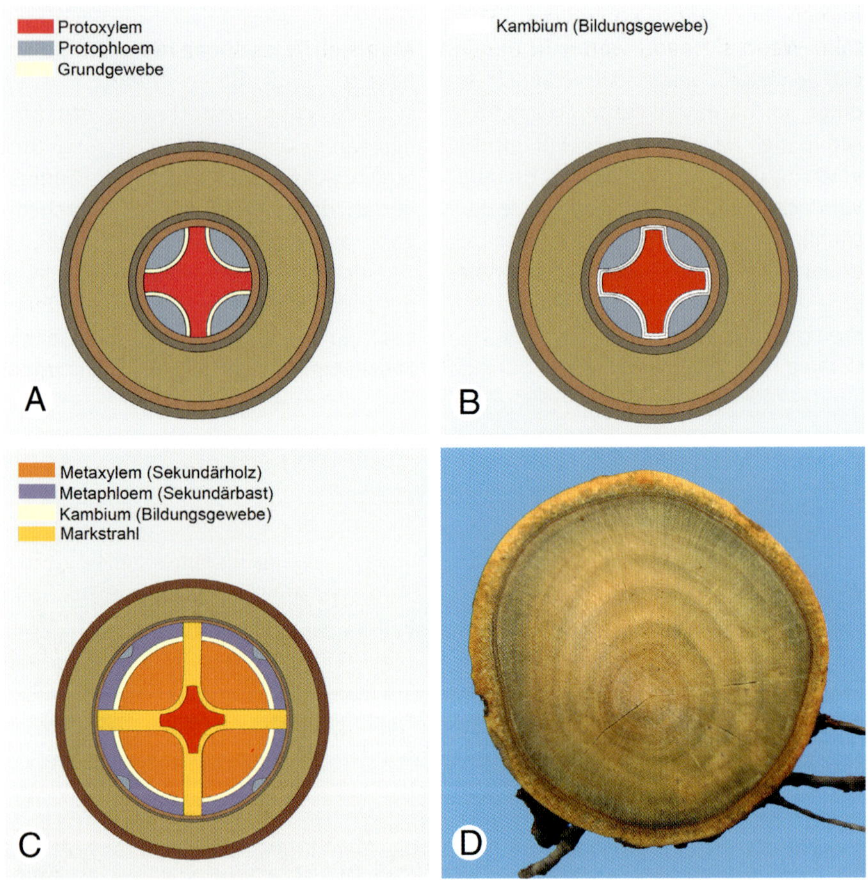


*Sekundäres Dickenwachstum einer Wurzel; A: Primäres Stadium; B: Ausbildung eines sekundären Bildungsgewebes (Kambiums); C: Ausbildung von sekundärem Holz und Bast; D: Wurzelquerschnitt Schlehe (Prunus spinosa)*

## 40. Können die Wurzeln unterschiedlicher Bäume miteinander verwachsen?

Ja, das kommt in der Tat gar nicht selten vor. Wurzeln zweier verschiedener Bäume, die sich vielleicht einmal gekreuzt haben, werden mit der Zeit immer dicker und kommen in Kontakt. Wenn sie dann weiter in die Dicke wachsen, werden sie förmlich aneinandergepresst. Dieser Druck führt schließlich dazu, dass die Wurzelrinde verdrängt wird und sie miteinander verwachsen. Das bedeutet, dass tatsächlich ihre Leitungsbahnen miteinander verschmelzen und sie gemeinsam weiterwachsen. Dies geschieht meist nur bei Wurzeln von Bäumen derselben Art. Ob das auch bei nah verwandten Bäumen derselben Gattung der Fall ist, ist unbekannt. In einem Reinbestand können so über 40 % der Bäume verbunden sein.

Man sieht dies sogar manchmal oberirdisch. Gelegentlich findet man im Wald überwallende Baumstubben. Der Baum wurde gefällt und auf dem Stubben bildet sich ein ringförmiger Wulst, der ganz allmählich versucht, diese große Wunde zu verschließen. Woher sollte dafür über mehrere Jahre die Energie kommen, wenn der Baum doch gefällt wurde? So viele Reserven kann das Wurzelsystem auch nicht

*Fast vollständig überwallter Stubben*

speichern, dass es allein mehrere Jahre überleben könnte. Diese Energie wird also von den Nachbarbäumen über Wurzelverwachsungen geliefert.

Was bedeutet dies für die Bäume? Zunächst einmal natürlich etwas mehr Stabilität, wenn sich die Wurzeln gegenseitig festhalten. Da die Wurzeln aber richtig miteinander verwachsen sind, werden auch Wasser und darin gelöste Stoffe ausgetauscht. Dies können Nährstoffe sein. Auf diese Weise können miteinander verwachsene Bäume schneller wachsen und erlangen einen Konkurrenzvorteil. Andere Stoffe wiederum, die in einem Baum zu einem bestimmten Zweck gebildet werden, können auch im anderen eine bestimmte Reaktion auslösen. Man kann also von einer Art Informationsübermittlung sprechen. Auch ganz schwache elektrische Ströme sind zwischen Wurzeln messbar. Ob diese ebenfalls Reaktionen auslösen, also als Kommunikation aufgefasst werden können, wird diskutiert. Natürlich können auf diese Weise aber auch Schadstoffe oder Krankheitserreger übertragen werden.

*UP*

# Holz

## 41. Was ist Holz?

Je nach Standpunkt wird Holz unterschiedlich beschrieben. Wenn man Holz hört, denken die meisten Menschen spontan an Bretter, Möbel, Baumarkt oder Brennholz. Dass Holz den größten Teil eines ausgewachsenen Baumes einnimmt, ist einem nicht sofort bewusst. Holz, das uns von der Wiege bis zur Bahre begleitet, ist der älteste und zugleich modernste und vielseitigste nachwachsende Rohstoff, den die Natur liefert.

Biologisch betrachtet ist Holz (Xylem) alles an einem Baum, was unter der Rinde (dem Bast, Phloem) hinter dem Kambium stammeinwärts folgt. Die Holzbildung geschieht im Kambium, einer dünnen, den ganzen Baum umhüllenden Schicht zwischen Splint und Bast. Das Kambium bildet drei- bis zehnmal so viele Holzzellen wie Rindenzellen.

Holz setzt sich aus Kohlenstoff (ca. 50 %), Sauerstoff (ca. 43 %), Wasserstoff (ca. 6 %) und Stickstoff (1 %) sowie mineralischen Elementen zusammen. Betrachtet man die Verbindungen, sind es Zellulose (40 – 50 %), Lignin (20 – 30 %), Hemizellulosen (20 – 25 %) sowie Harze, Fette, Gerb-, Farb- und mineralische Stoffe.

Holz kann mit Stahlbeton verglichen werden, bei dem die Zellulose das

Stahlskelett (Bewehrungsstahl) und das Lignin den Beton darstellt. Der Vergleich hinkt nur dahingehend, dass die Verhältnisse abweichen: Der Anteil des Stahls ist deutlich geringer als der der Zellulose.

Im Holzkörper lassen sich bei vielen Baumarten zwei farblich verschiedene Bereiche unterscheiden: Splint(-holz) und Kern(-holz). Im helleren Splint, den äußeren Jahrringen, erfolgen Wasserleitung und Speicherung von Reservestoffen. Der Kern ist oft dunkler als der Splint. Die dunkle Farbe kommt durch Umwandlung oder Einlagerung von Stoffwechselnebenprodukten und pilzhemmenden Substanzen zustande. Dadurch ist das Kernholz auch widerstandsfähiger als das Splintholz. Zu den Bäumen mit farblich sichtbarer Verkernung (Farbkern) gehören z. B. Eiche, Edel-Kastanie, Esche, Robinie, Ulme, Kiefer, Lärche, Douglasie und Eibe. Tritt keine Verfärbung ein, wie z. B. bei Tanne und Fichte, wird von Reifholzarten gesprochen. Hier gibt es nur einen Feuchtigkeitsunterschied zwischen Splint- und Kernholz. Fehlen sowohl ein Farb- als auch ein Feuchtigkeitsunterschied, wird von Splintholzarten gesprochen. Beispiele hierfür sind Ahorn, Hainbuche, Birke, Rot-Buche, Linde und Aspe. Während für den Baum das Splintholz wichtiger ist, ist

*Gepoltertes Lärchenholz, bei dem der helle Splint durch Pilzbefall bereits verfärbt ist*

für die Nutzung durch den Menschen das Kernholz interessanter.

Holz besteht aus verschiedenen Zellarten, die die Funktionen Leitung, Festigung und Speicher ausüben. In den jüngeren Jahrringen wird Wasser mit gelösten Nährstoffen von der Wurzel in die Krone zu den Blättern transportiert. Diese Funktion übernehmen bei Nadelbäumen im Frühholz (siehe Frage 42) gebildete dünnwandige Tracheiden und beim Laubholz die Gefäße (Tracheen). Die dickwandigen Tracheiden im Spätholz der Nadelbäume tragen überwiegend zur Festigkeit bei. Im Laubholz übernehmen Tracheiden und Holzfasern diese Funktion. Die Zellen des inneren Holzkörpers (Kern) sind abgestorben und werden neben der Festigung überwiegend zur Deponierung nicht mehr benötigter Substanzen genutzt. Die Stoffspeicherung, insbesondere für den Austrieb, erfolgt im Parenchym, welches in den Holzstrahlen und eingestreut im Grundgewebe vorkommt.

*ML*

## 42. Was versteht man unter Früh- und Spätholz?

Ein Jahrring setzt sich aus den Früh- und Spätholzbereichen zusammen. Nach der winterlichen Ruhezeit setzt das Dickenwachstum zunächst mit der Bildung dünnwandiger, weitlumiger Gefäße, dem **Frühholz**, ein. Dieses dient hauptsächlich dem Transport von Wasser und den darin gelösten Mineralsalzen von den Wurzeln in die Baumkrone.

Bei den Nadelbaumarten übernehmen weitlumige und dünnwandige Frühholztracheiden diese Aufgabe. Bei den Laubbaumarten werden für die Wasserleitung extra Gefäße (Tracheen) angelegt, die durch eine besondere Weitlumigkeit auffallen. Bei ringporigen Laubbäumen (siehe Frage 44) werden die großen Gefäße nur im Frühholz gebildet. Durch diese Konstellation ist das Frühholz relativ weich, leicht und hell.

Das etwa ab Juli gebildete **Spätholz** wurde früher auch als Sommer- oder Herbstholz bezeichnet. Es sorgt vorrangig für Festigkeit. Dazu bilden die Nadelbaumarten Spätholztracheiden, die sich in der Querschnittsfläche nicht von denen im Frühholz unterscheiden, aber dickwandiger und damit englumiger sind. Bei den Laubbaumarten werden die gebildeten Gefäße kleiner und seltener, dafür nimmt der Anteil an Fasern und Tracheiden im Vergleich zum Frühholz zu. Spätholz ist entsprechend dichter, härter, schwerer und dunkler als Frühholz.

Der Übergang vom Früh- zum Spätholz ist oft fließend, während die Jahrringgrenze durch abrupten Übergang scharf markiert ist. Bei den Nadelbaumarten ist der Übergang zwischen Früh- und Spätholz, der durch verschiedene Lichtbrechung das Spätholz dunkler als Frühholz erscheinen lässt, meist besser erkennbar als bei den Laubbäumen. Jedoch gibt es zwischen den Baumarten Unterschiede. Während bei der Lärche die Übergänge scharf sind, erscheinen sie bei der Tanne eher fließend.

Bei den ringporigen Laubbaumarten, z. B. Eiche, hebt sich das Frühholz deutlich ab, während es bei den zerstreutporigen Laubbaumarten (siehe Frage 43), z. B. Rot-Buche, wenig deutlich ausfällt.

*ML*

*Querschnitt durch einen Nadelholzstamm*

## 43. Was sind Ringporer und Zerstreutporer?

Während es zwischen den Nadelbaumarten keine tiefgreifenden Unterschiede im Holzaufbau und in der Struktur der Jahrringe gibt, kann man bei den Laubbaumarten zwei gut voneinander zu trennende Gruppen unterscheiden:

**Ringporig**e Baumarten fallen im Stammquerschnitt durch sehr weitlumige Frühholztracheen (Gefäße) auf. Später im Jahr angelegte Gefäße sind kleiner und dickwandiger. Im Spätholz werden zudem vorwiegend dickwandige Fasertracheiden und Holzfasern gebildet. Der Kontrast der weitlumigen Frühholztracheen zu den dickwandigeren und englumigeren Gefäßen des Spätholzes ist scharf. Die Jahrringe sind in der gleichen Art und Weise mit diesen unterschiedlichen Gefäßgrößen aufgebaut und lassen sich daher leicht zählen. Beispiele für Ringporiger sind wärmeliebende und spätaustreibende Baumarten wie Eichen, Edel-Kastanie, Esche, Walnuss, Robinie (Gefäße in Nestern angeordnet), Hickory und auch Ulmen (mit wellenförmiger Anordnung der Gefäße). Die Wasserführung ringporiger Baumarten ist in der Regel auf die letzten ein bis drei Jahrringe beschränkt, was bei Verletzungen zu einer erhöhten Anfälligkeit für Gefäßkrankheiten oder Trockenstress führen kann.

**Zerstreutporige** Baumarten weisen hingegen eine mehr oder weniger gleichmäßige Verteilung der im Durchmesser gleichgroßen Tracheen über den gesamten Jahrring auf. Dadurch verschwimmen die Jahrringgrenzen und sind im Gegensatz zu ringporigen Baumarten etwas undeutlicher und schwerer zu erkennen. Beispiele für Baumarten mit zerstreutporigem Holzaufbau sind Ahorne, Erlen, Birken, Hainbuche, Rot-Buche, Pappeln, Weiden und Linden. Bei zerstreuporigen Baumarten findet der Wassertransport in den äußeren 5 bis 20 Jahrringen des Splintholzes statt. Die über mehrere Jahrringe verlaufende Wasserführung wirkt sich in einer geringeren Anfälligkeit gegenüber Gefäßerkrankungen und Trockenstress nach Verletzungen des Baumes aus.

*ML*

*Ringporig: Rot-Eiche (links) und zerstreutporig: Schwarz-Pappel (rechts)*

## 44. Was ist das schwerste und was ist das leichteste Holz?

Wer sich nach dem schwersten oder leichtesten Holz erkundigen möchte, wird schnell feststellen, dass man auf zum Teil erheblich abweichende Angaben stößt. Eine der Ursachen liegt wohl darin, dass der Baum bzw. das Holz aus verschieden Regionen oder Standorten mit unterschiedlichen Wuchsbedingungen stammt. Bäume mit optimalen Wuchsbedingungen wachsen viel schneller als Bäume, die sowohl hinsichtlich Vegetationstemperaturen, Wasser und Nährstoffangebot gerade so um das Überleben kämpfen müssen. Das Holz der schneller gewachsenen Bäume der gleichen Art hat daher im Vergleich zu Bäumen mit schlechteren Wuchsbedingungen in der Regel großvolumigere Zellen, ist leichter und nicht so hart. Eine andere

Ursache liegt in den unterschiedlichen Rohdichteangaben. Folgende Angaben charakterisieren das Holzgewicht:

**Darrdichte**: Darunter versteht man die Gewichtsangabe in Gramm je cm$^3$, nachdem das Holz bei exakt 1030 °C auf 0 % Restfeuchte herunter getrocknet wurde. **Rohdichte** 12–15 %: Das ist die Gewichtsangabe in Gramm je cm$^3$, nachdem das Holz bei 200 °C bis auf eine Restfeuchte von 12–15 % getrocknet wurde. **Rohdichte Grün**: Das ist die Gewichtsangabe in Gramm je cm$^3$ von gerade frisch gefälltem Holz.

Holz mit einem Gewicht von über 1g je cm$^3$ ist schwerer als Wasser, kann nicht mehr schwimmen und geht daher im Wasser unter. Es wird oftmals als Eisenholz bezeichnet. Eisenholz ist kein definierter, sondern ein Sammelbegriff, der verschiedene, besonders schwere Hölzer umfasst. Eisenholz ist nur schwer und nur mit besonders gehärteten Arbeitsgeräten zu bearbeiten. Mit zunehmender Rohdichte steigt auch die Härte nach Brinell, gemessen auf den Seitenflächen. Die Holzhärte oder -dichte sagt aber nichts über die Beständigkeit gegenüber einem Befall durch Insekten oder Pilze aus.

Die weltweit schwersten Holzarten (Rohdichte 12–15 %) sind:

**Pockholz**, *Guaiacum* ssp., Mexiko bis tropisches Südamerika, 0,97–1,32 g/cm$^3$
**Schlangenholz**, *Brosimum guaianense*, tropisches bis temperiertes Südamerika, 1,05–1,25 g/cm$^3$
**Kaneelhart**, *Licaria canella*, nördliches tropisches Südamerika, 0,90–1,25 g/cm$^3$ Chicozapote, *Manilkara zapota*, Mexiko und Mittelamerika, 1,00–1,20 g/cm$^3$
**Guajakan**, *Caesalpina parauariensis*, Südbrasilien, tropisches bis temperiertes Südamerika, 0,95 – 1,20 g/cm$^3$

Als weltweit leichtesten Holzarten gelten:

**Balsa**, *Ochroma pyramidale*, Mexiko, Karibik, tropisches Südamerika, 0,1–0,2 g/cm$^3$
**Ceiba**, *Ceiba pentandra*, tropisches Nordsüd- und Mittelamerika, Mexiko, 0,16 – 0,42 g/cm$^3$
**Erimado**, *Ricinodendron heudelotii*, tropisches Afrika, 0,22–0,35 g/cm$^3$
**Jeungjing**, *Falcataria moluccana*, Thailand, Laos, Vietnam, Kambodscha, Indomalaysia, 0,23 – 0,50 g/cm$^3$
**Paulownia**, *Paulownia* spp., temperiertes Asien, 0,24 – 0,34 g/cm$^3$

Die schwersten europäischen Hölzer sind:

**Kornelkirsche**, *Cornus mas*, Europa, Türkei, Kaukasien, Syrien, Iran 0,88–1,03 g/m$^3$
**Buchsbaum**, *Buxus sempervirens*, SW-SO-Europa, bis Kaukasien, 0,79–0,97 g/cm$^3$
**Flieder**, *Syringa vulgaris*, SO-Europa, Türkei, Iran, Kaukasien, 0,78 – 0,87 g/cm$^3$

**Weißdorn**, *Crataegus monogyna*, Europa, N-Afrika, Kaukasien, Syrien, 0,80-0,90 $g/m^3$
**Elsbeere**, *Sorbus torminalis* Speierling, Europa, Türkei, Kaukasien, N-Afrika, 0,80 – 0,83 $g/cm^3$

Die leichtesten europäischen Hölzer sind:

**Sommer-Linde**, *Tilia platyphyllos*, Europa, Kaukasien, 0,32 – 0,56 $g/cm^3$
**Weide**, *Salix* spec., Europa, Nordamerika, N-Afrika, temperiertes Asien, 0,35 – 0,50 $g/cm^3$
**Pappel**, *Populus* spec., Europa, N-Amerika, N-Afrika, temperiertes Asien, 0,36 – 0,56 $g/cm^3$
**Zirbel-Kiefer**, *Pinus cembra*, Hochgebirge in Mitteleuropa, 0,40 -0,49 $g/cm^3$
**Rosskastanie**, *Aesculus hippocastanum*, SO-Europa, 0,4 -0,55 $g/cm^3$

VM

## 45. Kann man Holz essen?

Holz besteht vor allem aus Kohlenwasserstoffverbindungen: 40 – 50 % aus Zellulose sowie aus Hemicellulose und Lignin. Zellulose ist ein Polysaccharid, das aus langen Ketten von Zuckermolekülen besteht, den Glukosen. Das sind zwar dieselben Zucker, aus denen auch Stärke (z. B. Kartoffelstärke) aufgebaut ist, jedoch sind die Strukturen sehr unterschiedlich. Menschen können Zellulose nicht aufspalten und verdauen.

In Kriegszeiten wurde immer wieder versucht, Holz als Nahrungsmittel zu nutzen. So mischte man Sägespäne ins Mehl, um „gestrecktes“ Brot zu erzeugen. Der neue Essenstrend „Wood-Food“ wird irreführend auch als „Holzessen“ bezeichnet. Dabei wird jedoch nur Holz mit dem Essen mitgekocht, um dessen Geschmacksstoffe zu erhalten. Das Holz selbst wird nicht gegessen. Frische Triebe, Blätter oder Knospen können hingegen von einigen Baumarten verzehrt werden, und dies nicht nur in Notzeiten.

*EJ*

# Wie pflanzen sich Bäume fort?

## Blüte, Frucht und Zapfen

### 46. Wie pflanzen sich Bäume fort?

Fortpflanzung bei Bäumen kann sexuell über Blüten und Früchte oder ungeschlechtlich über vegetative Abkömmlinge erfolgen. Diese beiden Möglichkeiten können nacheinander oder gleichzeitig ablaufen, häufig auch nur sexuell oder seltener nur vegetativ.

Die Bestäubung von Blüten kann durch Wind oder Tiere erfolgen, letztere sind vor allem Insekten. Insektenbestäubung ist günstiger, wenn einzelne Bäume einer Baumart im Bestand mit Abständen verteilt sind, weil die Insekten immer dieselbe Baumart finden und bevorzugen. Hingegen ist der Vorteil von Windbestäubung, dass der Pollen weithin verteilt wird und dabei viele Artgenossen-Blüten trifft.

Die Blüten können **zwittrig** oder eingeschlechtig sein, sie können beide auf einem Baum vorkommen (**Einhäusigkeit**: z. B. Birke, Buche, Ahorn), nur auf verschiedenen Bäumen auftreten (**zweihäusig**: z. B. Eibe, Pappel, Wacholder), oder es tritt beides gleichermaßen auf (**dreihäusig**: z. B. Esche). Näheres dazu wird in den Fragen 48 und 49 erläutert. Die ungeschlechtliche, vegetative Fortpflanzung wird in Frage 47 behandelt.

*AR*

*Großblütige Magnolie mit zwittrigen Blüten, in denen man sofort die Staub- und die Fruchtblätter erkennt*

## 47. Warum und wo gibt es identische Bäume (Klone) in der Natur?

Genetisch identische Bäume (ein Klon) entstehen immer dann, wenn ein Baum sich asexuell vermehrt, also nicht über Früchte, sondern aus Baumteilen: Austriebe aus Wurzeln oder alten Stammteilen, Absprünge, sich bewurzelnde Astabsenker oder Stecklinge. Insbesondere die zuerst genannte „Wurzelbrut" ist ein sehr häufiger Mechanismus, den vor allem etliche Pionier-Baumarten ausnutzen, um schneller Standorte zu erobern/besetzen und nicht erst auf Blüten, Bestäubung und Fruchtreife warten zu müssen. Bekannt ist dies z.B. für die Baumarten Robinie, Grau-Erle und Zitter-Pappel, und es kann auch standortsabhängig auftreten, wie bei Fichten an Moorrändern und Kiefern in Dünen.

Klone können vorteilhaft in Extremsituationen sein, wenn daran angepasste Bäume sich vegetativ vermehren und so nicht erst ihre Nachkommen erneut wieder anpassen müssen, z.B. an Trockenheit, Hitze, Kälte, Beschädigung. Anfangs wird die Tochterkolonie über die Wurzelverbindungen oft noch vom Mutterbaum mitversorgt, später kann die Verbindung absterben und die Klon-Nachkömmlinge werden eigenständig. Der größte bekannte Klon über Wurzelbrut ist eine nordamerikanische Zitter-Pappelkolonie, bei der etwa 50000 Individuen eine Fläche von etwa 50 Hektar bedecken, und der Klon soll inzwischen über 50000 Jahre alt sein. Er wird Pando genannt. Die einzelnen Bäume können jedoch nur etwa 200 Jahre alt werden und verjüngen sich fortlaufend weiter über immer neue Wurzelbrut.

*AR*

*Riesiger Zitter-Pappelklon mit mehreren hundert Individuen in einer ehemaligen Sandgrube*

## 48. Welches Geschlecht haben Bäume?

Bäume sind uns Menschen manchmal sogar voraus: Sie sind männlich, weiblich und divers. Es kommen praktisch alle denkbaren Formen vor.

Viele Baumarten haben zwittrige Blüten (siehe Frage 49). Das bedeutet, dass in jeder Blüte sowohl männliche (Staubblätter) als auch weibliche (Fruchtblätter) Organe vorkommen. Der Baum hat dann natürlich auch beide Geschlechter, was man leicht im Garten an Apfel- oder Kirschbäumen beobachten kann.

Es gibt aber auch Baumarten, z. B. den Spitz-Ahorn oder den Berg-Ahorn, die zwar grundsätzlich zwittrige Blüten haben, bei einigen Individuen ist dann aber jeweils ein Geschlecht der Blüte nicht funktionsfähig. Einige Bäume fungieren dann also rein weiblich oder rein männlich, während andere zwittrig sind. Man spricht dann davon, dass es drei Geschlechter gibt und nennt sie „dreihäusig".

Wiederum andere Baumarten, darunter Buche, Eiche, Fichte oder Tanne, haben eingeschlechtliche Blüten. Die Blüten sind also rein weiblich oder rein männlich. Beide sind aber in der Regel auf demselben Baum vorhanden. Man spricht von einhäusigen Baumarten, bei denen beide Geschlechter im selben „Haus" vorkommen.

Und dann gibt es wiederum Baumarten, die sind zweihäusig. Die eingeschlechtlichen Blüten beider Geschlechter kommen in unterschiedlichen „Häusern", also auf verschiedenen Bäumen, vor. Es gibt also rein männliche und rein weibliche Exemplare. Dies ist bei Weiden, Stechpalmen oder Eiben zu beobachten, um nur einige zu nennen.

*Nur weibliche Stechpalmen zeigen den herrlichen Fruchtschmuck*

Und dann wird es ganz verrückt: Bei den eigentlich zweihäusigen Eiben zum Beispiel gibt es ca. 3 % aller Bäume, die einhäusig sind, selbst von einem Geschlechterwechsel im Verlauf des langen Lebens wurde schon berichtet. Es gibt also nichts, was es nicht gibt.

*UP*

## 49. Was ist eine zwittrige Blüte?

*Aufbau einer Zwitterblüte (Vogel-Kirsche, Prunus avium)*

Eine Blüte ist eine klar abgrenzbare morphologische Einheit an einer Sprossachse. Sie trägt die reproduktiven Strukturen (Staub- und Fruchtblätter) und ist von begrenztem Wachstum. Aus der Blüte entwickelt sich dann zum Zeitpunkt der Samenreife die Frucht.

Unter einer Zwitterblüte versteht man eine Blüte, die entsprechend weibliche (= Fruchtblätter) und männliche (= Staubblätter) reproduktive Strukturen aufweist. Die Gesamtheit aller Staubblätter in einer Blüte wird auch als Androeceum bezeichnet, die Gesamtheit der Fruchtblätter einer Blüte als Gynoeceum. Die Anzahl und die Position der Staub- und Fruchtblätter in einer Blüte ist bei vielen Arten konstant und ein wichtiges Merkmal, das auch für systematische Fragestellungen genutzt wird. Lediglich bei den sehr ursprünglichen Bedecktsamern ist die Anzahl der Staub- und Fruchtblätter noch variabel. In den abgeleiteten Gruppen ist diese hingegen konstant. Zudem können in den abgeleiteten Gruppen unterschiedliche Verwachsungen der Staub- und Fruchtblätter auftreten, so können die Staubfäden der einzelnen Staubblätter einer Blüte zu einer gemeinsamen Staubblattröhre verwachsen sein oder sie haften auf der Innenseite an der sich nach außen anschließend ausgebildeten Blütenblätter. Auch innerhalb des Gynoeceums können unterschiedliche Verwachsungen auftreten. So kann z.B. das Gynoeceum sich aus zahlreichen verwachsenen Fruchtblättern aufbauen, deren Fruchtwände aber noch erhalten bleiben, weswegen der Fruchtknoten eine gefächerte Struktur aufweist. Teilweise können sich diese aber auch auflösen, sodass später nur eine einzelne Fruchtknotenhöhle ausgebildet wird.

*VD*

## 50. Blühen Bäume in jedem Jahr gleich stark?

Bei den allermeisten Baumarten ist eine jährlich gleich starke und intensive Blüte mit anschließender Bildung der Früchte und Samen nicht möglich und auch nicht sinnvoll.

Zunächst einmal muss alles zusammenpassen. Schon im Jahr vor der Blüte müssen die Außenbedingungen stimmen, damit der Baum viele Blütenknospen anlegen kann. Während der Blüte darf nichts passieren, was sie schädigt. Um wirklich Früchte und Samen zu bilden, müssen die Blüten bestäubt werden. Es müssen also auch die Bestäuber zugegen sein und günstige Außenbedingungen vorfinden. Schließlich muss der Baum auch die Energiereserven für die Bildung von Blüten, Früchten und Samen haben. Nach einer starken Blüte und Fruchtbildung sind diese Reserven auch erschöpft.

So kommt es bei den allermeisten Baumarten zu einem mehr oder weniger regelmäßigen Wechsel der Intensität der Blüte und Fruchtbildung. Dies macht wiederum Sinn. Wenn eine Baumart in jedem Jahr eine große Menge Früchte produzieren könnte und würde, hätten Tiere oder auch Pilze, die

*Dichter Fruchtbehang an einem Zierapfel*

sich davon ernähren, in jedem Jahr einen reich gedeckten Tisch. Sie könnten sich stark vermehren und vielleicht zu viele von den Früchten vernichten. Ist der Tisch aber nicht stets voll gedeckt, können auch sie sich nicht so stark vermehren. In Jahren, in denen dann besonders viele Blüten und Früchte gebildet werden, sogenannten Mastjahren (Schweine wurden unter Buchen und Eichen in solchen Jahren gemästet), ist der Tisch übervoll und es bleiben viele Samen erhalten.

*UP*

## 51. Gibt es Bäume, die nicht blühen?

Aber natürlich. Ganz junge Bäume blühen noch nicht. Es ist von Art zu Art unterschiedlich, in welchem Alter sie zuerst Blüten zeigen. Bei jungen Birken ist das schon mit 10 Jahren der Fall, bei Tannen kann es auch schon einmal 60 Jahre dauern.

Es hängt aber auch manchmal von den Umweltbedingungen ab, ob einzelne

*Die männliche (links) und weibliche (rechts) Blüte der Eibe (Taxus baccata) ist nur wenige mm groß*

*Männliche Blüten der Rot-Buche (Fagus sylvatica, links) hängen in Büscheln herab, die weiblichen stehen mehr aufrecht am Ende der Triebe*

Bäume blühen. Ganz ungünstige Bedingungen, wie extreme Dürren oder extreme Fröste, können verhindern, dass Blüten angelegt werden oder dazu führen, dass die Blüten noch in der Knospe so geschädigt werden, dass sie sich nicht mehr öffnen.

Normalerweise haben aber alle Baumarten Blüten, zumindest, wenn man baumförmige Farne nicht zu den Bäumen zählt. Wenn diese Arten von Insekten bestäubt werden, sind die Blüten meist sehr auffällig, um diese anzulocken. Wer hat noch nicht den Anblick eines voll blühenden Kirschbaumes im Frühjahr genossen?

Sehr viele Baumarten in Mitteleuropa werden aber vom Wind bestäubt. Sie benötigen kein Lockmittel für Insekten und sind daher eher unscheinbar. Bei größeren Bäumen entziehen sie sich dann der Betrachtung, da sie sich hoch oben in der Krone befinden. Sie bilden aber besonders viel Pollen, um die Chance zu erhöhen, dass dieser die Blüten von Artgenossen erreicht und bestäubt. Wenn Wind durch eine blühende Fichtenkrone streift, kann man manchmal die gelbe Pollenwolke sehen.

*UP*

## 52. Was sind Kätzchen?

Als „Kätzchen“ bezeichnet man eine spezielle Blütenstandsform, die vor allem im Frühjahr auffällt. Die Bezeichnung geht auf das weiche Äußere zurück, das mit einem weichen Katzenfell vergleichbar ist. Der meist männliche

*Die Kätzchenblüten dieser Weide werden stark von Bienen und sogar von frühen Schmetterlingen angeflogen (rechts); diejenigen der Hopfenbuche (Ostrya carpinifolia) sind windbestäubt (links)*

Blütenstand ist kompakt und besteht aus vielen Einzelblüten. Die Einzelblüten sind recht klein und meist unscheinbar; die vor allem bei verschiedenen Weidenarten farbenfroh gelb oder rötlich gefärbten Kätzchen kommen durch die Farbe der Staubbeutel zustande. Auf große Schauapparate wie Blütenblätter und auch auf Duft wird verzichtet, dafür werden sehr viele Einzelblüten angelegt. Diese überwintern eng zusammengezogen frei sichtbar oder werden von speziellen Knospen umhüllt. Schon ein geringer Anstieg der Temperauren über null Grad bewirkt eine Streckung des Blütenstandes. Die Blüten werden sichtbar und können schnell bestäubungsfähig sein. Dabei können die Pollen vom Wind transportiert werden – meist geschieht dies bereits vor dem Laubaustrieb, kein Blatt behindert den Pollentransport. Deshalb bilden vor allem Windbestäuber Kätzchen aus, wie die Haselnuss. Da die Bestäubung nicht durch bestäubende Insekten gezielt erfolgt, müssen große Mengen an Pollen produziert werden. Bei einer mittelgroßen Haselnuss mit etwa 300 Kätzchen werden ungefähr 2 Millionen Pollenkörner freigesetzt. Doch nur wenigen von ihnen gelingt es, auf einer weiblichen Haselblüte zu landen und diese dann zu bestäuben.

Auch Erlen (siehe Abb. zur Frage 54) und Pappeln gehören zu den Kätzchenblühern. Weidenkätzchen werden auch von Insekten bestäubt, deshalb ist die Weidenblüte eine begehrte frühe Nahrungsquelle für Bienen und Hummeln. Nach der Entleerung der Pollen fallen die Kätzchen meist als Ganzes ab.

*EJ*

## 53. Blühen Koniferen auch?

Jeder kennt dieses Phänomen: Auf einmal hängt der Baum voller Zapfen. Aber wo kommen die denn auf einmal her, man hat doch zuvor gar keine Blüte gesehen? Haben Koniferen eigentlich Blüten? Die Antwort lautet eindeutig ja, nur werden die „Blüten" der Koniferen zum Zeitpunkt der Bestäubung oft übersehen.

Die „Blüten" der Koniferen sind anders gestaltet als die der Bedecktsamer, die auch allgemein als Blütenpflanzen bezeichnet werden. Die reproduktiven Strukturen der Koniferen sind in charakteristischen getrenntgeschlechtlichen Zapfen zusammengefasst. Die männlichen stehen in Pollenzapfen, die weiblichen in Samenzapfen.

Meist sind die männlichen Pollenzapfen auffälliger als die weiblichen Samenzapfen, da diese zum Zeitpunkt der Bestäubung in der Regel deutlich größer als die Samenzapfen sind. Aufgrund ihrer auffälligen, meist gelben Färbung sind sie auch leichter erkennbar. Pollenzapfen sind bis kurz vor der Bestäubung in einem sehr kompakten Zapfen ausgebildet, der teilweise den

Eindruck einer kleinen Knospe vermittelt. Erst zur Freilassung des Pollens streckt sich dann die Zapfenspindel, sodass der Pollen bestmöglich dem Wind ausgesetzt werden kann. Die Lebensdauer der Pollenzapfen ist relativ kurz, da diese unmittelbar nach oder teilweise schon bereits während der Entlassung der Pollenkörner degenerieren und eintrocknen. Danach werden sie abgeworfen. Daher sind die Pollenzapfen beim Großteil der Arten auch nur für ein jährlich kleines Zeitfenster zu Beginn der Vegetationsperiode sichtbar.

Bei den Samenzapfen muss man noch genauer hinschauen, da diese bei den meisten Arten zum Zeitpunkt der Bestäubung winzig klein sind. Bei einigen Arten der Zypressengewächse sind diese gerade mal einen Millimeter groß. Zudem sind sie meist auch nicht besonders auffällig gefärbt, sodass die blühenden Zapfen in der Regel kaum eine großartige Schauwirkung aufweisen. Erschwerend kommt bei vielen Koniferen hierzu, dass die Samenzapfen versteckt im Wipfelbereich der Bäume ausgebildet werden. Da den meisten Koniferen die Samen-

*Blüten der Koniferen; die Samenzapfen der meisten Arten sind zum Zeitpunkt der Bestäubung winzig und ohne große Fernwirkung; der Großteil der Arten ist eher unauffällig A: Europäische Eibe (Taxus baccata); B: Lawsons Scheinzypresse (Chamaecyparis lawsoniana); C: Chilenische Flusszeder (Pilgerodendron uviferum); D: Oleanderblättrige Steineibe (Podocarpus neriifolius); E: Japanische Schirmtanne (Sciadopitys verticillata); F: Rot-Fichte (Picea abies) mit auffällig rot gefärbten Samenzapfen*

zapfen verholzen und mit zunehmender Samenreife entsprechend an Größe zunehmen, sind ab einem gewissen Punkt dann plötzlich die Samenzapfen am Baum zu erkennen. Diese sind zum Zeitpunkt der Reife nicht nur durch ihre Größe und der kompakten, verholzten Struktur wahrnehmbar. Bei vielen Arten bleiben sie nach der Samenentlassung noch über Jahre am Baum. Bei anderen Arten werden die Zapfen abgeworfen und liegen oft jahrelang unter dem Baum, bis sie verrottet sind.

*VD*

## 54. Wie verhindern Bäume die Selbstbestäubung?

Man könnte zunächst denken, dass Selbstbestäubung ja gar nicht so schlecht wäre. Dann wären einhäusige Bäume immer selbständig in der Lage, für Nachkommen zu sorgen, selbst wenn es keinen blühenden Artgenossen in der Nähe gibt. Dann gäbe es aber auch keine Neukombination von Erbinformation, es könnten sogar zufällig Erbinformationen verloren gehen. Und gerade genetische Vielfalt ist für so langlebige und ortsfeste Organismen wie Bäume besonders wichtig, um sich immer wieder ändernden Bedingungen anpassen zu können.

*Aufrechte weibliche und hängende männliche Blütenstände einer Erle*

Also haben sich im Zuge der Evolution zahlreiche Wege der Verhinderung oder Verminderung der Selbstbestäubung herausgebildet. Am besten haben es da natürlich zweihäusige Baumarten mit rein männlichen oder weiblichen Pflanzen. Sie müssen sich fremdbestäuben.

Andere Wege sind, dass sich auf demselben Baum die männlichen vor den weiblichen Blüten öffnen oder umgekehrt. Es hilft bei windbestäubten Bäumen schon, wenn die weiblichen Blüten höher hängen als die männlichen und der Pollen herunterrieselt, ehe er vom Wind verblasen wird. Bei insektenbestäubten Blüten ragt häufig der Griffel weiter aus der Blüte heraus als die Staubblätter, damit er zuerst vom Insekt, das Fremdpollen mitbringt, berührt wird.

Schließlich gibt es auch chemische Wege, die eine Befruchtung der Eizelle durch eigenen Pollen verhindern, also eine Selbststerilität erzeugen.

Allein die Vielzahl der Wege zur Vermeidung der Selbstbestäubung, die sich herausgebildet und etabliert haben, zeigt, wie wichtig dies für die Erhaltung genetischer Vielfalt und der Art ist.

*UP*

## 55. Was ist der Bestäubungstropfen?

Bei den Nacktsamern ist jede einzelne Samenanlage für den Pollenfang verantwortlich. Es gibt kein gemeinsames pollenfangendes Gewebe, von dem aus mehrere Samenanlgen mit Pollen versorgt werden können, wie dies in Form der Narbe bei Bedecktsamern realisiert ist.

Der Pollenfang erfolgt beim Großteil der Nacktsamer mittels des sogenannten Bestäubungstropfens. Dieser ist ein kleiner Flüssigkeitstropfen, der im Inneren der Samenanlagen gebildet wird. Er wird dann nach außen durch eine kleine Öffnung (= Mikropyle), gepresst und frei dem Luftstrom ausgesetzt. Eingeblasene Pollenkörner werden dann von Bestäubungstropfen eingefangen.

Da der Bestäubungstropfen relativ anfällig gegenüber mechanischen Belastungen ist und leicht durch Wind oder Erschütterungen entfernt werden kann, sind im Bestäubungstropfen reichlich Zucker wie Saccharose, Glukose und Fructose enthalten. Sie erhöhen die Viskosität des Bestäubungstropfens deutlich und somit auch dessen Widerstandsfähigkeit gegenüber mechanischen Belastungen. Zudem können bei höherer Viskosität die Bestäubungstropfen größer werden. Neben hohen Zuckeranteilen enthalten die Bestäubungstropfen außerdem

Aminosäuren, Phosphate sowie Apfel- und Zitronensäure.

Nach erfolgreichem Pollenfang erfolgt ein „Rückzug“ des Bestäubungstropfens, was jedoch kein aktiver Prozess ist. Das Verschwinden des Bestäubungstropfens beruht darauf, dass im Inneren der Samenanlage keine weitere Flüssigkeit mehr nachgeliefert wird und der Bestäubungstropfen dadurch eintrocknet. Dies geschieht relativ schnell und benötigt artspezifisch zwischen 5–12 Minuten. Dadurch wird sichergestellt, dass die eingefangenen Pollenkörner unmittelbar nach dem Einfangen ins sichere Innere der Samenanlage gelangen. Der Bestäubungstropfen verfügt zudem über eine Art Erkennungssystem, das zwischen dem artspezifisch richtigen Pollen und Fremdpollen unterscheiden kann. Denn die Bestäubungstropfen beginnen nach Einfangen des artspezifisch richtigen Pollens sofort mit dem „Rückzug“. Anders hingegen, wenn Fremdpollen eingefangen wird. In diesem Fall hier bleibt der Bestäubungstropfen unverändert weiterhin exponiert. Die Gründe, auf denen dieses Erkennungssystem basiert, sind allerdings noch unklar. Nachdem das artspezifisch richtige Pollenkorn eingefangen und der Rückzug des Bestäubungstropfens erfolgte, wird dieser nicht wieder erneut ausgebildet.

*VD*

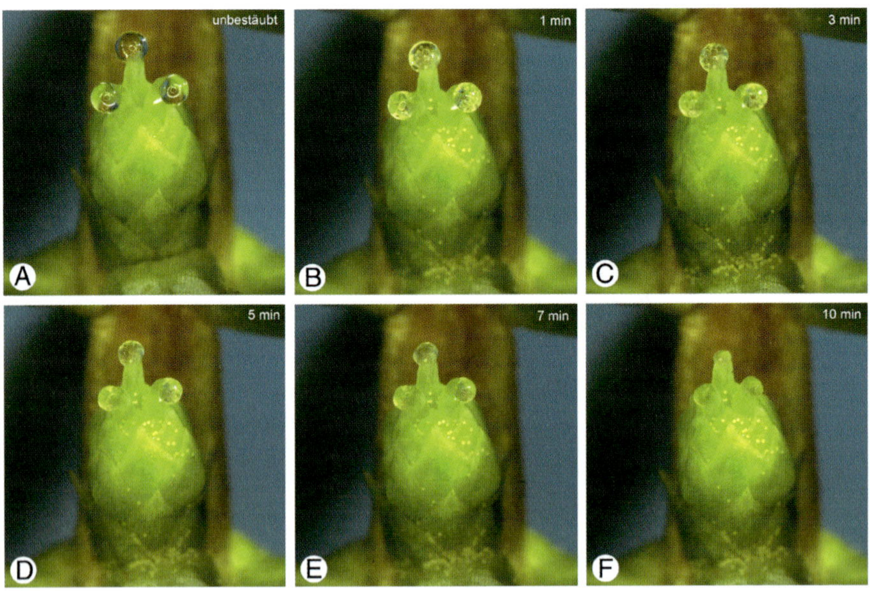


*Rückzug des Bestäubungstropfens beim Gewöhnlichen Wacholder (Juniperus communis)*

## 56. Warum haben die Pollenkörner einiger Nadelbäume zwei Luftsäcke?

Unter den heutigen Nacktsamern werden zwei unterschiedliche Pollenkorn-Typen ausgebildet. Es gibt geflügelte und ungeflügelte Pollenkörner. Erstere, die unter den heutigen Nacktsamern ausschließlich in den Kieferngewächsen und Steineibengewächsen zu finden sind, weisen im Unterschied zum ungeflügelten Typ zwei Luftsäcke auf. Diese sind keine dem Pollenkorn aufgelagerten Strukturen. Hier löst sich die äußere Schicht der Pollenkornwand (= Exine) von der inneren Schicht (= Intine) partiell ab, sodass zwei luftgefüllte Hohlräume entstehen.

Wozu dienen diese Luftsäcke? Lange Zeit ging man davon aus, dass diese zur Verbesserung der Flugeigenschaften des Pollenkorns beitragen. Windtunnelexperimente haben gezeigt, dass dies nicht der vorranginge Grund

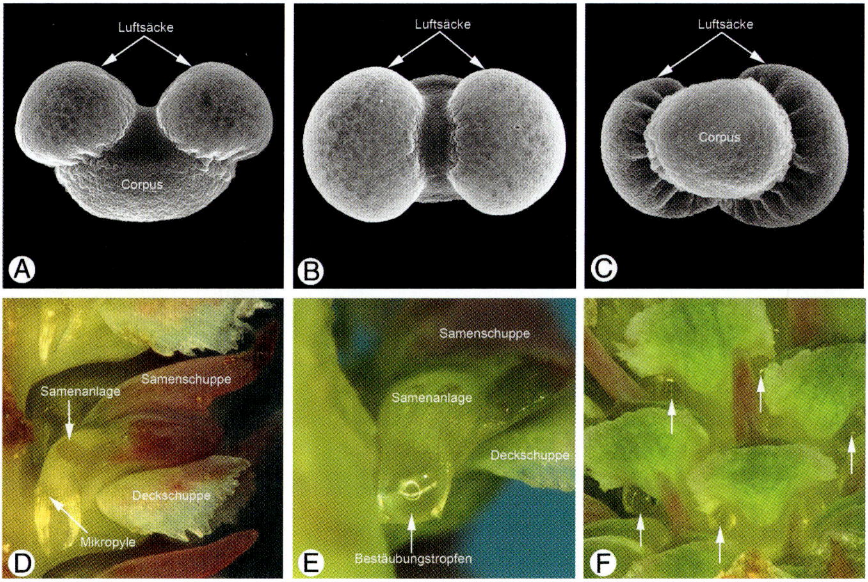


*Korrelation zwischen geflügelten Pollenkörnern und abwärts geneigten Bestäubungstropfen: A-C: Geflügeltes Pollenkorn der Wald-Kiefer (Pinus sylvestris); D-F: Blühender Samenzapfen der Latschen-Kiefer (Pinus mugo); D: Tagphase; Pollen bleibt an den klebrigen Mikropylenärmchen kleben; E: Nachtphase; Bestäubungstropen wird gebildet und die Pollenkörner driften aufgrund der Luftsäcke in diesem aufwärts; F: Bestäubungstropfen in hängender Position (Pfeile)*

ist. Dieser ist im Bestäubungsmechanismus zu finden. Bei Arten mit hängenden Bestäubungstropfen dienen die Luftsäcke dazu, das Empordriften des Pollenkorns im Bestäubungstropfen zu fördern. Dadurch gelangt dieses ins Innere der Samenanlage, wie dies z. B. auch bei uns bei Fichte, Kiefer und Tanne zu beobachten ist. Bei diesen wird der Bestäubungstropfen nur in der Nacht ausgebildet. Tagsüber bleiben die durch den Wind in den Zapfen transportierten Pollenkörner an den klebrigen Mikropylenärmchen hängen. In der Nacht fließt dann der Bestäubungstropfen in den Bereich der Mikropylenärmchen. Die Pollenkörner lösen sich nun von der Mikropylenwand ab und driften aufwärts. Dies erklärt, warum dieser Pollenkorntyp bei allen Arten mit aufrechten Bestäubungstropfen fehlt. Dass aber nicht zwingend geflügelte Pollenkörner immer mit abwärtsgeneigten Bestäubungstropfen korreliert sein müssen, zeigen zahlreiche Zypressengewächse, bei denen durchweg ungeflügelte Pollenkörner vorkommen. Hier gelangen die Pollenkörner, die sich am unteren Rand im Inneren des hängenden Bestäubungstropfens angesammelt haben, durch den Rückzug des Bestäubungstropfens ebenfalls ins Innere der Samenanlage.

*VD*

## 57. Sind alle Nacktsamer windbestäubt?

Während zwar alle Koniferen und *Ginkgo* windbestäubt sind, so ist z. B. bei vielen Arten aus den Palmfarnen und auch den Gnetaten eine Bestäubung durch Insekten verbreitet.

Allerdings kommen in den Gnetaten z. B. bei *Ephera* und *Gnetum* sowohl wind- als auch insektenbestäubte Arten vor, bei denen vornehmlich Zweiflügler und Schmetterlinge als Bestäuber dienen. Auch innerhalb der Gattung Welwitschie spielt die Windbestäubung eine eher untergeordnete Rolle, da die Pollenkörner nur über kurze Distanzen via Wind ausgebreitet werden. Hier sind neben zahlreichen Fliegenarten auch einige wenige Bienen- und sogar Wespenarten als Bestäuber nachgewiesen worden. Sowohl in der Gattung *Gnetum* als auch in der Gattung *Welwitschia* werden in den funktionell männlichen „Blütenstände" auch weibliche, wenngleich sterile Samenanlagen ausgebildet. Deren Aufgabe besteht alleinig darin, einen Bestäubungstropfen auszubilden. Dieser Bestäubungstropfen ist reich an diversen Zuckern und kann daher in seiner Funktion mit einem Nektartropfen gleichgesetzt werden, denn beide erfüllen die Aufgabe des Anlockens und Belohnens von potentiellen Bestäubern.

Auch bei zahlreichen Palmfarnen (Familie Zamiaceae) ist Insektenbestäubung der vorherrschende Bestäubungstyp. Anders bei den Palmfarnen aus der Familie der Cycadaceen, die alleinig die Gattung *Cycas* umfasst. Sie alle sind windbestäubt. Zum Zeitpunkt der Bestäubung öffnen sich die weiblichen Zapfen in Form von zwei Spalten, einmal im oberen Bereich des Zapfens und einmal an der Basis. Die Bestäuber sind überwiegend kleine Rüsselkäfer. In einigen *Zamia*-Arten wurden Rüsselkäfer nachgewiesen, deren vollständiger Lebenszyklus sich in den männlichen Zapfen abspielt. Die entwickelnden Larven ernähren sich von Geweben des männlichen Zapfens. Nach dem Schlüpfen aus der Puppe verlässt der pollenbeladene, adulte Käfer den Zapfen. Wenn er dann in den weiblichen Zapfen eindringt, fungiert er dann als Bestäuber. Bei einigen Arten sind die Pollenreife und das Schlüpfen der Larven in den männlichen Zapfen synchronisiert. So ist sichergestellt, dass die nun ausschwärmenden adulten Käfer auch mit Pollenkörnern ausreichend beladen werden können.

*VD*

*Bestäubungsmechanismen der Nacktsamer; A: Der Großteil der Nacktsamer ist windbestäubt (Japanische Sicheltanne, Cryptomeria japonica); B: Ein Großteil der Palmfarne aus der Familie der Zamiaceae ist insektenbestäubt (Zamia amblyphyllidia); damit die Insekten, besonders kleine Käfer, in den Samenzapfen gelangen können, öffnet sich dieser zur Bestäubung; C: Bei Gnetum gnemon sind zur Anlockung von Insekten sterile Samenanlagen in den männlichen Blütenständen ausgebildet, die den Bestäuber mit einem zuckerhaltigem Bestäubungstropfen anlocken; D: Auch in den männliche Blüten der Welwitschie (Welwitschia mirabilis) ist eine sterile Samenlage ausgebildet, die zur Anlockung von Bestäubern an einer narbenartigen Mikropyle einen Bestäubungstropfen ausbildet*

## 58. Was ist ein Koniferenzapfen?

Die Koniferen sind unter den heutigen Nacktsamern die echten „Zapfentragenden“, worauf die Bezeichnung Konifere Bezug nimmt (*conus* = Zapfen und *ferre* = tragend). Bei den Koniferen sind die männlichen und weiblichen reproduktiven Strukturen in mehr oder weniger kompakten Zapfen vereint. Diese sind funktionell entweder rein „männlich“ (= Pollenzapfen) oder rein „weiblich“ (= Samenzapfen). Zwittrige Zapfen, die die reproduktiven Strukturen beider Geschlechter umfassen, gibt es nicht. Dabei unterscheiden sich die Pollen- von den Samenzapfen deutlich in ihrer Struktur.

Die Pollenzapfen sind bei allen Koniferen unverholzt. Sie trocknen nach oder während der Pollenentlassung bereits ein und werden nachfolgend abgeworfen. Bei den meisten Arten handelt es sich um unverzweigte Strukturen, die einer einzelnen „Blüte“ gleichzusetzen sind. Nur bei wenigen Arten aus den Eibengewächsen und Steineibengewächsen werden auch verzweigte Pollenzapfen entwickelt. Diese entsprechen dann strukturell einem Blütenstand. Jede Teilblüheinheit steht hier, wie für einen Blütenstand typisch, in der Achsel eines Tragblattes. Der einzelne Pollenzapfen ist aus sogenannten Pollensackträgern (= Mikrosporangiophore) aufgebaut. Diese werden auch häufig als Staubblätter oder Mikrosporophylle bezeichnet.

*Merkmale der Koniferenzapfen: A-D: Samenzapfen; A: Blühender Zapfen der Latschen-Kiefer (Pinus mugo); B: Deck-/Samenschuppen-Komplex; C & D: Deck-/Samenschuppen-Komplex der Weiß-Tanne (Abies alba); E-H: Pollenzapfen; E: Unverzweigter Pollenzapfen des Urwelt-Mammutbaums (Metasequoia glyptostroboides); F: Verzweigter Pollenzapfen der Kopfeibe (Cephalotaxus harringtonia); G: Pollensackträger der Kieferngewächse mit nur zwei Pollensäcken (Scheinfichte, Cathaya agyrophylla); H: Pollensackträger der Araukariengewächse immer mit zahlreichen Pollensäcken (Wollemie, Wollemia nobilis)*

Die Anzahl der Pollensäcke je Pollensackträger ist artspezifisch recht variabel. Bei den Kieferngewächsen sind es durchgängig immer zwei, in den Araucariaceae können es bis 25 sein.

Die Samenzapfen aller Koniferen sind immer verzweigte Strukturen, die der Definition eines Blütenstandes entsprechen. So sind alle Samenzapfen, bis auf die der Eibengewächse, durch einen sogenannten Deck-/Samenschuppen-Komplex gekennzeichnet. Dabei entspricht die Deckschuppe dem Tragblatt für die Samenschuppe. Die Samenschuppe repräsentiert einen fertilen Kurztrieb, der die Samenanlagen trägt. Demzufolge ist der Deck-Samenschuppen-Komplex einem Tragblatt mit achselständigem, fertilem Kurztrieb gleichzusetzen. Im Unterschied zu den Pollenzapfen verholzen die Samenzapfen der meisten Arten stark zur Reife hin. Nur wenige Arten, bei denen die Samen durch Tiere ausgebreitet werden, haben fleischige Samen.

*VD*

## 59. Wie groß können Koniferenzapfen werden?

Hinsichtlich des Gewichts und der Größe der Samenzapfen gibt es unter den heutigen Koniferen eine große Vielfalt, die im reifen Zustand von nur wenigen Gramm bis zu mehreren Kilogramm und von wenigen Millimetern bis über 60 Zentimetern Größe reicht.

Gigantische Dimensionen treten besonders unter den amerikanischen Kiefern auf. So sind z. B. die Zapfen von der in Kalifornien beheimateten Coulters-Kiefer mit bis 5 kg Gewicht die schwersten Koniferenzapfen der Welt. Die ebenfalls in Kalifornien heimische Zucker-Kiefer weist mit einer Zapfenlänge bis 60 Zentimeter die längsten Koniferenzapfen der Welt auf. Die reifen Samenzapfen des Sibirischen Lebensbaums sind mit einer Größe von nur 0,3 – 0,4 Zentimeter die kleinsten Zapfen, die unter den Koniferen der Nordhalbkugel hervorgebracht werden. Die kleinsten Koniferenzapfen der Südhalbkugel bilden die Tasmanischen Zypressen und die Bergeiben. So hat die in Tasmanien heimische Tasmanische Zypresse Zapfen bis 0,5 Zentimeter Länge. Auch die Zapfen der Bergeiben, die in Argentinien, Chile

*Zapfengröße von Koniferen; einige Arten bilden riesige Samenzapfen, von mehreren Kilogramm Gewicht, wie bei der Coulters-Kiefer (A), oder mehreren Dezimetern Länge wie bei der Zucker-Kiefer (B)*

und Neuseeland vorkommen, werden nur bis 0,5 Zentimeter lang.

Die Koniferenzapfen unterscheiden sich nicht nur in der Größe. So ist auch die Anzahl der Deck-/Samenschuppen-Komplexe zwischen den unterschiedlichen Arten deutlich verschieden. Bei einigen Arten, wie z. B. bei zahlreichen Arten der Steineiben, wird teilweise nur ein einzelner fruchtbarer Deck-/Samenschuppen-Komplex ausgebildet. Bei manchen Arten der Araukariengewächse können es mehrere hundert bis zu tausende sein.

Die Größe eines Zapfens ist nicht zwangsläufig mit der Größe des Gehölzes korreliert. Zwar sind die besonders kleinen Zapfen der Tasmanischen Zypresse und der Bergeiben tatsächlich an klein- oder zwergstrauchartigen Arten vorhanden. Die Zapfen der riesigen Mammutbäume sind im Vergleich zu anderen Koniferen, die wesentlich schwachwüchsiger sind, relativ klein. So sind z. B. die Samenzapfen des Küsten-Mammutbaums bis maximal 2,5 Zentimeter lang und die des Berg-Mammutbaums bis 7 Zentimeter lang. Nicht die Zapfengröße ist entscheidend für den Reproduktionserfolg, sondern die Anzahl der Samen pro Samenzapfen.

*VD*

## 60. Warum haben Zapfen unterschiedliche Ausrichtungen am Baum?

Die Samenzapfen der Koniferen haben unterschiedliche Ausrichtungen am Baum. Dies nicht nur bei verschiedenen Arten, sondern auch an einem einzigen Baum in unterschiedlichen Entwicklungsstadien. Die Ausrichtung der Zapfen erfüllt eine spezielle Funktion. So sind z. B. bei sämtlichen Kieferngewächsen die Samenzapfen zum Zeitpunkt der Bestäubung in einer aufrechten Position, mit Ausnahme der Orientalischen Fichte, bei der auch zum Zeitpunkt der Bestäubung die Zapfen hängen. Nach erfolgreicher Bestäubung erfolgt dann bei zahlreichen Arten ein Richtungswechsel in eine abwärtsgeneigte bis hängende Position. Dies ist ein aktiver Prozess, der auf Wachstumsprozessen im Zapfenstiel beruht. Nur bei wenigen Arten wie z. B. den Goldlärchen, Lärchen oder Tannen verbleiben auch die reifen Zapfen in einer aufrechten Position.

Dieser Unterschied in der Position der Zapfen hat verschieden Gründe. Bei den meisten Kieferngewächsen erfolgt die Bestäubung mittels eines Bestäubungstropfens, in dem die eingefangenen geflügelten Pollenkörner nach oben driften können, umso ins sichere Innere der Samenanlage zu gelangen. Dieser Bestäubungsmechanismus funktioniert nur, wenn der Bestäubungstropfen in einer abwärts geneigten Position hängt, wie dies bei aufrechten Samenzapfen zum Zeitpunkt der Bestäubung gewährleistet wird. In dieser Position können die Samenanlagen den Bestäubungstropfen durch eine abwärtsgeneigte kleine Öffnung (= Mikropyle) problemlos in einer hängenden Position ausbilden.

Hängende reifen Zapfen vieler Arten zielen darauf ab, die Samen bestmöglich zu entlassen. Denn nur so können die geflügelten Samen problemlos aus dem geöffneten Zapfen herausgleiten, um dann durch den Wind ausgebreitet zu werden. Stünden die Zapfen aufrecht, würden sich die Samen mit ihren Flügeln in geöffneten Samenzapfen verkanten und ihre Windausbreitung wäre behindert. Bei den Samenzapfen z. B. der Zedern, Goldlärchen und Tannen, die die aufrechte Position auch zur Reife beibehalten, ist daher eine andere Strategie zur Samenentlassung nötig. Hier trocknet während der Samenreife die wasserreiche Zapfenspindel ein und die einzelnen Zapfenschuppen reißen von der Zapfenspindel ab. Folglich zerfällt der Zapfen in die einzelnen Zapfenschuppen, wobei die Samen freigesetzt werden. Die Zapfenspindeln bleiben dann für Jahre am Baum erhalten. Daher findet man auch unter Zedern, Goldlärchen oder Tannen niemals abgeworfene Zapfen, sondern ausschließlich die Zapfenschuppen. Anders hingegen verhält es sich bei Arten mit hängenden Samenzapfen wie z. B. bei Douglasien, Fichten, Hemlocktannen und vielen Kiefern.

*Ausrichtung der Samenzapfen; A & B: Bei der Korea-Tanne (Abies koreana) stehen die Samenzapfen sowohl zum Zeitpunkt der Bestäubung (A) als auch zur Reife (B) aufrecht; reife Samenzapfen zerfallend; C: Bei der Rot-Fichte (Picea abies) stehen die Samenzapfen zum Zeitpunkt der Bestäubung aufrecht, danach erfolgt ein Richtungswechsel in eine hängende Position*

Hier werden dann die leeren Zapfen nach der Entlassung der Samen als Ganzes abgeworfen.

*VD*

## 61. Ist der Samenflügel der Koniferen in allen Gruppen ursprungsgleich?

Bei zahlreichen Koniferen sind die Samen geflügelt. Dies ist eine Anpassung an die Windausbreitung (= Anemochorie). Jedoch ist der Samenflügel nicht bei allen Arten ursprungsgleich.

So handelt es sich beim Samenflügel bei den Arten der Zypressengewächse oder auch der Schirmtannengewächse um einen häutigen Auswuchs der Samenschale. Aus diesem entstehen dann zur Samenreife entweder artspezifisch zwei, seltener drei, entweder gleich- oder unregelmäßig gestaltete Flügel. Eine andere Variante ist der Flügelsaum, der den Samen ringsum umgibt.

Anders verhält es sich bei den Kieferngewächsen, hier ist der Großteil der Samen ebenfalls geflügelt. Sie weisen immer einen mehr oder weniger deutlichen Samenflügel auf, an dessen Basis dann der Samen sitzt. Aufgrund dieser Struktur machen diese nach Freisetzung aus dem Zapfen eine propellerartige Flugbewegung (= Propellerflieger). Dadurch wird eine deutlich weitere Ausbreitung der Samen von der Mutterpflanze erlaubt, als dies bei flügellosen Samen der Fall wäre. Bei Kieferngewächsen sind es jedoch nicht die Samen, die den Flügel ausbilden. Es handelt sich hier um aufgelagertes Gewebe der Samenschuppe. Daher lassen

*Der Samenflügel der Koniferen; bei den Cupressaceae (A & B) und bei den Sciadopityaceae (C) wird der Samenflügel von der Samenschale gebildet; bei den Pinaceae hingegen ist es aufgelagertes Gewebe der Samenschuppe; A: Symmetrisch geflügelter Samen der Roten Schmuckzypresse (Callitris endlicheri); B: Asymmetrisch geflügelter Samen der Pemouzypresse (Fokienia hodginisii); C: Samen der Japanischen Schirmtanne (Sciadopitys verticillata) mit Flügelsaum; D: Geflügelter Samen der Coulters-Kiefer (Pinus coulteri); da der Flügel nur aufgelagertes Gewebe der Samenschuppe ist, ist dieser vom Samen ablösbar*

sich Samen und Flügel leicht voneinander trennen, da der Flügel nicht mit dem Samen verwachsen ist.

VD

## 62. Wie unterscheiden sich die Koniferenzapfen von denen anderer Nacktsamer?

Ein charakteristisches Merkmal der Koniferen-Samenzapfen ist der Deck-/Samenschuppen-Komplex. Dieser ist allen Koniferengruppen mit Ausnahme der Eibengewächse vorhanden. Die Deckschuppe entspricht einem schuppigen Blatt, das in seiner Achsel einen fertilen Spross, die Samenschuppe, trägt. Demzufolge entspricht der Deck-/Samenschuppen-Komplex einem Tragblatt mit einem fertilen Achselspross. Daher ist der Koniferen-Samenzapfen immer ein verzweigtes System, das einem „Blütenstand“ entspricht.

Koniferenzapfen-ähnliche Strukturen werden noch bei den Zamiaceae (Palmfarne) ausgebildet. Hier werden die reproduktiven Strukturen beider Geschlechter an echten, wenn auch stark reduzierten Blättern hervorgebracht. Diese werden als Sporophylle bezeichnet. Die männlichen heißen

*Zapfenstruktur der Palmfarne; sowohl die weiblichen (A & B) als auch die männlichen Zapfen (C & D) sind unverzweigte, blütenartige Strukturen; A & B: Zamia amblyphyllidia; A: Weiblicher Zapfen in Ansicht; B: Samenblatt; C & D: Zamia furfuracea; C: Männlicher Zapfen in Ansicht; D: Pollenblatt*

Pollenblätter (= Mikrosporophylle), die weiblichen werden Samenblätter (= Makrosporophylle) genannt. Die Zapfen aller Palmfarne entsprechen einer Blüte. Dies ist ein wichtiges Unterscheidungsmerkmal zu den Samenzapfen der Koniferen, die aufgrund der Deck-/Samenschuppen-Komplexe durchweg verzweigte Strukturen sind. Wie auch bei Koniferen sind die zapfenartigen Strukturen der Palmfarne ebenfalls immer getrenntgeschlechtlich. Die Palmfarne sind aber streng zweihäusig, sodass entweder funktionell rein „männliche" oder rein „weibliche" Pflanzen vorkommen. *VD*

## 63. Trägt die Eibe auch Zapfen?

Auch wenn der reife Samenzapfen der Eibe zunächst einen beerenartigen Eindruck vermittelt, handelt es sich auch hier um einen echten Koniferenzapfen. Dieser ist, wie für Eibengewächse typisch, durch das Fehlen eines deutlichen Deck-/Samenschuppen-Komplexes charakterisiert. Hier ist der Zapfen meist auf eine einzelne Samenanlage reduziert. In seltenen Fällen gibt es auch gelegentlich Samenzapfen, in denen zwei Samenanlagen ausgebildet werden. Aber wodurch entsteht nun das fruchtartige Erscheinungsbild des reifen Samenzapfens? Auch die Samenanlagen der Eibe sind „nackt", wie es für alle Nacktsamer typisch ist. Ein Fruchtblatt, wie es bei Bedecktsamern

*Zapfen der Eibe (Taxus baccata); A: Zweig mit mehreren reifen Samenzapfen; B: Reifer Samenzapfen; Samen von fleischigem, rotem Samenmantel (= Arillus) umgeben; C: Längsschnitt durch einen jungen Samenzapfen; Arillus noch nicht ausgebildet; D: Arillusentwicklung startet mit zwei seitlichen, sich gegenüberstehenden Anlagen unterhalb der Samenanlage*

ausgebildet ist, fehlt. Unterhalb der Samenanlage liegen sich zwei kleine Bildungsgewebe gegenüber, die bereits in frühesten Entwicklungsstadien mit einander zu einem Gewebering verwachsen. Dieser ummantelt mit zunehmender Samenreife den Samen immer weiter becherartig und wird als Samenmantel (= Arillus) bezeichnet. Bei Eiben ist der Samen mit dem Arillus niemals verwachsen. Im reifen Zustand umschließt der becherartige Arillus den Samen fast vollständig. Lediglich im oberen Bereich bleibt eine breite Öffnung ausgespart. Mit zunehmender Samenreife färbt sich der Arillus von anfänglich grün in ein auffällig leuchtendes Rot und schwillt zur Reife hin stark an. Er umgibt den Samen letztendlich als eine kräftig gefärbte, saftig-fleischige Struktur.

Die tatsächliche Identität des Eiben-Arillus wird noch immer kontrovers diskutiert. Neuere Untersuchungen an den Samenzapfen der Chinesischen Scheineibe legen nahe, dass es sich bei dem Arillus hier um das oberste gegenständige Blattpaar des Zapfenstiels handelt, welches hier entsprechend verwächst und den Samenmantel bildet.

Dieser fleischige und auffällig gefärbte Arillus dient der Tierausbreitung. Häufig sind es Vögel, die die Samen samt Arillus verschlucken und sie dann nach Durchlaufen des Magen-Darmtrakts andernorts wieder ausscheiden (= Endozoochorie).

*VD*

## 64. Warum ist denn die „Wacholderbeere" ein Zapfen und keine Beere?

Die „Wacholderbeeren", die wir aus der Küche als Gewürz besonders zu Wildgerichten gut kennen, sind echte Koniferenzapfen. Auf den ersten Blick wirken sie jedoch wie Beeren. „Wacholderbeeren" bauen sich artspezifisch entweder aus wirtelig oder gegenständig angeordneten Zapfenschuppen auf. Der Wacholder gehört zu den Zypressengewächsen. Wie für fast alle Zy-

*Reife Beerenzapfen des Gewöhnlichen Wacholders (Juniperus communis)*

pressengewächsen typisch, verschließt sich auch beim Wacholder der Samenzapfen nach der Bestäubung durch ein massives Anschwellen der Oberseite der Zapfenschuppe durch starke Wassereinlagerungen. Im Unterschied zu den anderen Zypressengewächsen, bei denen die Samenzapfen im Laufe der Entwicklung verholzen, behalten die Samenzapfen des Wachholders auch zum Zeitpunkt der Samenreife diese fleischige Struktur bei. Dadurch entsteht der fälschliche Eindruck einer Beerenfrucht.

Warum ist das so? Bei den übrigen Arten der Zypressengewächse öffnet sich der reife Samenzapfen durch Eintrocknung, um die Samen zu entlassen. Beim Wacholder öffnen sich die reifen Samenzapfen nicht, sodass hier die Samen nicht einzeln ausgestreut und durch den Wind ausgebreitet werden können. Die „Wacholderbeeren" werden von Tieren, besonders von Vögeln als Ganzes gefressen und nach der Magen-Darmtrakt-Passage ausgebreitet. Die „Wacholderbeeren" des bei uns heimischen Wacholder werden vor allem von Wacholderdrosseln im Herbst oder Winter gefressen. Damit tragen diese Vögel maßgeblich zur Ausbreitung des Wacholders bei.

*VD*

## 65. Warum sind die fleischigen Samen von Ginkgo keine Früchte?

Wie für Gymnospermen typisch bildet *Ginkgo* keine Früchte, sondern ausschließlich Samen. Denn die Samenanlagen sind „nackt" und nicht wie bei den Bedecktsamern von einem Fruchtblatt umgeben. Trotzdem bildet *Ginkgo biloba* steinfruchtartige Samen aus.

*Samen des Ginkgos; A: Reife Samen am Baum; B: Samenträger (= Sporangiophor) mit zwei reifen Samenanlagen; C: Steinfruchtartiger Samen im Querschnitt; die Samenschale differenziert sich in eine harte innere (= Sklerotesta) und in eine fleischige äußere Schicht (= Sarkotesta)*

Wie für Nacktsamer typisch entsteht die Samenschale beim Ginkgo lediglich aus einer Schicht (= Integument). Mit zunehmender Samenreife differenziert sich die Samenschale in zwei unterschiedliche Schichten. Die innere ist stark verholzt und wird Sklerotesta genannt. Sie schützt den im Inneren befindlichen Embryo. Die äußere Schicht (= Sarkotesta) ist stark angeschwollen, fleischig und gelb gefärbt. Diese fleischige Hülle ist eine Anpassung an Tierausbreitung (= Endozoochorie). Die Samen der Ginkgos wurden früher von Dinosauriern ausgebreitet. Bei der Passage des Magen-Darmtrakts wurde die äußere fleischige Sarkotesta abgebaut und die sehr harte innere holzige Sklerotesta angeraut. Dadurch wurde die spätere Keimung erleichtert. Heute haben überwiegend Vögel die Aufgabe der Samenausbreitung übernommen.

Eine Besonderheit der *Ginkgo*-Samen ist, dass zwischen der Bestäubung und der Befruchtung teilweise bis zu einem halben Jahr oder mehr an Zeit liegen kann. Daher ist es nicht selten, dass in den bereits abgeworfenen, auf dem Boden liegenden Samen noch keine Befruchtung stattgefunden hat. Daher ist in vielen Samen, die im Herbst frisch abgeworfen wurden, noch kein Embryo ausgebildet, da dessen Bildung erst später erfolgt.

*VD*

## 66. Welche Rückschlüsse kann man vom Aussehen der Baumfrüchte ziehen?

**Fruchtfarbe:** Werden Früchte von Tieren gefressen, um die Samenverbreitung sicherzustellen, sind sie meist schwarz oder rot gefärbt, wie dies bei der Eberesche, dem Weißdorn oder dem Gemeinen Schneeball der Fall ist. Dadurch erkennen die Tiere, dass die Früchte reif sind und gefressen werden können. Grüne Früchte, die noch nicht reif sind, werden in der Regel auch nicht gefressen, da sie für viele Tierarten unauffällig sind. Die Entwicklung von Fruchtfleisch bedeutet einen hohen Aufwand für den Baum, scheint aber eine lohnende Investition für eine Verbreitung zu sein. Viele Früchte müssen zudem erst durch den Darm eines Tieres (Vögel, Säuger usw.) gehen, um überhaupt keimen zu können. Die Keimhemmung (siehe Frage 68) kann durch die Magensäure gebrochen werden.

**Früchte mit Flügeln** findet man bei einigen Baumarten wie dem Ahorn, der Linde oder der Ulme. Bei stärkerem Wind können Entfernungen bis zu 100 m zurückgelegt werden. Auch Nadelbäume bilden Samen mit „Flügeln" aus. Der Samen selbst darf nicht zu schwer sein, sonst fliegt er nicht weit. Je nach Gestalt von Frucht und Flügel segeln oder trudeln sie, auf jeden Fall einige Meter vom Mutterbaum entfernt. Weiden und Pappeln bilden übrigens mit der die Samen umgebenden wolleartigen Haare „Fussel“, die hoch in die Luft wirbeln können.

Einen anderen Verbreitungsmechanismus zeigen **Früchte mit Lufteinschlüssen** oder mit Früchten, die von einem schwimmfähigen Material umgeben sind. Zu ersteren gehören Erlen, die an Wasserläufen stehend ihre Samen dem Wasser anvertrauen. So sieht man vor allem entlang von Wasserläufen die typischen Bänder von Erlen. Zu der zweiten Gruppe gehören Kokos-Palmen, deren Früchte mehrere Wochen oder Monate sogar im Salzwasser schwimmen können, um schließlich an geeigneten Stränden anzulanden und keimen zu können. Mangroven machen es noch ausgefeilter: die Samen keimen noch an der Mutterpflanze, die zigarrenförmigen Keimlinge sind schwimmfähig und fallen ins Wasser.

**Große nahrhafte Früchte** wie Eicheln oder Kastanien können ebenfalls dazu dienen, Tiere zum Fressen anzulocken. So werden Eicheln von Eichelhähern und Eichhörnchen gesammelt und in Verstecken für nahrungsarme Zeiten zwischengelagert. Dabei vergessen diese Tiere manchmal, wo die Lager angelegt wurden, und tragen z. T. erheblich zur Verbreitung bestimmter Arten bei.

**Sehr schwere oder große Früchte** sind etwas Sonderbares. Sie fallen direkt vom Baum und müssten unter der Mutterpflanze keimen, was aus verschiedenen Gründen ungünstig ist. Der Osagedorn aus dem Mittleren Westen der USA oder die Avocado aus Zentralamerika gehören dazu, die sich zusammen mit großen Säugetieren entwickelten. Die Früchte dieser Bäume wurden vor der letzten Eiszeit von Wollmammuts, Rie-

*Rote Früchte des Weißdorns signalisieren Vögeln eine Mahlzeit (links), die geflügelten Früchte des Feld-Ahorns sorgen für eine Verfrachtung durch Wind (Mitte), die orangengroßen Früchte des Osagedorns wurde früher von Mammuts und Wollnashörnern gefressen und verbreitet, heute übernimmt der Mensch diese Aufgabe (rechts, Foto: R. Zumbrunn)*

senfaultieren oder anderen Großsäugern gefressen, die Samen unverletzt ausgeschieden. Heute übernimmt der Mensch die Verbreitung dieser Arten.

## 67. Wie lange können Samen von Bäumen keimfähig bleiben?

Samen von Weiden und Pappeln sind häufig nur wenige Stunden bis Tage keimfähig.

Viele Gehölzsamen können in der Natur ein oder zwei Jahre keimfähig bleiben, einige aber auch viel länger. Allgemein wird zwischen orthodoxem, intermediärem und rekalzitrantem Saatgut unterschieden.

**Orthodoxes Saatgut** trocknet fast vollständig aus, der Feuchtigkeitsgehalt sinkt auf unter 15 Prozent und sein Stoffwechsel kommt fast vollständig zum Erliegen. In diesem Zustand können orthodoxe Samen sehr lange Zeiträume bis zu mehreren Jahren oder gar Jahrzehnten überdauern. Dazu gehören die Samen von Robinie oder Weißdorn und vieler weiterer Gehölze.

*Die Samen der Verschiedenblättrigen Pappel (Populus heterophylla) werden durch ihre haarigen Samen- und Fruchtwandfasern vom Wind verfrachtet; sobald sie auf einen geeigneten Untergrund treffen, fangen sie an zu keimen; diese Keimfähigkeit geht nach wenigen Stunden oder Tagen verloren. Wenn diese Fasern in Massen in der Luft herumwirbeln und am Boden liegen, werden sie auch als „Pappelschnee" bezeichnet*

**Intermediäre Samen** sind bei einem Feuchtigkeitsgehalt zwischen 10 und 15% lagerfähig. Sie sind meist 1–3 Jahre keimfähig, wenn die richtigen Bedingungen herrschen – sie dürfen nicht ganz austrocknen.

**Rekalzitrantes Saatgut** verliert beim Austrocknen sehr schnell seine Keimfähigkeit und ist deshalb nicht lange lagerfähig. Hierzu gehören Kastanie, Buche und Eiche. Im Lager mit gesteuertem Feuchtegehalt und niedrigen Temperaturen kann man diese Samen aber bis zu 5 Jahre keimfähig erhalten.

Unglaubliche 2000 Jahre lagen Magnoliensamen in einem japanischen Grab, die noch gekeimt sind – die daraus erzogenen Pflanzen leben noch. Samen der Dattelpalme, die man in einem Grab in Israel fand, keimten ebenfalls noch nach 2000 Jahren. Damit sind diese Pflanzen wahre Zeitreisende. Besondere Umweltbedingungen spielen bei dieser langen Lagerdauer eine entscheidende Rolle.

*EJ*

*Die Samen vom Weißdorn können jahrelang keimfähig bleiben (links), Eicheln keimen oft schon, wenn sie vom Baum fallen, wie hier bei einer Eiche aus der Türkei (Quercus infectoria); trocknen die Eicheln aus, stirbt der Embryo ab*

## 68. Wie geht die Keimung der Samen vor sich?

Als Keimung bezeichnet man den Beginn des Wachstumsprozesses des im Samen befindlichen Embryos vom Wachsen der Keimwurzel bis zur vollständigen Ausbildung des Keimlings. Zur Keimung müssen verschiedene Voraussetzungen gegeben sein. Die wichtigsten sind Wärme, Wasser, Licht (oder Dunkelheit) sowie Sauerstoff. Die Keimung ist für den Baum eine sehr kritische Phase – die Keimungsbedingungen müssen stimmen und ein Befall von Pilzen oder gar Tierfraß darf nicht stattfinden. Zudem müssen die Keimblätter anfangen, Photosynthese zu betreiben, bevor das Nährgewebe des Samens aufgebraucht ist.

Viele Samen sind nach dem Abfallen vom Baum noch nicht keimungsfähig (sogenannte **Keimruhe** oder **Dormanz**), sondern „warten“ auf bestimmte Umweltbedingungen. Dazu gehören zum Beispiel **Kältereize (Vernalisation)**, die sicherstellen, dass die Keimung erst nach den Frostperioden im Frühjahr einsetzt.

Eine **Keimhemmung** kann auch durch Unterentwicklung des Embryos entstehen, wie bei der Esche. Erst wenn der Embryo voll entwickelt ist, kann die Keimung erfolgen. Dies kann bei einigen Baumarten ein oder zwei Jahre dauern. Eine **harte Fruchtwand** oder **Stoffe im Fruchtfleisch** können ebenfalls zu einer Keimhemmung führen. Hier müssen erst Mikroorganismen die Fruchtschale zersetzen (wie bei Walnuss und Haselnuss) oder keimhemmende Stoffe abbauen (wie bei Weißdorn und Eberesche).

Manche Pflanzen benötigen mehr oder weniger Licht zum Keimen. Sogenannte **Lichtkeimer** haben meist kleine Samen. Sie können deshalb kaum dickere Bodenschichten durchdringen; sie brauchen für die Keimung deshalb Licht bzw. Wärme.

Wasser ist die wichtigste Voraussetzung für die Keimung: Viele Samen sind sehr wasserarm und müssen deshalb Wasser aufnehmen, also quellen. Erst dann keimen sie. Sauerstoff wird für den Stoffwechsel benötigt.

Der Pflanzenembryo oder Keimling besteht aus dem **Hypokotyl** (dem Vorläufer der Sprossachse), den **Keimblättern** (Kotyledonen), der **Wurzelanlage** (Radicula) und dem **merismatischen Gewebe**, das bereits die Anlage der ersten Laubblätter trägt.

Am Beginn der Keimung bricht als erstes die Wurzel durch die Samenschale. Sofort beginnt die **Wurzelbildung**, was für die weitere Wasserversorgung wichtig ist. Der Keimling wird bereits im Boden verankert. Danach streckt sich

*Eine ausgekeimte Eiche (Quercus costaricensis, Foto: R. Zumbrunn)*

die Sprossachse. Dabei wird die **oberirdische (epigäische) Keimung** und die **unterirdische (hypogäische) Keimung** unterschieden. Bei der oberirdischen Keimung streckt sich das Hypokotyl und durchstößt in Hakenform die Erdoberfläche. Damit drückt es die Keimblätter nach oben, die sich zu entfalten beginnen, wie es bei der Buche der Fall ist.

Bei der unterirdischen Keimung bleiben die Keimblätter unterhalb der Erdoberfläche. Hier streckt sich das **Epikotyl** (das ist der Bereich der Sprossachse zwischen den Keim- und den ersten Laubblättern, die auch Primärblätter genannt werden). Das erste, was aus der Erde kommt, sind also die Primärblätter, die auch sofort Photosynthese betreiben können; Eichen keimen auf diese Weise.

Die Keimblätter sollen den Keimling ernähren, solange er noch keine Photosynthese betreiben kann. Dazu werden aus Speicherstoffen die benötigten Nährstoffe gebildet. Bei der oberirdischen Keimung betreiben sie auch selbst Photosynthese. Sie ernähren den Keimling so lange, bis die ersten „richtigen“ Blätter, die **Primärblätter**, ausgebildet sind und Photosynthese betreiben können. Sind sie voll entwickelt, sterben die Keimblätter ab.

Nun beginnt das Streckungswachstum der Bereiche zwischen den Knoten, an denen sich die Blattansätze befinden (**Internodien**), und das Längenwachstum beginnt. Gleichzeitig werden Laubblätter gebildet und die Wurzel fängt an, sich zu verzweigen, um an die Nährstoffe im Boden zu gelangen.

*EJ*

*Die Keimblätter – hier diejenigen der Ringflügelnuss (Cyclocarya paliurus) – sehen den Primär- und weiteren Blättern häufig nicht ähnlich*

# Wie wachsen Bäume?

## Stoffwechselvorgänge

### 69. Wieviel Sauerstoff produziert ein Baum?

Bäume „produzieren" Sauerstoff, das lernt man schon früh in der Schule. Man findet aber sehr unterschiedliche Angaben dazu, wieviel es denn nun ist. Abhängig ist die Sauerstoffproduktion u. a. von der Baumart, dem Baumalter, dem Gesundheitszustand des Baumes, der Wasser- und Nährstoffversorgung, der Jahreszeit und dem Standort.

Bei der **Photosynthese** (Assimilation) setzen Bäume Sauerstoff ($O_2$) frei, wenn sie mit Hilfe des Sonnenlichtes aus Kohlendioxid ($CO_2$) und Wasser ($H_2O$) Glukose (Fruchtzucker, ein Kohlenhydrat; $C_6H_{12}O_6$) herstellen. Die gebildeten Kohlehydrate werden u.a. für die Produktion von Zellulose und Lignin benötigt. Bäume verbrauchen aber auch Sauerstoff, wenn sie den Fruchtzucker wieder aufspalten, um Energie für ihren Stoffwechsel freizusetzen. Sauerstoff wird auch bei Zersetzungsprozessen von Blättern, Zweigen und Wurzeln verbraucht. Im durchschnittlichen Tagesverlauf produzieren sie aber mehr Sauerstoff, als sie selbst verbrauchen, sonst wäre ein Wachstum nicht möglich.

Es ist außerordentlich schwierig, die Menge an Sauerstoff zu berechnen, die ein Baum produziert. Häufig findet man Angaben von bis zu 12 000 Liter Sauerstoff am Tag, die eine 100 Jahre alte Buche produziert, was einem Tagesbedarf von 21 Menschen entspricht. Dieser Wert ist wohl viel zu hoch gegriffen. Britische Forscher haben unlängst eine andere Rechnung aufgestellt. Danach beträgt die Netto-Sauerstoffproduktion einer 12 m hohen Platane ungefähr 100 kg Sauerstoff im Jahr (als laubabwerfender Baum produziert die Platane nur tagsüber Sauerstoff, und das auch nur zwischen etwa Mitte April und Mitte Oktober). Bei einem Sauerstoffverbrauch des Menschen von etwa 250 – 270 kg $O_2$ im Jahr würden rein rechnerisch dafür 2,5 große Platanen benötigt. Eine andere Gleichung aus Deutschland geht davon aus, dass eine Buche im Laufe von 80 Jahren ca. 360 kg $O_2$ abgibt, also durchschnittlich 4,5 kg $O_2$ im Jahr. Dieser Durchschnittswert berücksichtigt dabei die Sauerstoffproduktion von ganz jungen Buchen wie auch von älteren, bis zu 80 Jahre alten Buchen. Damit würde ein Mensch 55 – 60 Buchen benötigen, um ein Jahr lang mit Sauerstoff versorgt zu werden. Man sollte also hinsichtlich der Aussagen zur Sauerstoffproduktion von Bäumen zurückhaltend sein.

Übrigens: Etwa 70 % des weltweiten Sauerstoffs produzieren Plankton, Algen und Bakterien in den Weltmeeren. Der Sauerstoffgehalt der Luft beträgt knapp 21 Vol.-%.

*EJ*

## 70. Findet die Photosynthese nur in den Blättern statt?

Auch wenn die Blätter die Hauptorte darstellen, in denen die Photosynthese abläuft, so können doch alle grünen Pflanzenteile assimilieren. In den grünen Pflanzenteilen befindet sich Chlorophyll, welches wiederum Bestandteil der Chloroplasten ist, in denen die Photosynthese abläuft. Grüne Stängel, wie sie beim Ginster auffällig sind, gehören dazu. Auch die jungen Triebe vieler Bäume sind grün, z. B. von Eschen oder Linden, und damit zur Photosynthese fähig. Untersuchungen haben gezeigt, dass die Photosyntheseleistung der Triebe übers Jahr gesehen zwar relativ gering ist, aber im Winterhalbjahr oder vor dem Neuaustrieb eine wesentliche Bedeutung für den Baum haben kann.

Interessanterweise können auch grüne Früchte assimilieren. Auffällig ist dies vor allem bei den sehr früh, noch vor dem Blattaustrieb gebildeten Flügelfrüchten der Ulme. Sie können dadurch den zur Fruchtreife nötigen Zucker selbst herstellen. Wenn die Blätter Anfang Mai austreiben, sind die Früchte dann schon fast reif.

*EJ*

*Die grünen Triebe des Besen-Ginsters (links) und die Flügelfrüchte der Holländischen Ulme (rechts) können Photosynthese betreiben*

## 71. Atmet ein Baum?

Zum täglichen Leben von Bäumen gehören essentiell auch Atmungsvorgänge: Sie sind biologisch so definiert, dass dabei Sauerstoff aufgenommen und $CO_2$ abgegeben wird, also wie bei uns Menschen.

Atmung (auch als Dissimilation oder Respiration bezeichnet) ist der zur Photosynthese gegenläufige Prozess, bei dem die in der Photosynthese aufgebauten Zuckerverbindungen zerlegt werden und die darin enthaltene Energie nutzbar gemacht wird. Biochemisch betrachtet ist die Atmung jedoch nicht einfach eine Umkehrung der Photosynthese, sondern sie verläuft in vollkommen anderen Teilabschnitten. Im Grunde genommen handelt es sich um eine in Teilschritte zerlegte und dadurch steuerbare Verbrennung, für die Sauerstoff notwendig ist und bei welcher der zuvor gebundene Kohlenstoff als $CO_2$ wieder freigesetzt wird. Atmung ist essentiell zur Aufrechterhaltung der Lebensfunktionen von Bäumen und läuft daher im Gegensatz zur Photosynthese auch im Dunkeln und im Winter weiter, wobei also Energie freigesetzt wird.

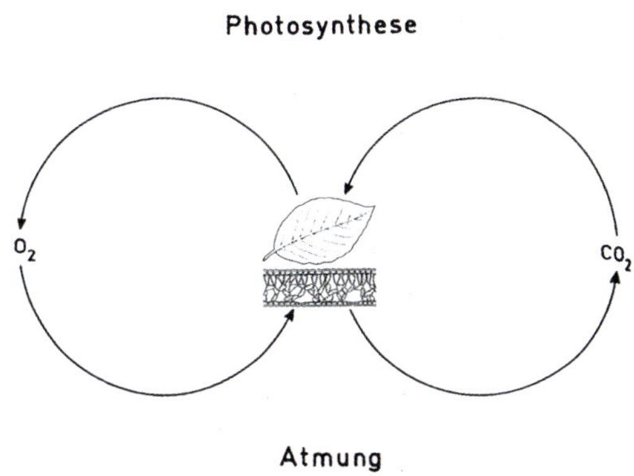


*Als Gasaustausch werden die beiden gegenläufigen Prozesse Photosynthese und Atmung bezeichnet (zudem auch die Transpiration)*

Die Atmung läuft unabhängig von der Photosynthese bei Temperaturen von **über 5 °C auch nachts und zeitweise im Winter**. Die Bilanz aus Photosynthese und Atmung (die sog. Nettophotosynthese) muss positiv sein und Gewinne erbringen, wenn ein Blatt, Zweig, Kronenteil oder der ganze Baum überleben „soll". Es kann aber über durchaus längere Perioden (z. B. im Herbst oder Winter) auch Verluste geben, die dann anschließend wieder ausgeglichen werden – sonst stirbt das Blatt, der Zweig, Kronenteil oder gar der ganze Baum ab.

*AR*

## 72. Wie viele Bäume benötigt man, um eine Tonne $CO_2$ zu binden?

Kohlenstoff ist ein grundlegender Baustoff der Bäume. Bei der Photosynthese wandeln Pflanzen mit Hilfe von Sonnenlicht (Energie) und Wasser Kohlenstoffdioxid ($CO_2$) in Kohlenstoff (C) und Sauerstoff ($O_2$) um. Daraus entstehen organische Verbindungen wie Kohlenhydrate, die z. B. für den Aufbau von Blättern, Holz oder Wurzeln benötigt werden.

Die Aufnahmerate von $CO_2$ ist von vielen Faktoren abhängig, z. B. von der Baumart, dem Alter, Durchmesser, Höhe und Holzdichte des Baumes, dem Standort, der Nährstoff- und Wasserversorgung sowie den Klimabedingungen. So kann man nur Beispiele für eine Abschätzung anführen:

Pro Jahr bindet eine etwa 20 m hohe Buche mit 1 m Stammumfang ca. 12,5 Kilogramm $CO_2$. Für die jährliche Bindung einer Tonne $CO_2$ sind 80 solcher Buchen nötig. Um eine entsprechende Menge $CO_2$ durch Baumpflanzungen zu kompensieren, muss beachtet werden, dass junge Bäume wesentlich weniger $CO_2$ binden, und erst mit zunehmenden Baumalter größere Bindungsmengen vorliegen.

Bäume speichern Kohlenstoff lange Zeit, bis über ihr Lebensende hinaus. Erst durch Verrottung oder Verbrennung wird Kohlenstoff als Kohlenstoffdioxid wieder freigesetzt.

Jeder Baum, der gepflanzt wird, reduziert den $CO_2$-Gehalt in der Atmosphäre. Und weil alte Bäume im Vergleich mehr $CO_2$ speichern, ist es wichtig, sie nach Möglichkeit zu erhalten.

*EJ*

## 73. Wie kann ein Baum gasförmige Verunreinigungen und Feinstaub filtern und produzieren Bäume selbst Feinstaub?

Bäume beeinflussen die Luftqualität. Eine „Luftsäuberung" kann in unterschiedlichem Maße erfolgen und ist von vielen Faktoren abhängig. Studien der Universität Köln haben zwei wichtige Vorgänge ermittelt:

1 **Direkte Effekte**: Auf den Oberflächen der Blätter und Nadeln können sich Stäube anreichern, etwa an den Haaren der Blätter oder auf der Wachsschicht der Blattoberfläche. Wahrscheinlich führt die Selbstreinigung durch Zusammenballung zu Grobstäuben ebenfalls zur Abscheidung von Feinstäuben. Zudem können Blätter gasförmige Luftverunreinigungen binden. Schadstoffpartikel bleiben auch an der Rinde hängen. Nach einer britischen Studie aus dem Jahr 2011 binden Bäume im Großraum London jedes Jahr 850 bis 2000 Tonnen an Feinstaubpartikeln, die u. a. zu Atemwegserkrankungen führen können.

2 **Indirekte Effekte**: Pflanzen in der Stadt, vor allem Bäume, verändern die Luftströmung. Dies beeinflusst die lokale Konzentration, Verteilung und Abscheidung von Stäuben und Luftschadstoffen und ermöglicht eine deutliche Minimierung der Belastungssituation. Da Pflanzungen aber sehr unterschiedliche Wirkungen zeigen,

| Schadstoffe | Mechanismus | geeignete Blattmerkmale |
|---|---|---|
| Ozon, Stickoxide | Aufnahme (Absorption) | Flache und breite Blätter von Laubbäumen |
| Flüchtige organische Stoffe (PCBs, Dioxine, Furane) | Aufnahme (Absorption) | Dicke und fettige Wachsschicht auf dem Blatt, vor allem bei Nadelbäumen. |
| Feinstaub ($PM_{10}$) | Ablagerung (Impaktion) | Spitze Form wie Nadeln von Nadelbäumen. Raue, behaarte und klebrige Blätter von Laubbäumen. |

*Aufnahme verschiedener Arten von Luftschadstoffen durch Blätter*

ist der positive Effekt nur bei zielgerichteter Planung, Ausführung und Pflege wirksam.

Nadelbäume filtern **Feinstaub** effektiver als Laubbäume. Innerhalb der Laubbäume filtern Arten mit rauen, behaarten Blättern effektiver als Bäume mit glatten (kahlen) Blättern. Immergrüne Gehölze haben eine größere Filterleistung als laubabwerfende Gehölze.

**Stickoxide** ($NO_x$) werden am effektivsten von Laubgehölzen absorbiert. Darunter sind Bäume mit flachen, kahlen Blättern effektiver als solche mit behaarten, rauen Blättern. Gehölze mit großen Blattoberflächen absorbieren mehr als kleinblättrige Arten.

Es wird deutlich, dass sich eine artenreiche Mischung an Laub- und Nadelgehölzen sowie von Bäumen und Sträuchern am günstigsten auswirkt. Ist nur wenig Platz vorhanden, können mit Efeu bepflanzte Zaunelemente oder Mauern schon deutlich positive Wirkungen zeigen. Efeu bildet pro Quadratmeter Fläche ca. 8 Quadratmeter Blattfläche aus, die täglich bis zu 6 Gramm Feinstaub binden können – und dies das ganze Jahr über, da Efeu immergrün ist. Auch Hecken, sogar geschnitten, erzielen eine hohe Wirkung.

Die Pflanzen bzw. Gehölze werden aber auch selbst geschädigt, wenn sie größere Mengen an Schadstoffen aufnehmen. Es gibt deutliche Unterschiede in der Robustheit der Pflanzen, was bei der Pflanzung im städtischen Raum Beachtung finden sollte.

**Tatsächlich können Bäume auch selbst Feinstaub erzeugen**, also emittieren. Platanen stoßen beispielsweise Isopren aus, das in Verbindung mit Distickstoffmonoxid $N_2O$ aus Autoabgasen schädliches Ozon bildet. Dieser Prozess erreicht aber nur bei Temperaturen über 30 °C gefährliche Werte. Isopren selbst wird von vielen Bäumen und Phytoplankton produziert; der Grund dafür ist noch nicht ganz geklärt.

*Hecken entlang von Straßen binden bemerkenswerte Mengen an Feinstaub; bei dieser Buchenhecke auch im Winterhalbjahr. In Kombination mit Bäumen ist die Gesamtbindungswirkung größer*

Grade viele hinsichtlich Hitze- und Trockenstress widerstandsfähige Baumarten wie Eichen emittieren flüchtige organische Substanzen („Biogenic Volatile Organic Compounds", BVOCs). Diese BVOCs können sehr schnell mit anderen Verbindungen reagieren. In Städten mit viel Autoverkehr führt das u.a. zur vermehrten Bildung von bodennahem Ozon, auf das 10 – 15 % der Bevölkerung empfindlich reagieren.

Pflanzen haben wie Menschen einen Toleranzbereich für Stress. Auch Pflanzen leiden ab ca. 35 – 40 °C unter Hitzestress. Das liegt daran, dass ähnlich wie beim Menschen mit Fieber über 37 °C Proteine in ihrer Funktion geschädigt werden können. Pflanzen können nur kurzfristig höhere Temperaturen vertragen. In diesem erhöhten Temperaturbereich von 35 – 45 °C findet die Maximalproduktion von BVOCs statt. Möglicherweise wirkt so die Pflanze dem Stress entgegen, bei der die normale Reparatur- und Entgiftungsfunktion einer Zelle an ihre Grenzen stößt. BVOCs sollen auch als Signalstoff bzw. Fraßgift gegenüber Schädlingen wirken. Über die Hälfte der weltweiten BVOC-Emissionen stammen von Isopren. Diese sind die Grundeinheit der Terpene, die z.B. in einem Kiefernwald als Hauptbestandteil von ätherischen Ölen wahrgenommen werden können.

Arten von Eichen, Weiden und Pappeln gelten als ungünstig hinsichtlich der BVOC Emissionen. Dagegen sollen Ahornarten und Eschen weniger BVOCs ausstoßen. In den USA werden diese Erkenntnisse bereits bei der Planung von Baumpflanzungen im urbanen Bereich berücksichtigt. Baumarten, die mehr als 2 µg Isopren pro Gramm Blatt-Trockenmasse und Stunde emittieren, sollen nicht mehr in großer Anzahl gepflanzt werden. Durch eine gezielte Auswahl von Baumarten in der Stadt könnten die BVOC-Emission bis zu einem Zehntel geringer ausfallen.

*EJ*

# Wachstum

## 74. Wie wächst ein Baum?

Das besonders Spannende an Bäumen ist, dass sie zeitlebens wachsen. Selbst ein mehrere Tausend Jahre alter Baum wächst! Immer wieder werden Teile des Baumes neu gebildet. In hohem Alter wird der Baum dabei nicht mehr höher, da das Höhenwachstum Grenzen hat und dann auch schon Teile der obersten Krone absterben und durch neue etwas tiefer ersetzt werden. Der Baum wird aber immer dicker, auch wenn er innen schon hohl ist.

Verantwortlich dafür sind **Wachstumsgewebe (Meristeme)**. Dies sind besondere Gewebe, deren Zellen sich teilen und somit vermehren können. Solche Meristeme befinden sich in der Sprossspitze, meist geschützt durch Knospen. Sie dienen dem Längenwachstum des Sprosses, führen aber auch bei Austrieb zu einer ersten Durchmesserzunahme. In jeder Blattachsel ist so eine Sprossspitze/Knospe angelegt. Viele treiben aber gar nicht aus, sondern verharren inaktiv viele Jahrzehnte („**schlafende Augen**"), bis sie gebraucht werden. Wird dann einmal ein Teil des Baumes beschädigt oder Licht gelangt zu einem Bereich, der vorher stark beschattet war, können diese schlafenden Augen austreiben, den Schaden ersetzen oder das Licht nutzen. Sie sind eine wichtige Versicherung des Baumes.

Etwas zögerlicher und auch etwas seltener können auch andere lebende Zellen im Holzkörper wieder ihre Teilungsfähigkeit erlangen und austreiben, um Beschädigungen auszugleichen.

Bei Bäumen im engeren Sinne bildet sich direkt unter der Sprossspitze ein weiteres Wachstumsgewebe, das zeitlebens aktiv bleibt und jeden Spross, Ast und Stamm mantelartig unter der Rinde umschließt. Dies ist das **Kambium**. Diese Wachstumsschicht sorgt für das beständige Dickenwachstum des Baumes, welches in den gemäßigten Breiten durch den Winter unterbrochen wird, was wiederum zur Bildung von Jahrringen führt. Nach innen wird also in jedem Jahr eine neue Holzschicht aufgelegt, nach außen eine Bastschicht gebildet.

*Jahrringe der Eiche*

*UP*

## 75. Was benötigen Bäume zum (Über-)Leben?

Für fast alle Pflanzen, so auch für Bäume, sind diese 3 Grundstoffe notwendig: Wasser mit Nährstoffen, $CO_2$ und Licht. Dabei können einzelne dieser Faktoren wechselnd für längere Zeit fehlen, und Bäume schaffen es trotzdem, noch einige Zeit zu überleben:

- in Trockenperioden (ohne Wasser, s. Frage 97),
- im Schatten (mit zu wenig Licht, z. B. unter dichten Buchenbeständen) und
- mit geschlossenen Spaltöffnungen (dann dringt kein $CO_2$ mehr in die Blätter ein).

Zudem muss die „Vegetationsperiode" mit Tagestemperaturen von mindestens zeitweise 5–10 °C wenigstens etwa einen Monat pro Jahr lang sein, sonst kommt es zu Wald- und Baumgrenzen z. B. im Hochgebirge, wo dann keine Waldbildung oder Baumwachstum mehr möglich sind.

Sehr genaue Angaben über die einzelnen Faktorengrenzen sind schwierig bis unmöglich anzugeben, infolge von Anpassungsprozessen des einzelnen Baumes und bei verschiedenen Gehölzarten. So können sich absolute Spezialisten für Extremverhältnisse entwickeln, z. B. in Trockenregionen Flaschenbäume oder Welwitschien (s. Frage 97). Nicht nur der einzelne Baum ist zu erheblichen Anpassungen in der Lage („Plastizität"), sondern auch die Population durch genetische Veränderungen. Besonders eindrucksvolle Beispiele dafür sind Baumveteranen der langlebigen Baumarten (s. Frage 199).

*AR*

*Diese Birke kommt mit erstaunlich wenig Wasser aus und hat dort oben sogar trockenste Sommer überlebt*

## 76. Wie hoch können Bäume theoretisch werden?

Derzeit ist der höchste Baum Deutschlands wohl mit 67,70 m eine Douglasie im Freiburger Stadtwald, sie wird „Waldtraut im Mühlwald" genannt und steht im Stadtteil Günterstal etwa 5 km außerhalb der Stadt. Ihr Alter sind 110 Jahre, der Stammumfang beträgt 3,50m (Daten von 2019). „Wohl" der höchste Baum, da dies sich jederzeit ändern kann, z. B. weil diese Douglasie von einem anderen Baum überholt wird (derzeit ist der nächste aber erst eine Fichte mit 60 m in Sachsen) oder weil ihr Wipfel abstirbt und nachfolgend abbricht oder bei Eisanhang und/oder Sturm sofort herabbricht. Bei sehr hohen Bäumen ist dieses Risiko relativ hoch, da ihre Kronenspitze sehr dem Wind und Wetter ausgesetzt ist, denn der Baum überragt ja alle Nachbarbäume.

*Eine Douglasie ist auch der höchste Baum im Forstbotanischen Garten Tharandt der TU Dresden*

Dasselbe gilt noch mehr für den höchsten Baum der Welt, derzeit wohl ein Küstenmammutbaum mit 118 m in Kalifornien (USA). Höhenmessungen von solchen Riesenbäumen sind auch nicht ganz einfach: misst man mehrmals, erhält man oft unterschiedliche Ergebnisse.

Bäume können theoretisch etwa 130 m hoch werden. Höher kann der Wasserfaden im Baum nicht mehr hochgezogen werden, da dieser Aufwärtstransport gegen die Schwerkraft nur durch die Eigenschaft der Wassermoleküle zustande kommt, dass sie durch Plus- und Minuspole aneinanderhaften und infolge der Verdunstung oben aus den Blättern nachgezogen werden. Es hängt aber auch von der Baumart (ihrer Holzanatomie: vor allem dem Leitelement-Durchmesser) ab: je enger, desto besser bleibt der Wasserfaden erhalten oder kann sogar repariert werden, wenn er mal reißt.

*AR*

## 77. Wie groß werden die in Deutschland heimischen Baumarten?

Den potenziell möglichen Höhenrekord halten zwei Vertreter der Nadelbäume: Weiß-Tanne und Europäische Fichte, die beide im Idealfall 60 Meter erreichen können (siehe Frage 76). Ihnen dichtauf folgt die Europäische Lärche, die bis 55 Meter hoch werden kann. Erst dann kommt die Stiel-Eiche als am höchsten wachsender Laubbaum unserer Breiten mit bis zu 50 Meter, dicht gefolgt von der Wald-Kiefer und dem Berg-Ahorn mit möglichen 40 Metern. Die in Deutschland häufigste Waldbaumart, die Rot-Buche, schafft ebenfalls maximal 40 Meter. Bis immerhin 35 Meter hoch können die Europäische Schwarz-Pappel, die Zitter-Pappel, auch die Schwarz-Erle und die Europäische Esche werden. Auch die beiden in Deutschland heimischen Linden-Arten Sommer-

*Links: Europäische Lärche mit Doppelstamm in den österreichischen Alpen; rechts Europäische Fichte oder Rottanne im Tharandter Wald, Vorerzgebirge*

und Winter-Linde stoßen optimalerweise in diese Höhenregionen vor.

Die aktuell absoluten Höhenrekordler auf unserer Erde stammen aus Nordamerika, es sind die schon namentlich in diese Richtung weisenden Mammutbäume. Hier unterscheidet man den Bergmammutbaum vom Küstenmammutbaum oder Redwood. Beide Baumarten besiedeln ähnliche Standorte an der Westküste und den Westhängen der Gebirge Kaliforniens. Sie erreichen dort 100 Meter und mehr (siehe Frage 76). Diese Bäume übertreffen die in Deutschland heimischen Baumarten in der Höhe um das Doppelte.

*MW*

## 78. Wie klein kann ein Baum sein?

In welche Kategorie gehört die abgebildete Pflanze?

Es ist eine Kraut-Weide (*Salix herbacea*). Die Lateinkundigen sind sofort im Bilde: das Art-Epitheton oder, anders ausgedrückt: das stets kleingeschriebene Wort, welches nach der Pflanzengattung (hier *Salix* = Weide) die eigentliche Pflanzenart bezeichnet, heißt „*herbacea*" und bedeutet „krautig". Wie kann denn nun eine krautige Weide zu den Bäumen gezählt werden?

Die Kraut-Weide ist ein kleiner, niederliegender Zwergstrauch, also ein zwar gänzlich verholzender, aber extrem kleinwüchsiger Strauch, der nicht mit einem Halbstrauch, dessen oberirdische Teile zum Winter teilweise absterben, verwechselt werden sollte. Diese Pflanze verkriecht sich ins schützende Erdreich, um den winterlichen Frösten und Stürmen zu widerstehen, sie wächst zu drei Vierteln nur unter der Erde und streckt lediglich in der knappen Vegetationszeit nach der Schneeschmelze die kurzen Triebe mit den kleinen Blättchen und den Blütenkätzchen heraus. Es handelt sich also um ein richtiges Gehölz, einem Gewächs, dessen Knospen unter- und oberirdisch, wenn auch eben sehr bodennah, überdauern und dessen kurze oberirdische Achsen vollständig verholzen.

*Die Kraut-Weide, eine Art der europäischen und nordamerikanischen Hochgebirge, vom Schnee und Erdreich befreit mit dicht dem Boden aufliegenden Stämmchen*

Die Kraut-Weide wächst recht gesellig in kalkarmen Schneetälchen und ist namensgebend für die Pflanzengesellschaft des Krautweiden-Schneeboden-Teppichs – immer oberhalb der Waldgrenze bis über 3300 m, in bis acht Monate lang von Schnee bedeckten und damit dauerfeuchten Senken und Rinnen. Sie hat eine fast konkurrenzlose ökologische Nische erobert, „bezahlt" dies aber mit einem extrem langsamen Wachstum: Das Stämmchen weist einen jährlichen Zuwachs von nur einem Zehntel Millimeter auf. Und wir müssen davon ausgehen, dass die zunehmende Klimaveränderung die Art massiv bedrohen wird, weil eine ausreichend lange Schneebedeckung immer seltener werden wird.

Zum Schluss aber noch die eingangs gestellte Frage, warum die Kraut-Weide hier überhaupt behandelt wird? Dies ist dem bekannten schwedischen Naturforscher Carl von Linné (1707 – 1778) zu verdanken, der für diese außergewöhnliche Art den schönen Namen „kleinster Baum der Erde" fand, lange bevor die Wissenschaft den Begriff „Baum" exakter Definition unterwarf.

*MW*

## 79. Gibt es Bonsai in der Natur?

Die japanische Bonsai-Kultur hat chinesische Wurzeln. In China begann man bereits vor ca. 2000 Jahren damit, Pflanzen und Bäume in Form von idealisierten und miniaturisierten Landschaftsbildern in Schalen zu kultivieren und bezeichneten diese Kunstform als Penjing, was sinngemäß „Landschaft in der Schale" bedeutet. Buddhistische Mönche brachten im 10./11. Jahrhundert dann die Penjing-Kultur mit nach Japan, wo sie sich dann zur „Bonsai-Kultur" weiterentwickelte. Bonsai ist japanisch und bedeutet sinngemäß übersetzt „Baum in der Schale". Wie die Penjing Kultur in China, so gab und gibt es auch beim japanischen Bonsai, durch unterschiedliche kulturelle Einflüsse, verschiedene Stilformen. Bei der heute bei uns vorherrschenden Bonsai-Kultur wird meist versucht, einen ausdrucksstarken, alten Einzelbaum, so wie er in der Natur vorkommen kann, darzustellen.

*Die Zypern-Zeder (Cedrus brevifolia), ein Naturbonsai im Troodos-Gebirge auf Zypern*

Da wir in der Natur keine Bäume in der Schale finden, gibt es strenggenommen auch keinen Bonsais in der Natur. Dort wird man aber immer wieder Bäume finden, die sich durch eine ungewöhnliche Wuchsform und geringer Größe auszeichnen. Der Grund liegt in der Regel an den besonderen Standort- und Klimabedingungen. Bäume, z. B. im Hochgebirge, vor allem im Bereich der Baumgrenze, haben zum einen eine sehr kurze Vegetationszeit, sind einer sehr starken, das Längenwachstum reduzierender UV-Strahlung ausgesetzt, werden oftmals durch Schnee, Eis und Wind niedergedrückt, kleingehalten oder, genau wie Bäume an der Küste, vom Wind einseitig zerzaust und geformt. Aber auch Wasser- oder Nährstoffmangel, niedrige Temperaturen während der Vegetationszeit oder ein regelmäßiger Wildverbiss führen zu einer, gemessen am Alter, mitunter sehr geringen Wuchshöhe. Man findet an solchen Standorten mitunter Pflanzen/Kleinstbäume, die schon viel Jahrzehnte alt sind, sich mit ihren mitunter offenliegenden Wurzeln an einen Felsen krallen, die in ihren Proportionen dem eines Altbaumes entsprechen, aber nur den Bruchteil der normalen, dem Alter entsprechenden Größe erreichen und ausgesprochen ausdrucksstark sind. Es sind die Vorbilder der Bonsai-Kultur. Die gezielte Entnahme solcher „Natur-Bonsais", um sie dann in Schalen weiter zu kultivieren, wird in Japan als „Yamodori" bezeichnet. So gesehen gibt es auch in der Natur Bonsais. Nur eben ohne Schale.

*VM*

## 80. Wie dick können Bäume werden?

Bäume mit sekundärem Dickenwachstum (siehe Frage 1) können ständig in die Breite wachsen. Jahrring für Jahrring wird ein Baum stärker. Doch wie „dick" kann ein Baum werden? Der Wachstumsprozess hält theoretisch bis zum Lebensende des Baumes an – auch wenn der Zuwachs im Alter immer geringer wird. Alte Bäume haben deshalb einen stärkeren Umfang als junge Bäume.

Es ist allerdings schwierig, nur nach dem Umfang das Alter des Baumes ermitteln zu wollen. Zu viele Faktoren beeinflussen das Wachstum, wie Baumart, Vitalität, Standort (Wasser, Nahrung, Boden- und Lichtverhältnisse, Temperatur). Ein alter und gleichzeitig sehr umfangreicher Baum ist aber immer etwas Besonderes.

Die stärksten Bäume sind meist diejenigen, die auch am ältesten werden. Die „Dicke Linde von Heede" (siehe auch Frage 199) ist mit knapp 17 m Stammumfang der stärkste Baum Deutschlands. Die stärksten Eichen Deutschlands weisen 11 – 12 Meter Stammumfang auf. Eine 27 m starke Platane in Georgien und zwei 22 bzw. 50 m Umfang aufweisende Edel-Kastanien, die auf Sizilien wachsen, stellen mit die stärksten Bäume Europas dar. Japanische Sicheltannen, die 2000 Jahre alt sein sollen, erreichen Umfänge von 20 m. In den USA hält ein Berg-Mammutbaum den Dickenrekord mit 31 m; er hat sogar einen eigenen Namen, General Sherman. In Mexiko in der Stadt Tule dürfte der dickste Baum der Welt zu Hause sein. Es ist der „Baum von Tule", eine Mexikanische Sumpfzypresse, die 46 m Stammumfang aufweist und 1600 Jahre alt sein soll.

*EJ*

*Eine Sicheltanne auf der japanischen Insel Yaku-Shima mit einem Umfang von 12 m; solche Bäume sind selten, da sie nicht nur Krankheiten, Schädlinge, Stürme und Feuer überstanden haben, sondern auch den Holzfällern entgangen sind. Auf Yaku-Shima stehen Dutzende dieser Giganten*

## 81. Welche Bäume wachsen am schnellsten?

Es gibt viele schnellwachsende Baumarten; diese zeichnen sich vor allem durch schnelles Wachstum in der Jugend aus. Dazu gehören Pappeln, Eukalyptus oder die Leyland-Zypresse. Der Spitzenreiter unter den schnellwachsenden Bäumen bei uns ist jedoch der Blauglockenbaum. Einjährige Sämlinge erreichen nicht selten 4 m Höhe, als Spitzenwert wurden sogar 6 m gemessen. Damit hat es der aus Asien stammende Blauglockenbaum sogar ins Guinness-Buch der Rekorde geschafft. Dieser Schnellwüchsigkeit ist es zu verdanken, weshalb der Baum auch in Deutschland als Lieferant für die Biomasseproduktion angepflanzt wird. Für die Erzeugung von Energieholz werden die Bäum bereits im Alter von 2–4 Jahren geerntet. Wenn Wertholz erzielt werden soll, können die Bäume bereits nach 10–15 Jahren gefällt werden. Das Holz kann dabei vielfältig genutzt werden, beispielsweise für den Möbelbau, Sportgerätebau und für den Bau von Musikinstrumenten.

*Einjähriger Sämling eines Blauglockenbaums, der über zwei Meter gewachsen ist. Er kann bis 4 m im Jahr erreichen*

Mit zunehmendem Alter lässt allerdings die Wuchsgeschwindigkeit nach. Wir kennen den Blauglockenbaum vor allem als schönen, blauviolett blühenden Parkbaum. In letzter Zeit steht er vermehrt unter Beobachtung, denn er hat in Deutschland den Status einer potenziell invasiven Art erhalten und ist auf der grauen Liste des Bundesamts für Naturschutz (BfN) aufgeführt (siehe auch Frage 207).

*EJ*

## 82. Warum unterscheiden sich Bäume in ihrem Aussehen, wenn sie im Wald oder als Solitär wachsen?

Die Ausprägung des Habitus eines Baumes wird durch zwei Faktoren beeinflusst: Durch die genetische Ausstattung und durch die Umwelt. Ein Baum mit der genetischen Veranlagung zur Mehrstämmigkeit (Zwieselbildung) behält diese bei, unabhängig von den Standortbedingungen, unter deren Einfluss er erwächst. Lediglich der Grad der Ausprägung ist unterschiedlich.

Bäume mit gleicher genetischer Ausstattung bilden im Freistand einen anderen Habitus als im Dichtstand. So ist ein freistehender Baum bis unten beastet und bildet in der Regel keinen astfreien Stamm. Anders sieht es aus, wenn der Baum im Dichtstand mit Bäumen seiner Art oder in Mischung mit anderen Arten erwächst. Hier schieben sich die Bäume gegenseitig dem Licht entgegen. Im unteren Stammbereich sterben die Äste ab, und es bilden sich astfreie Schäfte. Die Krone bleibt im oberen Bereich mit ausreichendem Lichteinfluss erhalten.

Findet man in geschlossenen Wäldern ältere Bäume mit tiefsitzenden Starkästen, lassen sich hieraus Rückschlüsse auf die Bestandsgeschichte ziehen. Bei diesen Bäumen handelt sich häufig um Relikte von alten Hute- oder Mittelwäldern, in denen die Bäume im Freistand erwachsen sind, oder um ehemalige Landmarken. Bei den Hutewäldern war das Ziel, dass die großfrüchtigen Baumarten wie Eiche, Rot-Buche oder Edel-Kastanie eine große Krone bilden, die viele Früchte für die Schweinemast trugen. Im Mittelwald wurde das Unterholz in kurzen Umtrieben von 7 bis 15 Jahren für die Brennholznutzung auf den Stock gesetzt. Dazwischen wurde sog. Oberholz zur Bauholzproduktion stehengelassen. Die im Abstand erwachsenden Bäume hatten relativ kurze astfreie Schäfte und tief ansetzende Kronen. *ML*

*Rot-Buche als tief beasteter Solitärbaum (links) und im Dichtstand erwachsene Exemplare mit astfreien Stämmen (rechts)*

## 83. Halten Bäume Winterschlaf?

Von Tieren ist bekannt, dass einige Winterschlaf halten. Die Bäume in unseren Breiten gehen in Winterruhe. Dafür machen sie sich „winterfest", was dadurch ersichtlich wird, dass die meisten unserer Laub- aber auch einige Nadelbaumarten (z. B. Lärchen, Urweltmammutbaum, Sumpfzypresse) ihre Blätter im Herbst abwerfen. Bevor die Bäume ihre Blätter abwerfen, werden Reservestoffe im Stamm eingelagert und dienen als Vorrat im Winter und für den Austrieb im Frühjahr.

*Bäume im laublosen Zustand*

Ein Leben wie im Sommer wäre im Winter nicht möglich, da die Photosynthese bestimmte Mindesttemperaturen erfordert. Auch der Wassertransport ist nicht immer möglich, und zwar nicht erst wenn das Wasser gefriert, sondern schon zuvor, weil ein zu starkes Gefälle der Zuckerkonzentration die Zellen schädigen würde.

Für die Winterruhe wird der Gefrierpunkt durch Zuckerlösung erniedrigt, was jedoch nur eine Absenkung um wenige Grad bringt. Damit wird der Wassertransport reduziert, da bei voller Belaubung Verdunstung zum Vertrocknen führen würde.

Der Baum verzichtet daher auf sein Blattwerk, das auch zusätzliche Angriffsflächen für Schnee und Eis bietet und damit das Gewicht auf die Äste empfindlich erhöhen würde. Am Boden bedeckt das abgeworfene Laub die oberste Erdschicht, wovon nicht nur der Baum, sondern auch Kleinlebewesen und Pflanzen, die im Boden überwintern, profitieren. Das verrottende Laub setzt Nährstoffe frei, die mit dem Wasser über die Wurzel aufgenommen werden.

Auf den ersten Blick scheinen unsere immergrünen Nadelbäume über eine ungünstigere Winterstrategie als die Laubbäume zu verfügen. Dieses trifft nur bedingt zu. Unsere immergrünen Nadelbäume sind durch die kleine Oberfläche der Nadelblätter bereits besser gegen Kälte und Frost geschützt. Außerdem sind die Spaltöffnungen in einer dicken Wachsschicht der Oberhaut der Nadeln versenkt, damit sie nicht übermäßig Wasser verdunsten. So wird verhindert, dass der Baum im Winter durch hohe Verdunstungsraten austrocknet. Die Nadeln zu behalten, ist eine Anpassung an nördliche Breiten bzw. Hochlagen, die den Vorteil hat, dass die Bäume im Herbst länger Photosynthese betreiben als die Laubbäume und im Frühling früher mit dem Wachstum beginnen können.

Vor allem jüngere immergrüne Koniferen sind bei uns der Gefahr der Frosttrocknis ausgesetzt. Hierbei kommt es bei Frost aufgrund starker Sonneneinstrahlung und des vom Schnee reflektierten Lichtes zu einer Erwärmung der Nadelblätter. Die Koniferen beginnen mit der Photosynthese und öffnen die Spaltöffnungen ihrer Nadelblätter. Die Wurzeln können jedoch wegen des noch gefrorenen Bodens kein Wasser aufnehmen. Dies führt zu Trockenstress, bei dem die Nadeln absterben und sich braun verfärben.

*ML*

## 84. Was stellen die stalakmitenartigen Auswüchse der Sumpfzypressen dar?

Bei den Sumpfzypressen (*Taxodium*) werden im Bereich der Krone zahlreiche, stalakmitenartige bis 1 m hohe Auswüchse hervorgebracht. Diese werden oft als „Atemknie" bezeichnet. Die Atemknie der direkt im Wasser stehenden Bäumen sind meist nur in unmittelbarer Nähe des Stammes zu finden,

*Atemknie vs. Atemwurzeln; A & B: Sumpfzypresse (Taxodium distichum, Cupressaceae); A: Im Kronenbereich zahlreiche stalakmitenartige Atemknie; B: Querschnitt Atemknie; kein Durchlüftungsgewebe vorhanden; Wurzel mit deutlichem azentrischem Wachstum; C & D: Schwarze Mangrove (Avicennia germinans, Acanthaceae); C: Atemwurzeln aufrecht aus dem Schlick wachsend; D: Querschnitt Atemwurzel mit deutlichem Durchlüftungsgewebe*

während sich diejenigen der in Ufernähe stehenden Bäume meist in einem deutlich größeren Radius ausbilden. Der Querschnitt durch ein solches Atemknie zeigt das gewohnte Bild einer typischen Wurzel, jedoch mit einem azentrischen Wachstum. Dadurch kommt es zur Ausbildung von unregelmäßigen Jahresringen. Die Bereiche des Atemknies, die der Luft zugewandt sind, sind dabei immer deutlich stärker gefördert als die dem Wasser bzw. Substrat zugewandten. Ein echtes Atemgewebe (= Aerenchym) im botanischen Sinne fehlt jedoch. Somit unterscheiden sich die Atemknie der Sumpfzypressen deutlich von echten Atemwurzeln (= Pneumatophore), wie diese bei einigen Sumpfpflanzen vorkommen, z.B. Mangroven (*Avicennia*) aus den Mangrovenwäldern der Gezeitenzone.

Mangrovenpflanzen haben eine schlechte Luftzirkulation, da sie in Schlick oder Faulschlamm wurzeln. Diese wachsen aus dem Wasser bzw. dem sumpfigen Boden heraus (= negativ-gravitrop), um in diesem ansonsten reduzierten Bodenmilieu eine ausreichende Versorgung der Wurzel mit Sauerstoff zu gewährleisten. In der Wurzelrinde sind große Zellzwischenräume (= Interzellularräume) ausgebildet, die den Gasaustausch ermöglichen. Der Gasaustausch mit der Außenluft erfolgt über zahlreiche Korkwarzen (= **Lentizellen**), die in der Borke ausgebildet werden.

Da nun diese typischen Merkmale einer echten Atemwurzel in den Atemknien der Sumpfzypressen fehlen, scheint es daher plausibler anzunehmen, dass diese Strukturen bei *Taxodium* nicht primär der Durchlüftung dienen. Möglicherweise ist es eine wichtige Aufgabe von ihnen, die Sedimentation von Feinpartikeln im Stamm- und Wurzelbereich zu fördern, um die Nährstoffversorgung entsprechend zu erhöhen und Erosion zu minimieren.

*VD*

## 85. Was ist Drehwuchs?

Bei drehwüchsigen Bäumen verlaufen die Fasern spiralig um die Markröhre. Äußerlich ist Drehwuchs an der Rindenstruktur, am Verlauf von Hohlkehlen und an spannrückigen (siehe

*Ausgeprägter Drehwuchs an einer Ess-Kastanie*

Frage 86) Stammabschnitten sichtbar. Als rechtsdrehwüchsig wird ein Baum bezeichnet, der von links unten nach rechts oben dreht. Die Bezeichnung der Drehrichtung hat sich im Laufe der Zeit geändert. Gemessen wird die Abweichung der Faser von einer Parallele zur Stammachse über eine Strecke von einem Meter. Das Ergebnis ist als Maß in cm je laufendem Meter oder in Prozent angegeben. Links- und Rechtsdrehung sind möglich.

Viele Baumarten drehen in eine bevorzugte Richtung. Ausgeprägten Rechtsdrehwuchs haben z. B. Rot-Buche, Ess-Kastanie, Rosskastanie, Stiel-Eiche, Birne und Stechpalme, während der seltener auftretende Linksdrehwuchs bei Ginkgo und Zwetschge vorkommt.

Nicht selten ist auch ein Wechsel der Richtungen, eine „verschränkte" Drehung (Wechseldrehwuchs oder Widerspänigkeit). Drehwuchs mit einmaliger Richtungsänderung ist bei vielen Nadelgehölzen beobachtet worden. So dreht die Fichte in Markröhrennähe links und mit zunehmendem Alter nach rechts. Auch innerhalb eines Jahrringes und in unterschiedlicher Stammhöhe wird von Wechseln im Faserverlauf berichtet. Viele tropische Baumarten, insbesondere Bäume der oberen Baumschicht, wechseln ihren Faserverlauf periodisch, selbst innerhalb einer Zuwachszone.

Eine auf die Baumart fixierte Drehrichtung deutet auf eine genetische Veranlagung hin. Umwelteinflüsse können die Ausprägung fördern. Es scheint, als verbessere ein gewundener Faserverlauf verschiedene technische Holzeigenschaften, wie bei einem gedrehten Seil. Drehwuchs wirkt sich auf die Biegefestigkeit günstig aus und kann so einen Überlebensvorteil gewähren. Ein höherer Anteil auffällig gedrehter Bäume beispielsweise an der nördlichen Waldgrenze in Lappland, aber auch auf nährstoffarmen Felsstandorten des Elbsandsteingebirges deuten darauf hin.

Bei der Verarbeitung drehwüchsiger Stämme kommt es beim Trocknen zum spiraligen Aufreißen, führt beim Hobeln zu Faserausrissen oder zum Verwerfen bei Balken. Dagegen wirkt die Textur von Furnieren mit Wechseldrehwuchs durch Lichtbrechung der angeschnittenen Fasern optisch vorteilhaft. Drehwuchs veranschaulicht besonders deutlich, wie unterschiedlich das Merkmal aus Sicht eines Holzverarbeiters, eines Bionikers oder eines ästhetisch orientierten Dendrologen aufgefasst wird.

*ML*

## 86. Was ist Spannrückigkeit?

Als Spannrückigkeit wird das Erscheinungsbild bei Stämmen bezeichnet, deren Stammquerschnitt von der Kreisform durch tiefreichende Furchen und hervorstehende Wülste bestimmt ist.

Zurückgeführt wird die Spannrückigkeit auf ein unregelmäßiges Dickenwachstum im Stamm: So findet in einigen Bereichen mehr Wachstum statt, während es in anderen Bereichen zurückbleibt. Dadurch kommt es zur Rippen- bzw. Kehlenbildung. Im Stammquerschnitt haben die Jahrringe einen spitz- oder rundwelligen Verlauf. Spannrückigkeit kann auch bei starker mechanischer Belastung (z. B. Wind) auftreten.

Spannrückigkeit ist typisch bei Hainbuche, Eibe, Urweltmammutbaum und Wacholder. Sie kommt aber auch bei Rot-Buche, Birken und weiteren Arten sowie am Wurzelanlauf älterer Bäume vor.

Der Begriff Spannrückigkeit leitet sich vom Vergleich stark verdickter Wurzelanläufe mit einem Fußrücken (Spann) her. *ML*

*Spannrückigkeit an Hainbuche*

## 87. Was wird unter Abholzigkeit verstanden?

In der äußeren Form der Bäume treten große Unterschiede auf. Diese natürliche Variation ist aus biologischer Sicht kein Fehler. Für die Ausnutzung im Sägewerk und Verwendung des Holzes bringen Abweichungen von der gewünschten Form jedoch Einschränkungen. Ein Merkmal für die Beurteilung von Stämmen stellt das Maß der Abholzigkeit dar.

Als Abholzigkeit wird die Durchmesserabnahme des Stammes mit zunehmender Baumhöhe bezeichnet. Die Gegenüberstellung der Begriffe vollholzig und abholzig zeigt jedoch, dass diese Begriffe vor allem auf Extreme Anwendung finden. Es ist schwierig, eine Grenze festzulegen, ab welcher Stämme oder Stammabschnitte als voll- oder abholzig zu bezeichnen sind.

Als grober Richtwert gilt im forstlichen Bereich: Ein Stamm wird als abholzig bezeichnet, wenn die Durchmesserabnahme mehr als 1 cm je laufenden

Meter Schaftlänge beträgt. Das unterste Stammstück mit dem Übergang vom Wurzelanlauf zum Stamm sowie Stammabschnitte oberhalb starker Äste im Kronenbereich sind fast immer abholzig. Vollholzig ist ein Stamm oder Stammabschnitt somit, wenn die Abnahme je laufendem Meter Schaftlänge weniger als 1 cm beträgt.

Die Abholzigkeit macht sich vor allem beim Einschnitt von Rundholz zu langen Balken oder Kanthölzern bemerkbar, da die Ausbeute aufgrund eines geringen Zopfdurchmessers herabgesetzt ist. Auch die Festigkeitseigenschaften der erzeugten Ware ist gemindert, weil bei parallelem Schnitt mehrere Jahrringe durchschnitten werden als in vollholzigen Stammabschnitten.

*Abholziger Stamm einer Sumpfzypresse*

Solitärbäume mit tiefer Bekronung und in weitständig begründeten Kulturen erwachsende Bäume, die ausladende Kronen bilden, neigen zu Abholzigkeit. Je stammzahlreicher ein Bestand ist, desto stärker wirkt sich die Konkurrenz auf das Streben nach Licht aus. Die Bäume ziehen sich gegenseitig nach oben und sind daher eher vollholzig.

Eine starke Abholzigkeit lässt sich physikalisch damit erklären, dass ein Baum mit zunehmendem Stammfußdurchmesser bei gleicher Höhe die Biegespannung verringert. Dadurch erhöht sich seine Überlebenswahrscheinlichkeit bei Wind.

Riesenmammutbaum, Urweltmammutbaum, Sumpfzypresse und Eibe sind Baumarten, bei denen regelmäßig abholzige Stämme auftreten. Keine oder nur eine geringe Abholzigkeit tritt bei den meisten Palmenarten auf, die über kein sekundäres Dickenwachstum verfügen.

*ML*

## 88. Was ist ein Johannistrieb?

Im Allgemeinen treiben die Gipfel- und Seitenknospen der Bäume im Frühjahr aus, und die jungen Triebe schließen gegen Ende der Vegetationsperiode mit einer Knospe ab. Davon abweichend werden bei Laub- und Nadelbäumen mitunter zusätzliche Knospen gebildet. Diese entstehen entweder

*Der Johannistrieb von Feld-Ahorn (links) und Trauben-Eiche (rechts) weist die häufig zu beobachtende Rotfärbung auf (Fotos: E. Jablonski)*

nach Verletzung der Gipfelknospe und nach Schädlingsbefall, oder es handelt sich um Johannistriebe. Als Johannistrieb wird also das erneute Austreiben von Zweigen Ende Juni (Johannistag: 24. Juni) bezeichnet.

Johannistriebe treten nur bei Baumarten mit gebundenem Wachstum auf. Das heißt bei Arten, die ihren Frühjahrstrieb bereits nach wenigen Wochen beendet haben. So kommt es bei Eichen und Rot-Buche nach einer zwei- bis dreiwöchigen Wachstumsphase im Mai und einer anschließenden Ruhephase häufig zu einem zweiten Wachstumsschub. Oft erkennt man die Johannistriebe an der helleren oder rötlichen Zweigfarbe oder einer starken Behaarung.

Die Johannistriebbildung verhilft z. B. Eichen einen starken Fraßschaden durch Eichenwickler oder Maikäferbefall und Rot-Buche einen Spätfrostschaden zu überstehen.

*ML*

## 89. Was ist ein Chinesenbart am Baum?

Wenn Bäume sich von Ästen trennen, verbleibt bei der Astüberwallung eine Narbe, die an Strukturveränderungen der Rinde sichtbar ist. Im Unterschied zu Rindenverletzungen besteht jede Astnarbe aus Astsiegel (Rundnarbe) und Rindenquetschfalte (Winkelnarbe). Die Rindenquetschfalte läuft bei glattrindigen Baumarten, wie z. B. Rot-Buche, Hainbuche, Zitter- und Grau-Pappel, Linden, Ahornen sowie Erlen beiderseits des Astsiegels bartförmig herab und wird deshalb als „Chinesenbart" bezeichnet.

Astsiegel und Rindenquetschfalte erlauben bei glattrindigen Holzarten eine relativ genaue Diagnose darüber, (1) wie tief im Stammmantel ein Astabbruch liegt, (2) wie stark der Ast an der Astabbruchstelle war und (3) wie steil (schräg) der ehemals lebende Ast aus dem Stamm gewachsen war. Dieses hilft bei der Rundholzgüteklassifizierung. Die Astnarbe selbst ist bei der Holzbe- und -verabeitung nicht störend.

Die Tiefe des Astabbruches im Stammmantel (1) lässt sich aus dem Verhältnis von Rundnarbenhöhe und -breite zum derzeitigen Stammdurchmesser herleiten.

$$Durchmesser_{t1} = \frac{Rundnarbenbreite}{Rundnarbenhöhe} \cdot Durchmesser_{t2}$$

*$Durchmesser_{t1}$ = Stammdurchmesser zum Zeitpunkt der Überwallung*
*$Durchmesser_{t2}$ = Stammdurchmesser aktuell*

Bei einer Narbenhöhe von 2 cm und einer Breite von 4 cm bei einem derzeitigen Stammdurchmesser von 50 cm ergibt sich ein Stammdurchmesser von 25 cm zum Zeitpunkt der Überwallung.

*Astnarbe mit Rundnarbe und Chinesenbart an Rot-Buche bei tiefsitzendem dünnem Ast (links) und stärkerem steil ansetzenden Ast, der noch nicht lange überwallt ist (rechts)*

Die Stärke des Astes an seiner Abbruchstelle (2) entspricht etwa der Hälfte der Astsiegelhöhe.

Die Schrägstellung des Astes (3) ergibt sich aus der Höhe der Rindenquetschfalte. So wird ein Stammzylinder mit der Höhe der Rindenquetschfalte vom eingewachsenen Astkegel durchwachsen.

*ML*

## 90. Was ist ein Tschitschi?

Zapfenartige Auswüchse an der Unterseite von Ginkgo-Ästen werden als Tschitschi (oder Chi-Chi) bezeichnet, ihre Entstehungsursache und Funktion ist ungeklärt. Alte Ginkgobäume können solche wurzelartigen Wucherungen ausbilden, die bis zu einem Meter lang werden und in ihrer Form an Zitzen erinnern oder Stalaktiten ähneln. Bisweilen wird vermutet, dass es sich um Stützwurzeln handelt, die zur Unterstützung des gesamten Baumes auf weichem Grund dienen, denn gelegentlich erreichen sie den Erdboden und können dann in diesen eindringen – so wären es Adventivwurzeln. Allerdings tritt es offenbar zufällig an einzelnen Ästen in der Krone einiger Bäume auf, jedoch nicht nachvollziehbar „planmäßig" als Reaktion auf den Standort.

*Zapfenartige Auswüchse mit ungeklärter Funktion an der Unterseite von waagerechten Hauptästen an einem Ginkgo im Hausgarten*

Als Adventivwurzeln werden Wurzeln bezeichnet, die an Orten entstehen, wo nach dem Bauplan des Baumes zunächst keine Wurzeln vorgesehen waren. Dies sind z. B. Innenwurzeln im hohlen/faulen Stamminneren oder Wurzeln, die aus dem Stamm oder Ästen bei Überschüttung oder Überflutung entstehen. Letzteres geschieht relativ häufig bei Weiden und anderen Baumarten der Weichholzaue, die flussnah bei Hochwässern immer wieder überflutet wird. Sind z. B. Weidenäste mehr als 4 Wochen im Wasser, entwickeln sich aus ihnen Feinwurzeln, die das Wasser direkt in die Äste aufnehmen. Ebenso können Adventivwurzeln an Absenkern (auf dem Boden aufliegenden Ästen) entstehen und zu eigenständigen Bäumen führen. Oft übernehmen Adventivwurzeln in der Folge die ganz normalen Wurzelfunktionen, wenn sie den Boden erreichen.

*AR*

## 91. Was ist ein Hexenbesen?

Als Hexenbesen werden stark verzweigte Gebilde bezeichnet, welche durch den massenhaften Austrieb neugebildeter oder schlafender Knospen entstehen. Dadurch entstehen innerhalb eines Baumes gewissermaßen „Miniaturbäume“ oder Bonsaibäume, die nicht der normalen hormonellen Kontrolle des Baumes unterliegen und so jahrelang bis zu recht ansehnlicher Größe heranwachsen können. Auch wenn Hexenbesen von ihrer Form her alle ähnlich aussehen, können sie je nach Baumart ganz unterschiedliche Ursachen haben, z. B. Knospenmutationen, Befall durch Rickettsien und Phytoplasmen (primitive, bakterien-ähnliche Pathogene), aber vor allem Pilzinfektionen, z. B. durch manche Rostpilze.

Relativ häufig kann man Hexenbesen an der Birke sehen; hier werden sie durch einen mikroskopisch kleinen Schlauchpilz der Gattung *Taphrina* ausgelöst und können auch zum Anschwellen der Zweigbasis, auf der sie sitzen, beitragen. Im natürlichen Verbreitungsgebiet der Weißtanne kommt es durch eine Rostpilzart der Gattung *Melampsorella* öfter zur Hexenbesenbildung. Wenn diese einen ganzen Astquirl des jungen Haupttriebes erfasst, können daraus die sog. Rädertannen mit stammumfassenden, beulenartigen Holzauftreibungen entstehen.

*RK*

*Birkenhexenbesen (links und mittig); rechts Hexenbesen am Stamm einer Buche durch massenhaften Austrieb schlafender Knospen („Knospensucht“)*

# Blattfärbung

## 92. Warum verfärben sich einige Baumarten im Herbst rot, andere gelb und andere gar nicht?

Herbstfärbung eines Japanischen Ahorns

Im Herbst verwandeln sich viele Laubwälder der gemäßigten Breiten in ein zum Teil spektakuläres Farbenmeer von leuchtendem Gelb, über Orange, Rot bis hin zu tiefen violett-purpurroten Farbtönen

Was aber veranlasst die Bäume, vor dem Fall des Laubes, noch einmal so ein Farbspektakel zu veranstalten? Es ist die Kombination aus abnehmender Tageslänge und sinkenden Temperaturen, die den Gehölzen anzeigt, dass mit dem bevorstehenden Herbst und Winter für sie ungünstige Jahreszeiten kommen. Von Phytohormonen gesteuert – und um wertvolle Rohstoffe wie z.B. Stickstoff oder Phosphor zu sichern –, beginnen die Pflanzen diese Verbindungen aus den Blättern zu lösen und in ihren Starkästen, Stämmen oder Wurzeln einzulagern. Dabei wird das grüne Chlorophyll abgebaut und die darunterliegenden gelben Farbtöne aus der Gruppe der Carotinoide werden sichtbar.

Für die roten Farbtöne sind Anthozyane verantwortlich. Sie sind ein Nebenprodukt der Blattalterung und werden vor allem bei stabilen, trockenen Hochdrucklagen durch klare, helle und sonnige Tage bei gleichzeitigen kühlen Nächten mit einstelligen Temperaturen gefördert. Genau das sind die optimalen Bedingungen für den berühmten „Indian Summer“.

Offenbar gibt es aber noch einen weiteren Grund für eine starke Rotfärbung der Blätter. Man hat festgestellt, dass Läuse vor allem gelbfärbende Bäume anfliegen, um ihre Wintereier an Rinde und Knospen abzulegen. Die mögliche Ursache liegt wohl darin, das rotfärbende Bäume eine bessere Vitalität signalisieren und die Läuse daher die scheinbar schwächeren Bäume bevorzugen. *VM*

## 93. Warum verfärben sich die Blätter der Erle und einiger anderer Baumarten im Herbst nicht?

Vielleicht ist das dem aufmerksamen Spaziergänger ja schon einmal aufgefallen: Schon im Sommer liegen unter Erlen, die an einem Gewässerrand stehen, an dem der Wanderweg entlangläuft, zahllose grüne Blätter. Selbst im Herbst, wenn andere Laubbäume vor dem Laubfall sich mehr oder weniger prächtig verfärben, liegen hier nur grüne Blätter.

Im Sommer mag man denken, dass es der Erle schlecht geht oder jemand an ihren Blättern oder Blattstielen frisst, so dass einige Blätter herunterfallen. Doch dem ist nicht so. Bereits im Sommer wirft die Erle einige Blätter ab, die nicht mehr produktiv genug sind. Dies entsteht dadurch, dass die Triebe der Erle während der ganzen Vegetationszeit, also bis in den Spätsommer hinein, in die Länge wachsen und dabei stetig neue Blätter bilden. Man nennt dies „freies Wachstum" im Gegensatz zum „gebundenen Wachstum". Bei dem ist der ganze Jahrestrieb in der Knospe vorprogrammiert. Er streckt sich im Frühjahr und ist Ende Juni vollständig ausgebildet. Das Längenwachstum endet dann mit der Bildung einer neuen Knospe.

*Grüner Blattfall der Erle*

Bei der Erle ist es anders. Dort ist nur ein Teil des Jahrestriebes in der Knospe vorprogrammiert. Nach kurzer Zeit des Austriebes stellt sie um und wächst dann kontinuierlich weiter in die Länge. Eine Knospe wird erst am Ende der Vegetationszeit ausgebildet. Dadurch kommt es, dass dann die äußeren jüngeren Blätter die inneren älteren so stark beschatten, dass diese nicht mehr produktiv sind und abgeworfen werden.

Dabei verfärben sie sich selbst im Herbst nicht, wenn schließlich alle Blätter abgeworfen werden. Die Ursache dafür ist, dass die Erle nicht so sparsam mit einigen wichtigen Nährstoffen umgehen muss wie andere Baumarten. Sie arbeitet mit Bakterien zusammen, die ihr Stickstoff aus der Luft zuführen. Davon gibt es reichlich. Daher wird bei der Erle dieses wichtige Nährelement nicht aus den Blättern herausgelöst, um es im Holz einzulagern. Auf diesen komplizierten Prozess, mit dem die Laubfärbung einhergeht, wird verzichtet.

Dieses Phänomen kann man übrigens auch bei der Robinie und dem Holunder beobachten.

*UP*

## 94. Werfen alle Laubbäume im Herbst ihre Blätter ab und behalten alle Nadelbäume im Winter ihre Nadeln?

Nein, nicht alle Laubbäume sind laubabwerfend und nicht alle Nadelbäume immergrün. Dieser fälschliche Eindruck entsteht vermutlich dadurch, dass unter den Nadelbäumen der Laubabwurf selten ist, da hier der Großteil der Arten immergrün ist. Aus unserer heimischen Flora ist lediglich die Europäische Lärche der einzige winterkahle Vertreter, alle übrigen heimischen Nadelgehölze wie Eibe, Fichte, Kiefer, Tanne, und Wacholder sind

*Saisonal kahle Nacktsamer; A: Europäische Lärche (Larix decidua); B: Goldlärche (Pseudolarix amabilis); C: Urwelt-Mammutbaum (Metasequoia glyptostroboides); D: Sumpfzypresse (Taxodium distichum); E: Chinesische Wasserfichte (Glyptostrobus pensilis); F: Ginkgo (Ginkgo biloba)*

immergrün. Dagegen sind die bei uns heimischen Laubgehölze bis auf wenige Ausnahmen (z. B. Stechpalme oder der Buchsbaum) winterkahl.

Neben allen Lärchen-Arten ist auch noch die ebenfalls zu den Kieferngewächsen gehörende ostasiatische Goldlärche winterkahl. Weitere laubabwerfende Koniferen sind in der Familie der Zypressengewächse zu finden und hier in den Unterfamilien der Mammutbaumartigen (Sequoioideae) und den Sumpfzypressenartigen (Taxodioideae). So erfolgt auch beim Urwelt-Mammutbaum, den Arten der Sumpfzypressen und der Chinesischen Wasserfichte ein Abwurf aller Nadelblätter am Ende der Vegetationsperiode nach einer bronzefarbenen Herbstfärbung. Beim Urwelt-Mammutbaum und den Sumpfzypressen werden die Kurztriebe immer zusammen mit den Nadeln gemeinsam abgeworfen. Nur der Abwurf der Langtriebblätter erfolgt einzeln, sodass die Langtriebe entsprechend am Baum verbleiben. Die Kurztriebe entwickeln sich zu Beginn der neuen Vegetationsperiode neu zusammen mit der Benadelung.

Neben den Koniferen ist auch Ginkgo winterkahl. Er wirft seine Belaubung nach einer goldgelben Herbstfärbung ab. Alle übrigen Nacktsamer sind immergrün.

*VD*

## 95. Warum werfen Stiel-Eichen, Rot-Buchen und Hainbuchen einen Teil ihres Laubes erst im Frühjahr ab?

Bei einigen Bäumen bleiben die Blätter teilweise den Winter über braun bis graubraun in der Krone hängen. Dann wurde die Trennungszone im Blattstiel nicht mehr rechtzeitig vor dem Frost aktiviert. Dies tritt besonders häufig und regelmäßig vor allem bei jüngeren Hainbuchen, Rot-Buchen und Trauben-/Stiel-Eichen auf.

Für den Blattfall wird in der Blattstielbasis eine Trennungszone angelegt, die schon beim Austreiben im Frühjahr anatomisch im Blattstiel sichtbar ist, wenn man dies mit einem Mikroskop untersucht. Sie muss dann aber noch aktiviert werden. Das geschieht im Herbst hormonell, bei einigen Nadelbaumarten (z. B. bei Fichte) auch automatisch bei Trockenstress durch Abreißen der austrocknenden Gewebe. Nach dem Blattfall verbleibt eine charakteristische, oft arttypische Blattnarbe am Trieb zurück, an der man neben der sehr verschiedenen Form auch die Zahl der sog. Blattspuren erkennt, die von den abgerissenen Leitbündeln stammen. Bisweilen erinnern diese im Aussehen an eine grinsende Fratze (z. B. bei Walnuss).

Der Blattfall wird von der blattinternen Alterung sowie den abnehmenden Temperaturen und Tageslängen oder

Stress-Situationen gesteuert. So kann man insbesondere bei Rosskastanien, Platanen und Lärchen besonders gut einen verzögerten Blattfall im Streulicht von Straßenlaternen sehen, was dort vor allem an den scheinbar unveränderten „Tageslängen" liegt (durch die nächtliche Beleuchtung). *AR*

*Trauben-Eichen im Spätwinter mit zahlreichen vorjährigen Blättern noch an den Zweigen*

# Wasserhaushalt

## 96. Wie lange können Bäume ohne Wasser auskommen?

Diese Frage lässt sich nicht pauschal beantworten, denn es kommt sehr darauf an:

- die Baumart: Es gibt besser an Trockenstress angepasste und empfindlichere, weshalb die angepassten auf trockenen Standorten Vorteile haben und im Konkurrenzgeschehen überlegen sind (zur Trockengrenze s. Frage 97);
- ihr Alter: Junge Bäume sind kurz nach der Pflanzung sehr trockenstressanfällig, sie müssen erst die Wasserreserven im Boden gefunden haben, ältere hingegen reichen mit ihren Wurzeln viel weiter und tiefer, haben evtl. Grundwasseranschluss, aber müssen auch eine viel größere Krone versorgen;
- ihr Standort: Hier ist nochmal ein möglicher Grundwasseranschluss zu erwähnen, aber auch die Bodenarten mit sehr unterschiedlichem Wasserspeichervermögen, oder Stauhorizonte, über denen Wasser steht oder zieht;
- ihre Anpassung an Trockenheit: Bei Vorerfahrungen mit mäßigem Trockenstress sind solche Bäume daran besser angepasst als die, die in der Jugend verwöhnt und immer gegossen wurden, sobald es trocken wurde;
- ihre Herkunft: Baumarten aus klimatischen Trockenregionen (<350 mm

Niederschlag/Jahr) müssen besser mit Trockenheit zurechtkommen, sonst hätten sie dort nicht überlebt – das macht man sich heute bei Herkunftswahl der Bäume zunutze;
- ihre Umgebung: Stehen Bäume ganztags in der Sonne, z.B. an Straßen, haben sie wesentlich mehr Trockenstress als solche im Schatten von Wäldern, Häusern oder Steilhängen auf ihrer Südseite.
- die Holzanatomie: **Zerstreutporige** Baumarten leiten und speichern Wasser im Stamm über mehr (bis zu 20) Jahrringe als **ringporige**, weshalb sie Trockenstress oft besser überstehen können (s. dazu Frage 43).

*AR*

*Der Stammspeicher einer Fichte erhält das Leben über Wochen bei vollkommenem Wassermangel*

## 97. Gibt es Bäume, die im Wasser oder in der Wüste wachsen?

Ganzjährig im Wasser (mit zeitweiser Unterbrechung durch Gezeiten des Meeres oder Niedrigwasser von Flüssen) wachsen Sumpfzypressen in Küstenniederungen und entlang großer Flüsse im Südosten der USA (in sog. Swamps, z. B. die Everglades in Florida): Sie entwickeln auf Standorten im Wasser oder mit langer Überflutung aus dem Wasser herausragende Wurzelknie, die bei langer Überflutung als Atemwurzeln die Sauerstoffversorgung der Wurzeln aufrechterhalten sollen. Diese treten allerdings auch auf trocken(er)en Standorten auf. Zu demselben Zweck – aber auch für eine bessere Standfestigkeit – bilden Mangroven Stelzwurzeln an tropischen dauernassen Standorten entlang der Küsten und im Mündungsgebiet großer Flüsse von Westafrika sowie Mittel- und Südamerikas.

In der Wüste wachsen Bäume nur an Wasserläufen oder wenn wenigstens ab und zu etwas Regen fällt. Dies ist auch möglich mit anfangs künstlicher Bewässerung, bis die Bäume Grundwasseranschluss haben wie z. B. in Oasen.

Dort können z. B. überleben:

- Einige Palmenarten in Afrika und Asien benötigen extrem wenig Wasser, die eindrucksvolle Kanarische Dattelpalme kommt z. B. mit 250 mm Jahresniederschlag aus;
- Flaschenbäume: Der Affenbrotbaum (Baobab) in Savannen südlich der Sahara in Afrika kann Wasser im Stamm speichern, der extrem anschwillt, und so lange Trockenzeiten überstehen. Er kommt mit 90 mm Jahresniederschlag aus;
- Die Welwitschie entwickelt ihren Stamm in den Sand des Wüstenbodens der Namib-Wüste Südafrikas, sie ist daher allerdings kein Baum. Sie kommt mit 10 mm Jahresniederschlag aus und nutzt auch nächtlichen Tau.

*Sumpfzypresse auf einem nassen Standort mit „Atemknien“*

Weitere, nicht ganz so extreme Beispiele sind Bäume in Mooren (z. B. Moor-Birke), auf Nassstandorten (Schwarz-Erle) und auf Felsen (z. B. Wald-Kiefer).

*AR*

## 98. Wie reguliert ein Baum seinen Wasserhaushalt?

Bei tiefergehenden Untersuchungen zum Thema Trockenstress wurden 42 Reaktions- und Anpassungsmechanismen gefunden, die hier nicht alle darstellbar sind (zum Anteil durch den Wassertransport im Baum siehe Frage 99, ansonsten auch Frage 101). Daraus ergeben sich als die wesentlichen Regulationsmechanismen folgende:

- die Öffnung/Schließung der Spaltöffnungen (als Verdunstungsschutz);
- Einrollen/Einklappen/Hängemodus der Blätter (um die Einstrahlungsfläche zu reduzieren);
- Blattzittern (zur Kühlung);
- Blattabwurf, Triebabsprünge (zur Reduktion der Verdunstungsfläche);
- Kurztriebbildung (Herunterfahren der Biomasseproduktion);
- Absterben von Zweigen oder Kronenbereichen („Eidechsenprinzip“: Aufgabe eines Kronenteils);
- Anpassung der Blattgröße und Oberflächenbeschaffenheit der Blätter: Wachsschicht, Behaarung, Farbe, Lappung, Fiederung;
- Anpassung der Leitfähigkeit im Stamm und in Wurzeln sowie Ästen (maßgeblich von der Holzanatomie abhängig: Jahrringbreite, Ringporer/Zerstreutporer/Nadelholz, Splintholz)
- Erhöhung der Wasserspeicherfähigkeit im Stamm (am größten bei Nadelholz und Zerstreutporern, am geringsten bei Ringporern, und abhängig vom Alter und damit Stammvolumen);
- Wasseraufnahme direkt über die Nadeln, z. B. aus nächtlichem Tau oder Regenschauern;
- Anpassung des Wasserpotenzials (bei Wassermangel Erniedrigung, so dass stärker am Wasser aus dem Boden gesaugt wird).

Dabei kann zwischen kurzfristigen Reaktionen, mittelfristigen und langfristigen Anpassungen unterschie-

*Artkennzeichen der Mehlbeere: silbriger (toter) Haarfilz auf der Blattunterseite*

den werden. Die kurzfristigen wie das Schließen der Spaltöffnungen können innerhalb von Sekunden ablaufen, mittelfristige in Wochen, Monaten oder ggf. zwischen Jahren, und die langfristigen sind schließlich sogar Artmerkmale, die angeboren sind und vererbt werden (z. B. Blattbehaarung).

*AR*

## 99. Wie funktioniert der Wassertransport im Baum?

An den Blättern verdunstet unter bestimmten Umgebungsbedingungen durch die Spaltöffnungen ein großer Teil des Wassers aus dem Blattinneren, was zu einer Saugspannung (negatives Wasserpotenzial) führt. Da die Wassermoleküle durch Kohäsionskräfte aneinanderhaften, wird dadurch ein Wasserfaden in den Leitbahnen aus den Zweigen zum Blatt gezogen, von den Zweigen setzt sich die Saugspannung in die dickeren Äste und den Stamm fort, dorthin aus den Wurzeln. Dies führt zum Wasserstrom durch den ganzen Baum. So werden schließlich auch in den Wurzeln die Wassermoleküle nach oben gezogen, und die Wurzeln nehmen Wasser aus dem Boden auf (solange dort Wasser verfügbar ist). Dieser Transpirationssog ist die treibende Kraft des Wassertransportes im Baum. Er wird auch als Saftfluss bezeichnet und messbar, z. B. mit in den Stamm eingebrachten Temperatursensoren, so dass man den Wasserverbrauch eines Baumes zu einem bestimmten Zeitpunkt berechnen kann.

Die Geschwindigkeit des Wassertransportes kann an heißen Sommertagen bei Nadelbäumen 1 m/Std. betragen, bei Zerstreutporern bis zu 5 m, bei Ringporern bis zu 30 m/Std. Hören kann man dies nie, auch nicht mit einem Stethoskop.

*Ein Riesenmammutbaum muss das Wasser bis zu 90 m hoch hinauf transportieren*

Beim Austreiben der Bäume im Frühjahr spielt Osmose eine wichtige Rolle, da durch sie ein begrenzter Wasserstrom ohne Transpiration möglich ist (sog. Frühjahrssaft und Wurzeldruck). Als Osmose wird die Diffusion von Lösungen durch eine semipermeable Membran bezeichnet. Semipermeabel bedeutet, dass eine solche Membran zwar für Wasser, nicht aber für andere darin gelöste Stoffe wie Zucker durchlässig ist. Durch den Wassereinstrom kann es dabei zur Druckbildung in Organen kommen.

*AR*

## 100. Können Bäume eine Embolie bekommen?

Im Holz der Bäume befindet sich ein System von Wasser-Leitungsbahnen. Diese bestehen aus mehr oder minder feinen, nur selten mit bloßem Auge zu erkennenden Röhren. Generell werden diese aus langgestreckten, aber abgestorbenen Pflanzenzellen gebildet, die miteinander in Längsrichtung in Verbindung stehen. Dieses Röhrensystem ist in gewissem Maße auch quervernetzt und läuft meist nicht gerade, sondern spiralig im Stamm aufwärts. So wird das Wasser auch über den ganzen Stamm verteilt. Der Aufbau dieses Röhrensystems unterscheidet sich im Holz von Nadelbäumen (nacktsamigen Pflanzen) und Laubbäumen (bedecktsamigen Pflanzen). Es ist vollständig mit Wasser gefüllt, so dass eine durchgehende Wassersäule von der Wurzelspitze bis zum obersten Blatt gebildet wird (siehe Frage 99).

Sowie dieser Wasserfilm reißt und ein Gas in die Röhre eintritt (also eine Embolie entsteht), kommt hier der Wassertransport zum Erliegen und kann nur schwer repariert werden. Dies kommt besonders häufig vor, wenn die Leitungsbahnen älter werden, so dass sie schließlich für den Baum gänzlich unbrauchbar sind. Sie werden dann in der Regel verstopft und versiegelt. Dafür werden jedes Jahr durch das Dickenwachstum neue Leitungsbahnen außen auf den Holzkörper aufgelegt, die die alten ersetzen. Einige Baumarten mit besonders großen Leitgefäßen (ringporige Hölzer) leiten Wasser nur auf dem äußersten Jahrring, während andere (zerstreutporige Hölzer) noch ein paar mehr Jahrringe nutzen.

Embolien können auch durch weitere Ursachen entstehen. Bei extremer Trockenheit mit ausgetrockneten Böden kann der Wasserfaden reißen. Auch Verwundungen des Holzkörpers können zu Lufteintritt führen. Dies kann durch holzbohrende Insekten, aber auch bei Baumschnittmaßnahmen geschehen. Es sind gerade die Embolien und damit verbundene Änderungen des Innendrucks in den Wasserleitungsbahnen, auf die Bäume passiv und aktiv mit einer Abschottung der betroffenen Teile reagieren. Ist der Schaden zu umfassend und die Embolien zu ausgedehnt, kann dies aber auch zum Tode des Baumes führen.

*UP*

## 101. Wie können sich Bäume und Sträucher vor Sonne und Trockenheit schützen?

Bäume sind der Sonne und auch zunehmend Trockenheit ausgesetzt. Um vor allem die empfindlichen Blätter zu schützen, haben sie mehrere Mechanismen entwickelt.

So weisen einige Arten eine **dichte Behaarung** auf, vor allem an der Blattunterseite, auf der gehäuft die Spaltöffnungen sitzen. Diese Haare bestehen aus abgestorbenen Zellen und sind durch ihre meist silbrige Färbung auffällig. Die Mehlbeere ist ein auffälliges Beispiel hierfür (siehe Frage 98).

Die **Ausbildung kleiner Blätter oder sogar eine weitgehende Reduzierung der Blattfläche** setzt die Verdunstung stark herab. Beim Besen-Ginster sind die Blätter beispielsweise weitgehend reduziert.

**Steife oder ledrige Blätter**, wie sie in unseren Breiten viele immergrüne Gehölze wie die Stechpalme oder Efeu aufweisen, setzen die Verdunstung ebenfalls herab. Die steifen Blätter weisen oft mehrere Schichten von Epidermis-(„Haut"-)Zellen auf; zusätzlich sind manchmal auch die Zellwände

*Kleine, fast ledrige Blätter wie bei dem Kretischen Ahorn (Acer sempervirens) sind eine Anpassung an trockene und warme Standorte. Die Verdunstung ist reduziert*

versteift. Bei Trockenheit bleiben diese Blätter funktionsfähig, da sie nicht „schlapp" machen. Immergrüne Eichen des Mittelmeergebietes wie die Stein-Eiche weisen solche Blätter auf.

Ein **rötlicher Blattaustrieb** fällt bei vielen Laubgehölzen unserer Breiten auf. Von Jahr zu Jahr kann die Färbung recht unterschiedlich ausfallen. Beim Austrieb werden zunächst Carotinoide und Anthocyane, die für die gelb-orangen bzw. roten Farbtöne verantwortlich sind, in den jungen Blättern sichtbar. Erst, wenn es wärmer wird, wird Chlorophyll produziert, und das Blatt färbt sich grün. Die jungen rötlichen Blätter sind damit ein wenig besser vor Kälte (und Spätfrostschäden) geschützt. Zugleich bieten sie Schutz vor ultravioletter Strahlung, die jungen Blätter können nicht so schnell Sonnenbrandschäden erleiden. Vor allem in relativ kalten Frühjahren ist das Phänomen der Rotfärbung intensiver und länger wahrzunehmen. Berg-Ahorn, Weißdorn, Feld-Ahorn oder Stiel-Eiche sind nur einige der Baumarten, bei denen dieses Phänomen beobachtet werden kann.

Eine **tiefe Durchwurzelung** ist eine weitere Möglichkeit, sich vor Trockenzeiten zu schützen. Einige Baumarten können über 10 m tief wurzeln. Dies hängt jedoch wesentlich von der vorhandenen Bodenart ab.

Auch in Frage 98 werden Aspekte behandelt, wie ein Baum seinen Wasserhaushalt regulieren kann.

*EJ*

*Im Frühjahr sind die jungen Blätter vieler Gehölze rötlich gefärbt, wie hier beim Berg-Ahorn (links) oder der Trauben-Eiche (rechts) – damit können niedrigere Temperaturen und ultraviolette Strahlung besser überstanden werden*

## 102. Bilden Bäume im Regenwald auch Jahrringe?

Weit verbreitet wird angenommen, dass Bäume in den Tropen keine Jahrringe entwickeln. Dabei treten sie bei gar nicht so wenigen Bäumen auch dort auf, sind aber schwierig(er) zu erkennen und schwer von Dichteschwankungen im Jahresverlauf zu unterscheiden. Regelmäßige Jahrringe treten dort vor allem in Regionen mit einer saisonalen Dürrezeit auf, wenn die Bäume ihre

Blätter abwerfen (müssen). So gibt es zumindest in den Subtropen Regionen mit Jahreszeiten, wenn diese auch völlig anders charakterisiert sind als hier bei uns. Es irritiert bisweilen etwas, wenn auch dort vom Winter die Rede und damit meist die Trockenzeit gemeint ist.

Regenwälder gibt es im Übrigen auch in der gemäßigten Zone, z.B. an der Westküste Nordamerikas und anderswo in Meeresnähe in der Hauptwindrichtung vom Meer. Dort entwickeln jedoch alle Baumarten Jahrringe wegen der dunkleren und kühleren Ruhephase im Winter.

Palmen bilden keine Jahrringe aufgrund ihres nur primären Dickenwachstums (s. Frage 1). Dabei wird zunächst im frühen Baumleben der Stamm in seinem Enddurchmesser fertig entwickelt, bevor das Höhenwachstum einsetzt und sich die Stammspitze quasi nach oben schiebt. Dann verändert sich die Stammdicke kaum noch, und es entsteht so meist kein nach oben dünner werdender Stamm. Dies alles führt zu eingeschränkter Reparaturfähigkeit bei Stammverletzungen und -schädlingen. Palmen haben deshalb auch Probleme mit schärferem Frost, aber Vorteile gegenüber Schlingpflanzen, da diese ihren Stamm nicht einschnüren können. Allerdings ist das Höhenwachstum biomechanisch stärker begrenzt als bei Nadel- und Laubbäumen mit fortlaufendem Dickenwachstum.

*Palmen bilden keine Jahrringe und die meisten entwickeln daher keinen nach oben dünner werdenden Stamm*

AR

## 103. Wie sieht der Tages- bzw. Jahresablauf eines Baumes aus?

Diese Frage ist schwierig in der Kürze zu beantworten, es folgt daher nur eine Aufzählung.

Im **Tagesverlauf** beginnt kurz vor Sonnenaufgang in der Vegetationszeit die Photosynthese, verbunden mit Verdunstung von Wasser aus den Blättern, solange die Spaltöffnungen offen sind. Es kommt zur Zucker- bzw. Stärkeproduktion, Wasserverlusten, -transport und -aufnahme, ggf. zur Blütenöffnung und Blattbewegung. Im **Wochen- und Monatsverlauf** können die Bildung von Totästen und Totholz sowie Zweigabsprünge auftreten. Bei einigen Arten

*Das Austreiben der Rosskastanie ist ein spektakulärer Vorgang im Frühjahr*

können sich trockenheitsbedingt die Blätter einfalten (Robinie) oder einrollen (Kirsche), der Stamm schrumpft, bei Bedarf werden Duft- oder Abwehrstoffe abgegeben.

Im **Jahreslauf** kann in warmen Winterperioden mit der Rinde an jungen grünen Zweigen einiger Baumarten (z. B. bei Linden) Photosynthese betrieben werden. Bei Winterblühern erfolgt die Blüte schon im Januar (z. B. Baum-Hasel) oder im März (Ulmen). Ansonsten beginnt im zeitigen Frühjahr das Knospenschwellen, nachfolgend die Knospenöffnung, zuvor, zeitgleich oder danach die Blütenentfaltung, das Trieblängen- und Wurzelwachstum (Ende im Frühjahr oder Sommer) und Jahrringbildung/Dickenzuwachs an Stamm und Ästen. Im Sommer kann es hitzebedingt zu Blattfall kommen, sonst im Herbst, von Frühjahr bis Herbst zu Fruchtreife und Fruchtfall, Speicherstofferzeugung, -transport, -deponie und -verbrauch, Schädlingsbefall und -abwehr. Im Winter herrscht über einen längeren Zeitraum ein Ruhezustand, er kann aber unterbrochen werden in Wärmeperioden. Durch Stürme oder Schneelast/Eisanhang können dann Äste und Stammteile abbrechen.

*AR*

# Alter

## 104. Warum sind Bäume nicht unsterblich?

Bäume sterben, wenn

- einer der 3 Grundfaktoren zum Überleben (siehe Frage 75) längere Zeit nicht mehr vorhanden ist,
- die Stoffwechselvorgänge (z. B. Wassertransport oder Photosynthese) blockiert werden oder
- alle Teile ihres Körpers nicht mehr weiterleben können.

Dies kann z. B. durch altersbedingtes Erschöpfen des Wachstumspotenzials, Schädigung/Schädlinge, Krankheiten, Vertrocknen, Feuer, Erfrieren, Überhitzung oder extreme Umweltveränderungen erfolgen.

Oft lässt sich das Absterben aber nicht sicher vorhersagen, da Bäume über beeindruckend viele und effektive Reaktions- und Anpassungsmöglichkeiten verfügen, oder weil sich die Bedingungen plötzlich wieder verbessern können (z. B., wenn ein Schädling selbst abstirbt).

*Massives Absterben von Feld-Ulmen durch einen Pilz, der vom Ulmensplintkäfer übertragen wird*

Ein bekanntes Beispiel für verheerende Krankheiten ist das sog. „Ulmensterben", das innerhalb von Jahrzehnten Millionen von (vor allem Feld-)Ulmen dahingerafft hat.

Bei einem Wiederaustrieb aus der Wurzel nach oberirdischem Absterben (z. B. durch Absägen, Feuer oder Stammbruch bei Sturm) wird das Baumalter beim neuen Stamm nicht weitergezählt, sondern beginnt neu mit dem ersten Jahr des Austreibens (vgl. Frage 108).

*AR*

## 105. Warum werden Bäume meist nicht so alt, wie sie es eigentlich werden können?

Hauptgrund für ein vorzeitiges Altern und Absterben von Bäumen ist zu langer oder zu extremer Stress. Dies gilt vor allem für Bäume in der Stadt und ganz besonders an Straßen: versiegelter, verdichteter Boden und zu wenig Wurzelraum, Streusalzeintrag, Baumaßnahmen, zuviel oder falsche Baumpflege, übertriebene Verkehrssicherheits-Erwartungen (Kappungen). Aber auch natürliche Stressfaktoren können dazu führen: Krankheiten, Schädlinge, Waldbrände, Sturm, Überflutung, Trockenstress, bei jungen Bäumen auch Spätfröste und Beschädigungen. Erhebungen haben gezeigt, dass Stadtbäume etwa die Hälfte der Lebenserwartung wie am natürlichen Standort haben, Straßenbäume meist nur ein Viertel. Das bedeutet z. B. beim Berg-Ahorn mit 500 Jahren Höchstalter, dass er in der Stadt in Parkanlagen und Gärten 250 Jahre alt wird und an der Straße nur etwa 100 Jahre.

*Extremer Stadtstandort mit eingepferchtem Wurzelraum im Oberboden*

Das liegt nicht nur an Stress und Schäden, sondern maßgeblich auch an den verschärften Verkehrssicherheitserwartungen und -regelungen: Stadtbäume werden oft abgesägt, da sie zu unsicher oder auch einfach zu groß werden. Übervorsicht hat dann automatisch einen frühe(re)n Baumtod zur Folge. Sehr alte Bäume stehen daher oft in Dörfern, wo der Lebensraum noch relativ naturnah ist und die Bäume an Plätzen und Hofeingängen erhöhte Wertschätzung und Rücksicht erfahren. Dies trifft auch in städtischen Parkanlagen zu, wo sich meist Profis um den Baumbestand kümmern. Weiteres siehe unter „Nationalerbe-Bäume“ (Frage 199) und „Tanzlinden“ (Frage 201).

*AR*

## 106. Wie kann man das Alter eines Gehölzes abschätzen?

Der naheliegendste Ansatz dazu ist wohl: je dicker, umso älter. Und so findet man alle möglichen Handreichungen, wie man aus dem Stammumfang eines Baumes auf sein Alter schließen kann, z.T. soll es auf ein Jahr genau möglich sein. Was natürlich gar nicht möglich ist, denn die Baumarten wachsen sehr unterschiedlich schnell, als Extreme seien Hybrid-Pappeln und Eiben genannt. Außerdem leuchtet sicher sofort ein, dass sich der Standort, vor allem die Wasser- und Nährstoffversorgung oder Beschattung, auswirken muss. In der Stadt spielen alle möglichen Störungen im Wurzelraum eine große Rolle, in Parkanlagen und im Wald die Konkurrenz durch Nachbarbäume. Und natürlich ist auch entscheidend, ob es ein mittelalter, alter oder sehr alter Baum ist – denn im Alter kann ja der Zuwachs nicht mehr wie in der Jugend sein.

So kann man zu baumartenspezifischen Faktoren kommen, bei denen man die Altersspanne im Baumleben mitberücksichtigen muss (jung, mittelalt, alt), dann können durchaus interessante Ergebnisse herauskommen. Sehr schwierig wird es bei den Uraltbäumen ab 300 Jahren, denn dazu müsste man viel mehr über die Lebensumstände während der langen Lebenszeit wissen, als es jemals aus dem heutigen Zustand und möglichen Unterlagen herleitbar ist. Sehr verbreitet ist dabei auch Rekordjagd die Motivation, und es werden zahlreiche Bäume zum ältesten Exemplar dieser Baumart oder

*Diese „1000-jährige Eibe“ ist nach Untersuchungen etwa 400 Jahre alt und aus mehreren verwachsenen Stämmen entstanden*

gar Deutschlands gemacht. Dafür gibt es reichlich Beispiele in jüngerer Zeit, und das Internet lässt der Phantasie und dem Erfinden von Geschichten freien Lauf und vergisst (fast) nichts (siehe auch Frage 107)

Welcher der älteste Baum Deutschlands sein könnte: siehe unter Frage 108.

*AR*

## 107. Gibt es weitere Anhaltspunkte für die Altersabschätzung von Bäumen?

Relativ einfach ist die Altersbestimmung von Bäumen im Wald, wenn es sich um einen gepflanzten Bestand handelt, denn dann sind das Pflanzjahr und das Alter der Jungbäume in den Forstämtern meist bekannt. Bei großen alten Baumveteranen in Garten- und Parkanlagen kann es ähnlich sein. Zumindest dann, wenn Pflanzdaten noch in der Garten- oder Parkverwaltung vorhanden sind. Das ist oft dann der Fall, wenn der Baum z. B. zu einem besonderen Anlass gepflanzt wurde. Wenn keine genauen Unterlagen vor-

*Foto einer Baumscheibe mit Jahrringen und Foto einer Fichte mit Astquirlen (Foto: E. Jablonski)*

handen sind, kann man das Baumalter folgendermaßen eingrenzen.

1. **Zählen der Astquirle**: Fichte, Kiefer und Tanne bilden jedes Jahr nur einen Astquirl aus. Bei jüngeren, noch bis unten beasteten, bis ca. 30 Jahre alten Bäumen muss man nur die Anzahl der Astquirle zählen und erhält das Baumalter.
2. **Zählen der Triebbasisnarben**: Bei jüngeren Laubbäumen kann man das Alter anhand der noch sichtbaren Triebbasisnarben bestimmen. Dazu fängt man von der Baumspitzen an herunterzugehen und zählt die Triebbasisnarben. Jede Narbe steht für ein Jahr.
3. **Zählen der Jahresringe**: Nach dem Fällen des Baumes wird die unterste Baumscheibe getrocknet und so fein geschliffen, dass die Jahresringe deutlich sichtbar werden. Durch das Zählen der Jahrringe lässt sich das Baumalter ziemlich genau bestimmen. Allerdings gibt es bei einigen Baumarten auch mal falsche Jahrringe. Bei nicht gefällten Bäumen kann man über eine spezielle Bohrkernentnahme ebenfalls die Jahrringe zählen.
4. **Schätzen**: Dies ist die unsicherste Methode. Man muss über sehr viel Erfahrung verfügen und die Standortfaktoren mit einberechnen. Darüber hinaus gibt es Datenbanken, die über Stammumfangs-, Größen- und Altersangaben verfügen. Sucht man sich die entsprechenden Daten für die entsprechende Region heraus, kommt man zu halbwegs sicheren Altersschätzung.

*VM*

## 108. Wie alt ist der älteste Baum Deutschlands bzw. der Welt?

Dazu ist vorab kurz zu klären, wie man dafür das Baumalter ermittelt, denn dabei gibt es alle möglichen Tricks, um ein scheinbar höheres Alter zu erhalten. In Deutschland werden dafür ungefähr 20 Kandidaten genannt – glaubt man den Angaben, die gerne vor Ort zu den Bäumen gemacht werden. So wird bei einer Internet-Recherche als ältester Baum Deutschlands am häufigsten die Linde in Schenklengsfeld genannt, und so bewirbt die Gemeinde sie auch. Allerdings ist diese Angabe falsch, denn es handelt sich bei den heute dort stehenden 4 Stämmen um Wiederaustriebe eines Vor(vor)gängers. Sollte der ursprüngliche Baum tatsächlich im Jahr 760 gepflanzt worden sein, wie gesagt wird, wären es heute sicher die 3. oder 4. Wiederaustriebe. Wenn man bei Wiederaustrieben das Alter des Vorgängerbaumes weiterzählt (also z.B. 3-jährige Austriebe eines abgesägten 100-jährigen Nussbaumes als 103-jährig bezeichnet), gibt es sicher ernstzunehmendere Kandidaten als die Linde in Schenklengsfeld, denn deren heutige Stämme sind nur etwa 200 Jahre alt.

Am wahrscheinlichsten dürften die Eiche in Erle oder die Eibe in Balderschwang mit 800–1000 Jahren die ältesten Bäume Deutschlands mit noch erhaltenen Stammresten des Ursprungsbaumes sein.

Größte Einigkeit besteht, dass der älteste Baum der Welt eine Langlebige Grannen-Kiefer im Hochgebirge Nevadas (USA) ist, mit knapp 5000 Jahren des Ursprungsstammes, der heute noch in Teilen steht und lebt. Ein Ginkgo in China bringt es auf glaubhafte 3700 Jahre. Aber auch weltweit gibt es abweichende Meinungen, und da das Internet nichts vergisst, halten sich Falschmeldungen hartnäckig, so z.B., dass der älteste Baum der Welt mit 9700 Jahren eine Fichte in Schweden sei. Bei einer Herangehensweise wie oben beschrieben konnte aber nachgewiesen werden, dass dieser Baum gerade einmal 80 Jahre alt ist.

*AR*

*Ernstzunehmender Kandidat für Deutschlands ältesten Baum: die Stiel-Eiche in Erle (NRW)*

## 109. Haben Bäume ein Gedächtnis?

Bäume haben weder ein Gehirn noch ein Gedächtnis (auch wenn in letzter Zeit bisweilen solches behauptet wird). Sie können nicht denken und aktive Entscheidungen treffen wie wir Menschen.

Sie speichern aber im etwas weicheren Sinne Erfahrungen, dadurch können sie „lernen" und sich extrem gut und dauerhaft anpassen, darüber besteht weitgehend Einigkeit. Sie können demzufolge gespeicherte Erfahrungen nicht aktiv abrufen, aber diese werden bei gegebenen Anlässen automatisch eingesetzt. Das wird an zwei Beispielen in Frage 110 erläutert.

Häufig werden die Jahrringe auch als das Gedächtnis der Bäume bezeichnet (im übertragenen, etwas vermenschlichten Sinne). Damit ist gemeint, dass in ihnen viele Information gespeichert sind, was sich in bestimmten früheren Jahren ereignet hat: negative Ereignisse wie Kahlfraß, Trockenstress, Spätfrost, Beschädigung, Wurzelverluste; und positive wie Freistellung (Beseitigung von Konkurrenzbäumen), warme Frühjahre, feuchte Sommer oder eine lange Herbstzeit.

Aber auch die gesamte Gestalt des Baumes kann einen sehr hohen Informationsgehalt über die Lebensgeschichte eines Baumes liefern und uns „Geschichten darüber erzählen": die Sprache, die Körpersprache der Bäume. Denn wo Stammteile und Äste verholzt sind, können sie nicht nachträglich sofort ihre Gestalt verändern, sondern erst im Laufe sehr vieler Jahre. Wurde ein älterer Baum z. B. vor 50 Jahren mitten am Stamm abgesägt (gekappt), so ist dies in der Regel noch heute und für weitere Jahrzehnte sichtbar an einem abrupten Absatz im Stamm mit vielen Stämmlingen (Ständern) darüber.

*AR*

*Rosskastanie mit zahlreichen Ständern als Folge einer Stammkappung vor etwa 30 Jahren*

## 110. Wie können Bäume Informationen speichern?

Wie die Speicherung von Informationen bei Bäumen funktioniert, soll an zwei häufigen Beispielen erläutert werden.

**Jahrringe:** in Trockenjahren werden engere Jahrringe gebildet, nicht weil der Baum es will, sondern weil weniger Ressourcen zur Verfügung stehen und dadurch nur weniger Biomasse gebildet werden kann. Engere Jahrringe sind durch ihren höheren Zellwandanteil weniger trockenstress-anfällig als breite Jahrringe. Das hat zur Folge, dass in den Nachfolgejahren in diesen Jahrringen zwar weniger Wasser geleitet werden kann als in den breiteren aus der Zeit davor, aber das Embolierisiko (Gefahr von Lufteintritt und damit Reißen des Wasserfadens) ist verringert, wenn weiterer Trockenstress auftritt. Damit ist die Wasserleitung für einige (bis zu 20) Jahre sicherer und somit besser an Trockenheit angepasst als zuvor.

*70-jähriger Eichenstammquerschnitt mit Verletzung im Alter 20 und Bedrängung seit 30 Jahren*

**Blattanatomie:** Blätter im Schatten der eigenen Baumkrone haben einen deutlich anderen inneren Aufbau, sind größer und dünner als Blätter aus der Lichtkrone: Sie sind speziell an Schatten angepasst durch die Lichtmenge während ihrer Anlage (im Vorjahr in den Knospen) und während des Austreibens. Dadurch können sie im Schatten mehr Zucker produzieren als Lichtblätter, die demselben Schatten ausgesetzt sind. Andererseits können sie bei plötzlicher Besonnung regelrecht verbrennen, da sie daran nicht angepasst sind. Umgekehrt kommen sonnenangepasste Blätter mit der starken Einstrahlung gut zurecht und verkümmern, wenn sie plötzlich wochenlang ganztägig in starken Schatten gelangen. Solche Anpassungen und damit Informationsspeicherungen können an allen Pflanzenorganen erfolgen (neben Blättern auch an Ästen, Stamm und Wurzeln) und laufen fortwährend automatisch ab durch die oben beschriebenen und weitere Prozesse.

*AR*

## 111. Kann man mit Hilfe von Bäumen das Alter von Häusern bestimmen?

Durch die Abfolge der Jahrringbreiten im Baumleben lässt sich mit Hilfe der sog. Dendrochronologie ein sehr alter Holzbalken aus einem Fachwerkhaus oder einem Kirchturm-Dachstuhl datieren, wenn bestimmte Voraussetzungen zutreffen:

- dass irgendwo an einem Balken Rinde zu erkennen ist (die „Waldkante"), um das letzte Jahr des damals lebenden Baumes zur Verfügung zu haben,
- dass aus der Region eine Jahrringchronologie über Jahrhunderte bis heute zur Verfügung steht.

Dann macht man durch den Balken einen Querschnitt und zeichnet die Jahrringbreiten aus dem Zeitraum vor der Fällung des Baumes auf. Diese Abfolge ist bei längeren Zeitabschnitten (mindestens 30 Jahre) immer einmalig durch die Klimavariabilität. Durch Überlappung der Jahrringkurven von mindestens 10 Jahren lässt sich dann der genaue Anschluss von einem Balken zu weiteren finden, im besten Falle kommt man so bis zum aktuellen Jahr über die Zuwachskurven. Das ergibt dann eine sog. Chronologie über Jahrhunderte oder gar Jahrtausende.

*Um diese Rundkirche aus dem 12. Jahrhundert jahrgenau zu datieren, muss man im Dachstuhl einen noch ursprünglichen Balken mit Rinde finden*

Wesentlich für die Prüfung sind sog. Weiserjahre: in diesen ist der Zuwachs aller Bäume besonders hoch oder niedrig (gewesen), aufgrund z. B. von Wärme an einem Bergstandort oder von Wassermangel auf einem trockenen Standort.

*AR*

## 112. Sind Bäume Netzwerker?

Dass Bäume untereinander kommunizieren, ist wiederholt erforscht worden. Das kann auf verschiedene Weise vor sich gehen.

Bäume tauschen beispielsweise Kohlenstoff untereinander aus. Mykorrhizapilze können sich mit mehreren Pflanzen aus ihrer Umgebung verbinden. Sie sollten ein dichtes unterirdisches Geflecht bilden, das Pflanzen auch unterschiedlicher Arten miteinander verbindet. Untersuchungen zeigten, dass Keimlinge von Bäumen über diese Pilz-Netzwerke Kohlenstoff von einer Pflanze zur anderen transportieren können. Man entdeckte nun, dass mithilfe der Mykorrhiza-Netzwerke bemerkenswerte Mengen an Kohlenstoff zwischen ausgewachsenen Waldbäumen, auch unterschiedlicher Arten, ausgetauscht werden. So fanden Schweizer Forscher heraus, dass Fichten, Wald-Kiefern, Rot-Buchen und Lärchen durch ein Netzwerk aus Ektomykorrhiza-Pilzen verbunden sind. Die Bäume tauschen vor allem Zucker aus. Nach Schätzung der Wissenschaftler kann jährlich pro Hektar 280 Kilogramm Kohlenstoff zwischen den Wurzeln der Bäume ausgetauscht werden. Dabei können bis zu 40 % des Kohlenstoffs eines Baumes von den Nachbarbäumen stammen. Die Entdeckung dieses „Tauschhandels" bedeutete eine kleine Sensation, ging man doch davon aus, dass Bäume ständig mit anderen Pflanzen um Licht, Nährstoffe und Wasser konkurrieren.

Allerdings handelt es sich hier nur um eine Studie. Die wahre Größenordnung solcher Verbindungen sind bislang nicht bekannt und sollten nicht verallgemeindert werden.

Auch die Kommunikation von Baum zu Baum über andere Wege scheint gesichert – es werden z. B. flüchtige organische Stoffe abgegeben, wie Ethylen; dieses kann von anderen Bäumen aufgefangen und entschlüsselt werden. Afrikanische Akazienarten etwa emittieren verstärkt Ethylen, wenn sie von Fraßfeinden angefallen werden. Benachbarte Bäume können, gleichsam „gewarnt", Bitterstoffe produzieren, die die Blätter ungenießbarer machen. Auch ist bekannt, dass Duftstoffe produziert werden können, die Nützlinge anlocken, also Tiere, die die Fraßfeinde angreifen.

Die Forschung steht erst am Anfang, um die komplexen Interaktionen der Bäume erfassen zu können.

*EJ*

*In Wäldern können Bäume unterschiedlicher Arten wahrscheinlich miteinander kommunizieren. Was sich aber alles genau abspielt, ist noch weitgehend unerforscht*

# Wo und wie leben Bäume?

## Ökologie und Verbreitung

### 113. Welche ökologischen Faktoren bestimmen das natürliche Vorkommen einer Baumart?

Das Vorkommen an bestimmten Standorten im natürlichen Verbreitungsgebiet (Areal, s. Frage 114) einer Art hängt von einer Vielzahl von Faktoren und Prozessen ab. Es ist Ausdruck der Wechselwirkungen zwischen

- inneren Faktoren: genetisch determinierte Lebensraumansprüche wie Wasser-, Nährstoff-, Basen-, Wärme- und Lichtbedarf, Schatten-, Kälte-, Hitze-, Trocken- und Überflutungstoleranz und
- äußeren Faktoren: vor Ort ablaufende ökologische Prozesse einschließlich der Wechselbeziehungen mit anderen Organismen, Konkurrenz und Sukzession (s. Fragen 115 – 118) sowie deren Änderungen im Ergebnis historischer Prozesse wie erdgeschichtlicher Vorgänge, Landschafts-, Vegetations- und Florenwandel.

Unter extremen Standortbedingungen können einzelne Faktoren(komplexe) für das Vorkommen einer Baumart ausschlaggebend sein, so Wärmemangel bei langen Kälteperioden an klimatischer Waldgrenze, Wassermangel in Trockengebieten oder Wasserüberschuss durch Hochwasser in Auen oder Staunässe in Mooren (s. Frage 121).

*PAS*

### 114. Was versteht man unter dem Areal einer Baumart?

Das Verbreitungs- oder Siedlungsgebiet der Pflanzen einer Art nennt man Areal. Das Areal ist ein geographisch abgrenzbarer Raum, innerhalb dessen das Wechselspiel zwischen inneren Faktoren und äußeren Faktoren (s. Frage 113) die Existenz bzw. das Überleben einer Art bestimmt. Es spiegelt spezifische, während der Evolution herausgebildete Verhaltensweisen der Arten bei ihrer Ausbreitung in Raum und Zeit wider. Damit unterliegen Areale in ihrer Ausdehnung einem ständigen Wandel, denken wir an die nacheiszeitliche Erd- und Vegetationsgeschichte oder den gegenwärtigen Klimawandel. Die Kenntnis der Areale und ihrer Dynamik ist für die Verwendung und Nutzung der Gehölze in Gartenbau, Park- und Landschaftsgestaltung oder Forstwirtschaft von Bedeutung. Die überwiegende Zahl der als Zier- und Nutzgehölze bei uns gepflanzten Arten wurde nach Mitteleuropa eingeführt. Kennt man ihre Areale, so lassen sich Schlussfolgerungen zu den Lebensbedingungen im Herkunftsgebiet und den Lebensvorgängen im Anbaugebiet ziehen. Es können Aussagen zur Anbaufähigkeit, zur Kultur und Pflege der Gehölze abgeleitet werden. Dies brachte Karl Förster (1981, S. 15) für Steingartenpflanzen mit dem Satz „Die Verbreitungskarten reißen mit einem Schlage die Schleier der Ahnungslosigkeit hinweg" treffend zum Ausdruck.

*PAS*

## 115. Ist die Kenntnis der Standortansprüche einer Baumart ausreichend für das Verständnis des Vorkommens in bestimmten Lebensräumen?

Der Potenzbereich, also das von der genetischen Reaktionsnorm der Art abhängige Spektrum der eigentlich besiedelbaren Standorte, ergibt sich vor allem aus Wasser-, Wärme- und Lichtbedarf, Basen- und Nährstoffbedarf sowie Kälte- und Trockenheitstoleranz der Arten (s. Frage 113). Die Amplitude der tatsächlich besiedelten Standorte, also der Existenzbereich einer Art, ist oft deutlich enger und wird von weiteren Faktoren bestimmt, so von der Konkurrenz und anderen Wechselbeziehungen mit Pflanzen-, Pilz- und/oder Tierarten, aber auch von artspezifischen Eigenschaften wie Schattentoleranz, Wüchsigkeit (z. B. rasches Jugendwachstum, Hochwüchsigkeit) und Lebensdauer (s. Fragen 116–118) oder Widerstandsfähigkeit gegenüber Schaderregern. Am Beispiel von Rot-Buche, Gewöhnlicher Kiefer und Stiel-Eiche soll verdeutlicht werden, warum es sein kann, dass Baumarten trotz eines weiten Potenzbereichs für sie nicht optimale Lebensräume besiedeln. Auf „mittleren" Standorten (bo-

*Noch sind auf dem buchenfähigen Standort Eichen und Kiefern vorhanden, aber die Buche übernimmt die Vorherrschaft (NW-Polen)*

*Kiefern und Eichen auf Standorten, die sie im Gegensatz zur Buche ertragen und auf die sie ausweichen können (Sächsische Schweiz)*

denfrisch, mäßig bis gut nährstoffversorgt) finden die drei genannten Arten die besten Wachstumsbedingungen. Bei gemeinsamem Vorkommen setzt sich aber die Buche, eine Schattenbaumart (s. Frage 116), durch. Die beiden anderen Arten sind lichtbedürftig und werden auf Standorte verdrängt, auf denen die Konkurrenzkraft der Buche abnimmt oder sie nicht mehr wachsen kann. Die Amplitude der besiedelbaren Standorte bei der Kiefer und Eiche ist deutlich breiter als bei der Buche, sie reicht von trocken (Felsen, Sandböden) bis zu nass (Moore bei Kiefer, Hartholzaue bei Stiel-Eiche). Damit können die beiden Arten auf Lebensräume außerhalb des Dominanzbereiches der Buche ausweichen. Das bedeutet aber nicht, dass sie diese Standorte bevorzugen, sie können sie lediglich ertragen! Bei Gehölzpflanzungen beeinflusst der Mensch den Existenzbereich der Pflanzen. Bei genügend Freiraum oder weiterem Pflanzabstand, wo der Konkurrenzdruck der Pflanzen untereinander gemindert ist, erweist sich das Spektrum geeigneter Arten wesentlich größer, denn die Potenziale der Arten können unter diesen Bedingungen ausgeschöpft werden. Dies wird bei Empfehlungen für Pflanzungen von Gehölzen nach „Lebensbereichen“ berücksichtigt (s. Frage 123).

*PAS*

## 116. Was ist eine Lichtbaumart und eine Schattenbaumart?

Der Lichtbedarf für das Wachstum sowie für die Entwicklung und Fortpflanzung ist bei den Baumarten unterschiedlich hoch und kann sich im Laufe des Lebens eines Baumes ändern. So kann der Lichtbedarf für das Wachstum anfangs noch gering sein, aber mit zunehmendem Alter steigen und zur Blühreife sehr hoch sein, wogegen die Schattentoleranz durchgängig sehr gering ist (z. B. Birken, Aspe). Es gibt alle Übergänge von Baumarten mit hohem Lichtbedarf, den Lichtbaumarten mit meist lichtdurchlässigen Kronen, bis zu den Schattenbaumarten, die viel Schatten ertragen und infolge ihrer dichten, nur wenig Licht hindurchlassenden Kronen Schatten erzeugen (z. B. Buchen). Zu den Lichtbaumarten gehören alle Pionierbaumarten und ein Teil der Intermediärbaumarten (s. Frage 118).

*Lichtbaumarten Birke und Aspe in einem Pionierwald (Umgebung Baikalsee, Sibirien)*

Einige Schattenbaumarten können die zweite Baumschicht in Übergangswaldstadien (s. Frage 117) bilden, z. B.

Hainbuche, oder im Unterwuchs schattiger Schlusswälder überdauern, z. B. Eibe oder Stechpalme. Meist handelt es bei den Schattenbaumarten jedoch um hochwüchsige Klimaxbaumarten, die ein hohes Durchsetzungsvermögen haben und den Schlusswald bilden (s. Fragen 117 – 118).

*PAS*

*Schattenbaumarten Buche in der Baumschicht und Stechpalme im Unterwuchs (Halbinsel Darß, Mecklenburg)*

## 117. Was ist Sukzession?

Unter Sukzession versteht man eine zeitliche Aufeinanderfolge von Pflanzen- bzw. Lebensgemeinschaften bei der fortschreitenden Entwicklung hin zu einem höher organisierten Zustand, der in Übereinstimmung mit den gegebenen Standortbedingungen steht. Auf vegetationsfreien Flächen, die natürlich neu entstehen (z. B. durch Bergrutsch oder Felssturz) oder vom Menschen geschaffen werden (z. B. Abbauflächen wie Kiesgruben, Bergbaufolgelandschaft), beginnt die Sukzession mit einem initialen **Gräser- und Kräuterstadium**. Ein solches Stadium ist schon vorhanden, wenn es sich um Grünlandbrachen (Wiesen, Weiden) oder entwaldete Standorte als Folge natürlicher Störungen (z. B. Sturmschäden) oder menschlicher Eingriffe (Kahlschlag, Brandrodung) handelt. Auf waldfähigen Standorten siedeln sich anschließend Gehölze an und die Entwicklung führt über ein **Gebüsch- oder Vorwaldstadium** zum Wald. Erstbesiedler unter den Bäumen sind meist kurzlebige Pionierbaumarten (s. Frage 118). Sie bereiten in dem sich bildenden **Pionierwaldstadium** den Lebensraum zugunsten an den Standort (Boden, Lokalklima) anspruchsvollerer, langlebigerer Baumarten vor. Es folgt ein strukturreiches Übergangswaldstadium mit Intermediärbaumarten (s. Frage 118). Auf hinsichtlich Nährstoffversorgung und Bodenfeuchte günstigen Standorten werden die meisten der bisher angesiedelten Bäume schließlich durch die konkurrenzkräftigen, schattentoleranten, höhere Ansprüche an das Waldinnenklima stellenden Klimaxbaumarten verdrängt (s. Frage 118). Damit ist das **Klimaxstadium** erreicht, z. B. nemoraler Buchenwald oder montaner Bergmischwald (s. Fragen 119 – 120). Sind die Standorte für diese Arten zu ungünstig, können den Pionierwaldstadien (z. B. Sand-Kiefernwald) oder Übergangswaldstadien (z. B. Eichenwälder) entsprechende Wälder das Endstadium der Sukzession und damit den Schlusswald bilden. Schlusswald bedeutet nicht, dass ein Ruhezustand eingetreten ist. In allen Stadien laufen dynamische Prozesse ab, die sich in **Sukzessionsphasen** wie Verjüngungs-, Reife-, Alters- und Zerfallsphase äußern. Antrieb für Sukzessionsabläufe sind auch Standortveränderungen als Folge ökosysteminterner Prozesse (z. B. Torfakkumulation) oder externer Einflüsse (z. B. Grundwasserabsenkung, Auswirkungen des Klimawandels). Manche boreale Wälder (s. Frage 119) sind auf natürlich auftretende Waldbrände, nach denen die Sukzession wieder mit einem Initialstadium beginnt, angewiesen. So ist Waldbrand Voraussetzung für die Verjüngung einiger Kiefernarten Nordamerikas (z. B. Banks- und Dreh-Kiefer) oder für Sukzessionen, die in der Dunklen Taiga Sibiriens über Pionierwaldstadien wieder zur Fichtentaiga führen, sonst würde eine Vermoorung einsetzen.

*PAS*

*Gräser- und Kräuterstadium der Sukzession nach Zerstörung eines Tannen-Fichtenwaldes durch Wirbelsturm (Hohe Tatra, Slowakei, links); die sich bereits etablierende Buche lässt erkennen, dass es sich bei diesem Elsbeeren-Hainbuchen-Eichenwald um ein Übergangswaldstadium handelt (Sächsisches Hügelland, rechts)*

*Klimaxstadium Buchenwald (Karpaten, Ukraine, links); einem Pionierwald entsprechender Kiefernwald auf Sanddünen (polnische Ostseeküste, rechts)*

## 118. Was sind Pionier- und Klimaxbaumarten?

**Pionierbaumarten** sind lichtbedürftige, in allen Entwicklungsphasen über eine nur sehr geringe Schattentoleranz verfügende Arten. Ihre Lebenserwartung ist meist gering, aber ihr Vermehrungs- und Ausbreitungspotenzial hoch. Sie sind in der Jugend raschwüchsig und produzieren früh und reichlich Samen, deren Ausbreitung meist durch Wind oder Wasser erfolgt. Als Lichtbaumarten finden sie entweder als Erstbesiedler früher Stadien der Sukzession (s. Frage 117) oder als Dauerbesiedler extremer Standorte, die sie ertragen und auf die sie ausweichen können, Existenzbedingungen. Einerseits sind es Arten mit breitem ökologischem Potenzbereich (s. Frage 114), die wegen ihrer Konkurrenzschwäche auf die weniger günstigen Standorte verdrängt werden (z.B. Gewöhnliche Birke, Wald-Kiefer, Aspe). Andererseits sind es Arten, die im Gegensatz zu den meisten Baumarten auf „Sonderstandorten“ wachsen können, so bei langanhaltender Überflutung in der Weichholzaue (z.B. Silber-Weide, Schwarz-Pappel) oder auf Mooren (z.B. Moor-Birke, Moor-Kiefer). **Klimaxbaumarten** sind Schattenbaumarten, sie sind langlebiger, an den Standort (z.B. Nährstoffgehalt, Bestandsinnenklima) anspruchsvoller und besitzen ein hohes Durchsetzungsvermögen (z.B. Buchen, Tannen, Riesen-Lebensbaum). Wegen ihrer Konkurrenzstärke kommen sie zur Vorherrschaft und bilden den Schlusswald (Klimaxstadium, s. Frage 117). Eine Zwischenstellung nehmen die **Intermediär- oder Übergangsbaumarten** ein. Hierzu gehören sowohl Lichtbaumarten, die aber langlebig und hochwüchsig sind (z.B. Eichen), als auch schattentolerante, aber kurzlebige und niedriger bleibende Arten (z.B. Hainbuche). Andere Arten sind in der Jugend schattentolerant und raschwüchsig („Schnellstarter“), benötigen aber mit zunehmendem Alter erhöhten Lichtbedarf für die Stoffproduktion (z.B. Spitz- und Berg-Ahorn, Esche).

*PAS*

*Schwarz-Pappel in der Weichholzaue. Treibgut am Stamm zeigt die Höhe des Hochwassers während der Überflutung an (Pillnitzer Elbinsel, Sachsen)*

## 119. Was sind nemorale und boreale Wälder?

Temperaturgefälle und Humidität (Feuchte durch Meereseinfluss und Niederschläge) bestimmen die Ausprägung der Waldformationen auf der Nordhalbkugel. Mit abnehmender Wärme ergibt sich eine den Klimazonen entsprechende Süd-/Nord-Gliederung der Vegetation, von der warmen (in Europa mediterranen) über die warmgemäßigte (in Europa submediterrane), typisch gemäßigte (nemorale) und kaltgemäßigte (boreale) bis in die kalte (arktische) Zone. Die Humidität bedingt Abwandlungen, die sich in Europa vor allem in einer West-/Ost-Gliederung (von atlantisch bis kontinental) widerspiegeln. Charakteristische **nemorale** Wälder sind die sommergrünen bzw. winterkahlen, laubabwerfenden Laubwälder der typisch gemäßigten Zone unter humiden Klimabedingungen mit Niederschlagsmaxima im Sommer und Kälteperioden im Winter. Sie werden vor allem durch Buchen- und Eichenwälder repräsentiert (siehe Abb.), können aber auch Mischwälder mit Nadelbäumen sein, z.B. Buchen-Bergmischwälder mit

*Nemorale Buchen- und Eichenmischwälder am Rande des Osterzgebirges (Sachsen, links); nemoraler Buchenwald (Fagus crenata) auf Honshu (Japan, rechts)*

*Nemoraler Buchen-Bergmischwald (Fagus orientalis, Picea orientalis, Abies nordmanniana) im westlichen Großen Kaukasus (Russland, links); borealer Fichtenwald (Dunkle Taiga; Picea ×fennica) in NO-Europa (Russland, rechts)*

Tanne und Fichte. **Boreale Wälder** sind die Nadelwälder der nördlichen, kaltgemäßigten Zone mit länger andauernder Kälteperiode, tieferen Wintertemperaturen und kürzerer Vegetationsperiode (nur 1–4 Monate mit Mitteltemperatur über 10 °C). Die einen breiten Nadelwaldgürtel im nördlichen Eurasien und Nordamerika bildenden borealen Wälder werden auch als Taiga bezeichnet. Dabei unterscheidet man zwischen „Dunkler Taiga" mit Fichten, Tannen und Zirben und „Heller Taiga" mit Kiefern und Lärchen. Auf Dauerfrostböden herrschen die winterkahlen Lärchen vor, denn die immergrünen Nadelbäume würden im Winter bei erhöhter Sonneneinstrahlung auf den tief gefrorenen Böden an

*Borealer Lärchenwald (Helle Taiga; Larix gmelinii agg.) im Fernen Osten Russlands*

Wassermangel leiden (Frosttrocknis). Eine gewisse Entsprechung finden die borealen Wälder in den hochmontanen und subalpinen Gebirgsnadelwäldern (s. Frage 120).

*PAS*

## 120. Was sind montane und subalpine Wälder?

*Montaner Tannen-Fichten-Buchenwald im Erzgebirge (Sachsen)*

Mit zunehmender Höhenlage in den Gebirgen bedingen abnehmende Wärme, längere Kälteperioden und kürzere Vegetationsperioden eine höhenzonale Gliederung der Vegetation, die Höhenstufen. Die untere Berglandstufe bildet mit submontanen Laubwäldern den Übergang zum Hügelland. Die typischen **montanen Wälder** in der mittleren Berglandstufe sind meist Bergmischwälder mit Laub- und Nadelbäumen (z. B. Fichten-Tannen-Buchenwälder), während in der hochmontanen Stufe die Nadelbäume vorherrschen. Die Obergrenze hängt von der geographischen Breite ab, in Mitteleuropa liegt sie zwischen etwa 1000 m (Harz) und 1400–1800 m ü. M. (Alpen). Oberhalb der geschlossenen Bergwälder schließt sich in den Hochgebirgen ein Übergangsbereich zur baumfreien alpinen Vegetation an, die subalpine Stufe. Hier lockert sich zunächst der Wald auf

*Hochmontaner Fichtenwald (Picea jezoensis) in den Japanischen Alpen (links); rechts Übergang hochmontaner in subalpine Fichten-Tannen-Wälder (Picea jezoensis, Abies nephrolepis) mit Krummholz aus Zwerglebensbaum (Microbiota decussata) und Azaleen (Rhododendron dauricum agg.) im Sichote-Alin (Ferner Osten Russlands)*

*Übergang subalpiner Kiefernwälder (Pinus heldreichii) in Krummholz aus Latschen-Kiefer (Pinus mugo) im Pirin (Bulgarien, links); reines Krummholz aus Zwerg-Zirbe (Pinus pumila) in den Japanischen Alpen (rechts)*

und es kommen **subalpine Wälder**, auf der Nordhalbkugel meist lichte Nadelwälder (z.B. mit Gewöhnlicher Fichte, Europäischer Lärche und Zirbel-Kiefer in Mitteleuropa), vor, bis die klimatische Waldgrenze erreicht wird. In der folgenden Kampfwald- und Krummholzstufe wachsen anfangs noch Baumgruppen oder einzelne Bäume und dann nur noch Krummholz. Dieses kann von niedrigwüchsigen Kiefern mit niederliegenden oder aufsteigenden Stämmen (z.B. Latschen-Kiefer oder Leg-Föhre in Mittel- und SO-Europa, Zwerg-Zirbe

*Durch Weidenutzung nach unten verlagerte Waldgrenze im Kasbek-Gebiet (Großer Kaukasus, Georgien)*

in Japan oder Birken und Rhododendren (z.B. Großer Kaukasus) gebildet werden. Die Höhenlage der Waldgrenze ist in den einzelnen Hochgebirgen unterschiedlich, außerdem wird sie von Klimaschwankungen und der Weidenutzung beeinflusst. In Gebirgen mit Alm- oder Wanderweidewirtschaft wurde die Waldgrenze durch Rodungen zur Gewinnung von Sommerweiden und Viehverbiss nach unten verlagert.

*PAS*

## 121. Was versteht man unter der Baumgrenze?

Unterschreiten bestimmte ökologische Faktoren Werte, die Voraussetzung für Wachstum und Entwicklung von Bäumen sind, werden diese kleinwüchsig, kommen nicht mehr zur Samenbildung oder sterben ab. Es ist die Baumgrenze erreicht. Im klimabedingten subalpinen und subarktischen Waldgrenz-

*Subalpines Krummholz aus Latschen-Kiefer und alpine Gras-, Stein- und Felsfluren oberhalb der klimatisch bedingten Baumgrenze in der Hohen Tatra (Slowakei, links); rechts Zwerg-Birke (Betula nana) als Spalierstrauch in der subarktischen Zone Nordeuropas (Norwegen)*

*Trockenheitsbedingte Baumgrenze in der Halbwüste Patagoniens, links; Baumgrenze an der Küste: Einige Lärchen (Larix gmelinii agg.) bilden trotz extremer Windschur Stämme aus und erreichen ein hohes Alter, bleiben aber nur mannshoch (Pazifikküste Region Primorje, Russland, re.)*

bereich kommen noch Baumgruppen oder zumindest einzelne Bäume vor (siehe Frage 120). Wenn der Wärmemangel in der Wachstumszeit ein Baumwachstum nicht mehr ermöglicht (temperaturbedingte Baumgrenze), fallen die Bäume im Krummholz aus. In der alpinen Stufe der Hochgebirge und in der zirkumpolaren Tundra gedeihen an Gehölzen nur noch Klein-, Zwerg- und Spaliersträucher (z. B. Zwerg-Birke). Nicht nur Wärmemangel bedingt eine Baumgrenze, sondern auch Wassermangel (trockenheitsbedingte Baumgrenze) in ariden Gebieten beim Übergang von Gehölzökosystemen zu Steppe oder Halbwüste. Baumwachstum kann lokal auch durch starke Winde und Salzgehalt (z. B. an Küsten), extreme Bodenverhältnisse (z. B. Felsen, Wanderdünen) oder lang andauernde Überflutungen (Weichholzaue) beeinträchtigt oder verhindert werden.

*PAS*

## 122. Was sind Winterhärtezonen der Gehölze?

Bei der Pflanzung von Gehölzen, die aus wärmeren Zonen der Nord- und Südhalbkugel stammen, ist die Kenntnis der Frostverträglichkeit von Bedeutung. Zur Charakterisierung der Frosthärte können Winterhärtezonen angegeben werden. In Anlehnung an die Methodik für die Erarbeitung der Winterhärtezonen-Karten Nordamerikas wurden auch für den europäischen Raum entsprechende Karten entwickelt. Ihnen liegt das „mittlere jährliche Minimum der Lufttemperatur" zugrunde. Für Europa werden 11 Winterhärtezonen unterschieden, deren Temperaturbereiche jeweils 5,5 °C umfassen. Für Mitteleuropa wurden diese weiter unterteilt, um regional differenzierte Bedingungen berücksichtigen zu können und besser abgestufte Aussagen über die Anbaufähigkeit der Gehölze zu ermöglichen. Bringt man Expertenwissen aus langfristigen Erfahrungen mit dem Gedeihen von Gehölzen in den verschiedenen Gebieten mit den Zonen der Winterhärte in Zusammenhang, so werden aus den klimatischen Karten Winterhärtezonen-Karten für Gehölze. In der für eine Art angegebenen kaltmöglichsten Zone besteht für die jeweiligen Pflanzen mit über 80 % die Wahrscheinlichkeit, den Winter zu überdauern. Die Kenntnis der Winterhärtezone ist zwar hilfreich für die Auswahl geeigneter Arten, aber nur eine grobe Orientierung, denn die Frosthärte ist von vielen Faktoren abhängig (Standort, Mikroklima u. a.). Weiterhin ist zu beachten, dass der Klimawandel von extremen Witterungsereignissen begleitet ist. Neben Dürre, Starkregen und Stürmen treten zeitweise tiefe Wintertemperaturen auf. Solche Extremwerte können, selbst wenn sie nur selten auftreten, für das Überleben von Pflanzen frostempfindlicher Arten entscheidend sein. Die Verlängerung der Vegetationsperiode im Rahmen des Klimawandels erhöht die Gefahr einer Schädigung noch nicht ausgereifter Triebe durch Frühfrost. Im Frühjahr können Spätfröste junges, gerade gebildetes, oft noch nicht über ausreichende Frosthärte verfügendes Gewebe schädigen. Dies betrifft auch gegenüber Winterkälte resistente sibirische oder fernöstliche Arten, die bei uns (zu) zeitig austreiben (z. B. Sibirische Tanne) oder blühen (z. B. Dahurische Azalee), nachdem eine bestimmte Wärmesumme erreicht ist.

*PAS*

## 123. Was versteht man unter Lebensbereichen der Gehölze?

Manche dendrologische Werke nehmen eine Zuordnung der Gehölze zu „Lebensbereichen" bzw. Wuchsgemeinschaften vor. Dabei wird unter einem Lebensbereich eine Gruppe von Pflanzen mit gleichen oder zumindest ähnlichen Standortansprüchen verstanden. Die Gehölze wachsen in vergleichbaren Pflanzengesellschaften und werden bei Pflanzungen nach gemeinsamen Ansprüchen und Eigenschaften verwendet. Dabei ist zu beachten, dass die Pflanzen in der Natur nicht immer an Standorten, die ihnen optimale Wuchsbedingungen bieten, vorkommen, sondern auch dort, wohin sie konkurrenzstärkere Arten verdrängen (s. Frage 115). Bei der Pflanzung und durch die Pflege steuert der Mensch die Konkurrenz. Für die Eingruppierung der Gehölze nach Lebensbereichen wurde ein Kennziffernsystem entwickelt. Dieses soll die Auswahl geeigneter Gehölze aus der Fülle der im Angebot befindlichen Arten und Sorten für vorgegebene Situationen und Aufgaben erleichtern. Es unterstützt Anwender durch Hinweise auf Pflanzen zum „richtigen" Standort oder einer empfehlenswerten Pflanzenkombination, wobei aber weitere Aspekte zu berücksichtigen sind, wenn es um die erwünschte Wirkung der Pflanzung oder ihr Erscheinungsbild geht.

*PAS*

## 124. Wieso wächst ein Baum da, wo er wächst?

Pflanzen wachsen an Standorten, die sie sich in der Regel selbst ausgesucht haben, so die landläufige Vorstellung. Ausnahmen von dieser Regel sind allerdings sehr viel häufiger als zuerst gedacht. Nicht nur unsere Gärten, Parks und sonstigen Grünanlagen werden von Menschen geplant und gestaltet, auch die meisten Wälder sind Forste, die mit dem ursprünglichen Vegetationsbild kaum noch etwas zu tun haben. Die Natur im Sinne von „unberührt, ursprünglich, natürlich" ist ein Idealbild. Aber was hat das für Konsequenzen, wenn man sich den Bäumen zuwendet? Gibt es Unterschiede zwischen dem „natürlichen Standort" und dem Platz, den wir dem Baum zuweisen?

Der Standort ist der potenzielle Lebensraum einer Pflanze unter Einschluss aller darauf einwirkenden natürlichen Umweltfaktoren. Hier sind abiotische, also unbelebte Faktoren wie Licht, Feuchtigkeit, Niederschläge, Temperatur, Kohlendioxid- und Sauerstoffgehalt der Luft, chemische und physikalische Bodeneigenschaften, Höhenlage, Ausrichtung und Neigung des Geländes, aber auch Feuer, Wind und Lawinen zu nennen. Diese Einflüsse sind von den biotischen Faktoren zu unterscheiden, also denen, die auf Wechselwirkungen zwischen lebenden Organismen zurückzuführen sind. Beispiele hierfür sind Konkurrenzbeziehungen, Beziehungen, die zum gegenseitigen Nutzen führen (Symbiosen) und Parasitismus – dies geschieht zwischen Pflanzen untereinander, aber auch zwischen Pflanzen und Tieren, z. B. durch Fraß und durch Tritt. Auch die Bestäubungsleistungen durch Tiere, vor allem Insekten, zählen dazu. Zudem ist der Mensch ein im Laufe der Geschichte immer wichtiger gewordener Faktor, der die Umwelt der Pflanzen massiv beeinflusst. Leider oft zu ihrem großen Schaden, wenn er Land- und Forstwirtschaft betreibt, die Umwelt mit schädlichen Substanzen belastet oder vergiftet oder den Grundwasserspiegel senkt.

In den Baumbüchern wird die Höhe eines Baumes z. B. mit „15 – 25 Meter hoch, in der Heimat bis 50 Meter“ beschrie-

*Eine Wald-Kiefer auf einer Mauer von Schloss Auerbach im Odenwald – ca. 300 Jahre alt, aufgrund des Standortes nur sieben Meter hoch. Gepflanzt oder freiwillig dort siedelnd, das ist die Frage. Zumindest wird dort auf der Mauer niemals ein Wald entstehen*

ben. Dies fällt regelmäßig bei sehr vielen Baumarten auf, die aus anderen Ländern und damit eben auch von gänzlich anderen Standorten stammen. Im Laufe der Evolution ist es dazu gekommen, dass die Bedürfnisse der Bäume mit den jeweiligen Standorten harmonieren. Je stabiler dabei die oben genannten Umweltfaktoren sind, um so optimaler verlaufen die Lebensprozesse, die nicht nur die Gesundheit und Vitalität der Art bedingen, sondern z.B. auch die Größe, die ein Baum erreichen kann. Wächst die Art dann unter nicht so optimalen Bedingungen, kommt es zur Anpassung. Als Ergebnis bleibt der Baum kleiner im Wuchs und wird unter Umständen nicht so alt wie am natürlichen Standort.

*MW*

## 125. Wo stehen die einsamsten Bäume der Welt?

Es gibt einige Bäume, die weitab ihrer natürlichen Standorte wachsen oder die letzten Überbleibsel einer ehemals größeren Population sind. Der wohl bekannteste unter ihnen war der „**Arbre de Ténéré**“ (Baum der Ténéré) in der gleichnamigen Wüste im Südwesten Nigers. Die Schirm-Akazie galt als der isolierteste Baum der Welt. Er war ein wichtiger Orientierungspunkt für durchziehende Karawanen und Expeditionen. 150 km (anderen Quellen nach sogar 400 km) von den nächsten Bäumen entfernt, war er der einzige Baum, der auf einer Karte im Maßstab 1:4 Millionen verzeichnet war. Möglicherweise war er der letzte Überlebende einer kleinen Population von Schirm-Akazien, die hier standen, als es mehr Wasser gab. Nachgrabungen ergaben, dass der Baum 37 m tief wurzelte. 1973 wurde der Baum von einem LKW-Fahrer umgefahren und so schwer verletzt, dass er einging. Unvorstellbar, wo er doch weit und breit das einzige Hindernis darstellte.

Auf Campbell Island, einer einsamen Insel zwischen Neuseeland und der Antarktis im Südpazifik, steht eine Sitka-Fichte. Erst 222 km entfernt auf der Auckland Insel wachsen die nächsten Bäume. Gepflanzt wurde die eigentlich in Nordamerika heimische Fichte um 1905 vom damaligen Gouverneur von Neuseeland, dem Earl von Ranfurly. Deshalb wird der Baum auch **Ranfurly Tree** genannt. Entgegen seinen Artgenossen, die bis 100 m Höhe erreichen können, wächst dieses Exemplar eher in die Breite und ist nur knapp 10 m hoch. Dies ist wohl den starken Winden geschuldet, die fast immer über die Insel streichen. Weil die Sitka-Fichte auf Campbell Island als potenziell invasive Art gilt, wird sie von den Naturschutzbehörden überwacht. Zum Glück für den Baum wurden bislang jedoch keine lebensfähigen Samen oder Zapfen gefunden.

Ein weiterer Anwärter auf den Titel „isoliertester Baum der Welt“ ist der etwa 400 Jahre alte **Schadscharat al-Haya**

(Baum des Lebens) genannte Mesquite-Baum in Bahrain. Der isolierte Baum steht auf der Hauptinsel des aus 33 Inseln bestehenden Königreiches im Persischen Golf. Die nächste Wasserstelle ist 1,2 km entfernt. Der Baum ist eine der Haupt-Touristenattraktionen.

*EJ*

## 126. Welche heimischen Baumarten bieten den meisten Tieren einen Lebensraum?

Die heimischen Trauben-Eiche und Stiel-Eiche sollen je nach Zählweise zwischen 500 – 1000 Arten als Lebensraum und Nahrungsquelle dienen. Nach britischen Quellen sollen sogar über 2000 Arten direkt oder indirekt von der Eiche leben. Damit wären sie diejenigen Bäume mit der höchsten Artenzahl an tierischen „Bewohnern" bei uns. Allein aus den bekannteren Insektengruppen leben etwa 400 Schmetterlings-, mehr als 50 Bockkäfer- sowie etwa zehn Borken- und Kernkäferarten direkt oder indirekt an und von der Eiche, dazu noch Dutzende Arten von Zwei- und Hautflüglern. Sogar 17 heimische Prachtkäferarten leben in, auf und von der Eiche. Wenn man dazu Spinnentiere, Pilze und andere Mikroorganismen zählt, kommt man auf noch weit höhere Zahlen. Da fallen die Wirbeltiere wie Vögel, Fledermäuse, Mäuse, Eichhörnchen oder Marder, die in alten Eichen leben können, kaum ins Gewicht. Keine andere

*Eichen weisen die größte Vielfalt an tierischen Bewohnern bei uns auf. Spannerraupe (links) und Grünrüssler (rechts) auf austreibender Stiel-Eiche*

Baumart erreicht bei uns diese hohe Zahl an Tieren, die direkt oder indirekt von der Eiche leben.

Weiden stellen die Baumgruppe dar, die an zweiter Stelle Lebensraum für viele Tierarten bietet. Sie stellen für viele Tierarten, vor allem Insekten, eine bedeutende Futterquelle dar, allen voran die Sal-Weide (*Salix caprea*). Auf Weiden hat man in Mitteleuropa die Raupen von 224 Schmetterlingsarten gefunden, das ist etwa ein Viertel der um die 1000 vorkommenden Arten.

Die höchste Biodiversität wird allgemein in artenreichen Mischwäldern erreicht, mit einer Mischung von Gehölzen unterschiedlicher Art und unterschiedlichen Alters und unterschiedlichen krautigen Pflanzen als Bodenbewuchs. Dabei spielen auch abgestorbene Bäume eine große Rolle, die als liegendes oder stehendes Totholz wesentliche Lebensräume bieten.

*EJ*

# Vielfalt von Baumarten

## 127. Wieviel Baumarten und Bäume gibt es weltweit?

*Das erst 1994 aufgefundene und 1995 wissenschaftlich beschriebene australische Araukariengewächs Wollemia nobilis, ein Beispiel spektakulärer Entdeckungen neuer Baumarten in den letzten Jahrzehnten*

Die Frage kann aus verschiedenen Gründen nicht exakt beantwortet werden. Die Antwort hängt davon ab, wie man „Baum“ definiert (siehe Frage 1) und welchem Artkonzept gefolgt wird. Auch werden immer wieder neue Baumarten entdeckt, selbst solch spektakuläre wie die erst 1994 in New South Wales (Australien) aufgefundene Wollemie (*Wollemia nobilis*), ein „lebendes Fossil“ aus der Familie der Araukariengewächse. Frühere Schätzungen lagen bei etwa 100 000 Baumarten weltweit, inzwischen geht man von etwa 60 000 aus. Dabei gehören etwa 45 % der Baumarten zu lediglich 10 Pflanzenfamilien, von denen die an Baumarten reichsten die Schmetterlingsblütengewächse oder Hülsenfrüchtler (Fabaceae i.w.S.), Rötegewächse (Rubiaceae) und Myrtengewächse (Myrtaceae) sind. Die meisten Baumarten sind aus Brasilien (8924), Kolumbien (5829) und Indonesien (5272) bekannt. Besonders reich an endemischen, also nur in diesen Ländern vorkommenden, Arten sind Brasilien, Australien und China. Es wurden auch Versuche unternommen, die Anzahl der Bäume auf der Erde zu ermitteln. Es sollen über 3 Billionen Bäume auf unserem Planeten wachsen, besonders hoch (43 %) ist die Zahl in den Tropen.

*PAS*

## 128. Wie viele Baumarten gibt es in Deutschland?

Die Zahl der natürlich in Deutschland vorkommenden (indigenen) Baumarten hängt davon ab, wie die Abgrenzung zu Sträuchern erfolgt und welche Sippen als Art eingestuft werden. Nach eigenen Recherchen vor 25 Jahren waren es 44 Baumarten, aber unter Einbeziehung sogenannter Kleinarten der Gattung *Sorbus* 59. In dieser Gattung, zu der bei ihrer weiten Fassung Mehlbeeren, Zwergmehlbeeren, Elsbeere und Ebereschen gehören, treten neben sexuell sich fortpflanzenden Arten und Primärhybriden aus Hybridisation hervorgegangene, sich **agamosperm**

*Echte Mehlbeere (Sorbus aria), an der Entstehung von Primärhybriden und Kleinarten der Bastard-Mehlbeeren, -Ebereschen und -Elsbeeren beteiligt*

*Elsbeere (Sorbus torminalis), an der Entstehung von Primärhybriden und Kleinarten der Bastard-Mehlbeeren und -Elsbeeren beteiligt (links) und Gewöhnliche Eberesche oder Vogelbeere (Sorbus aucuparia), an der Entstehung von Primärhybriden und Kleinarten der Bastard-Ebereschen und -Mehlbeeren beteiligt (rechts)*

*Thüringer Bastard-Eberesche (Sorbus ×pinnatifida), eine Primärhybride zwischen Echter Mehlbeere und Vogelbeere (links) und Vogesen-Mehlbeere (Sorbus mougeotii), hervorgegangen aus einer Mehlbeere und der Vogelbeere (rechts)*

*Kordigast-Mehlbeere (Sorbus cordigastensis), hervorgegangen aus einer Mehlbeere und der Elsbeere*

(Samenbildung ohne vorhergehende Befruchtung) vermehrende Sippen mit konstanten Merkmalen auf. Diese „fixierte Zwischenarten" oder **apomiktischen** „Kleinarten" können zu Artengruppen zusammengefasst werden, z. B. *Sorbus latifolia* agg. (aus Mehlbeeren und Elsbeere hervorgegangen) und *S. hybrida* agg. (aus Mehlbeeren und Eberesche entstanden). In den letzten beiden Jahrzehnten wurden weitere *Sorbus*-Kleinarten neu beschrieben, so dass die Zahl indigener Baumarten in Deutschland inzwischen 70 übersteigt. Letztere sind bei BGCI (2020) berücksichtigt, aber die sich aus der Aufzählung indigener Baumarten für Deutschland ergebende Zahl von 98 ist nicht korrekt, da Sträucher wie Schlehe, Pfaffenhütchen, Pimpernuss, Grün-Erle, Grau-Weide oder sogar der Alpen-Kreuzdorn, der überhaupt nicht in Deutschland vorkommt, einbezogen werden. Die Gesamtzahl einheimischer Gehölzarten (Bäume, Sträucher, Zwerg- und Halbsträucher, Lianen) beträgt etwa 220. Bezieht man die unzähligen Kleinarten der Echten und Haselblatt-Brombeeren (Gattung *Rubus*, neben sexuell sich vermehrenden Arten wie bei *Sorbus* zahlreiche **Apomikten**) ein, dann sind es weit über 500 Arten. Vergleicht man den Anteil der Gehölze am Gesamtbestand der einheimischen Gefäßpflanzen Deutschlands (3880 Arten), liegt er unter 15 %, damit ist er im weltweiten Vergleich gering, denn 45–48 % der Gefäßpflanzenarten der Erde sind Gehölze. Werden die in Deutschland vorkommenden **Archäophyten** und etablierten **Neophyten** (s. Frage 205) einbezogen, dann kommen 20 Baumarten und über 40 Straucharten hinzu. Die Zahl der insgesamt in Deutschland wildwachsend und kultiviert vorkommenden Gehölzarten ist natürlich um ein Vielfaches höher, aber die meisten der über 4000 eingeführten Zier- und Nutzgehölze bleiben auf ihre Anbauorte beschränkt, nur ein geringer Teil breitet sich aus Kultur aus (s. Fragen 204–206).

*PAS*

## 129. Welches sind die häufigsten Baumarten?

Wenn auch die Zahl der Baumarten und Bäume im tropischen Regenwald besonders hoch ist (s. Fragen 127), so trifft dies für die Häufigkeit nicht zu, wenn man dies auf die Zahl der Individuen einer Art bezieht. In den Tropenwäldern können zwar viele Arten und Individuen pro Fläche vorkommen, aber einzelne Arten der borealen Wälder (s. Frage 119) erstrecken sich über ausgedehnte Verbreitungsgebiete. So kommen nordamerikanische Arten wie Schimmel-Fichte, Schwarz-Fichte oder Amerikanische Lärche in einem breiten Nadelwaldgürtel durch den ganzen Kontinent vor, von der Pazifikküste Alaskas bis zur Atlantikküste Kanadas reichend. Die Sibirische Fichte besitzt ein riesiges Areal in Sibirien und reicht von hier bis NO-Europa und in den russischen Fernen Osten. Die am weitesten verbreitete Nadelgehölzart der Erde, der Gewöhnliche Wacholder (*Juniperus communis* unter Einschluss der Unterarten), ist sogar zirkumpolar verbreitet, d.h. seine Verbreitung erstreckt sich über Nordamerika und Eurasien, dabei von der Waldtundra im Norden bis in die Hochgebirge der gemäßigten Zone reichend. Für Deutschland ergab sich im Ergebnis floristischer Kartierungen, dass Baumarten wie Gewöhnliche Birke, Gewöhnliche Esche und Schwarz-Erle unter den wild-

*Die Birke (Betula pendula) ist eine der häufigsten wildwachsenden Baumarten Deutschlands (Foto: E. Jablonski)*

wachsenden Pflanzenarten Deutschlands zu den 100 häufigsten gehören. Dabei sind gepflanzte Bäume, auch wenn es sich um einheimische Arten handelt, nicht berücksichtigt. Unter den Waldbäumen bezieht man sich auf den Anteil der Baumarten (einschließlich gepflanzter Forstbäume) an der Waldfläche Deutschlands, sind Gewöhnliche Fichte (25 %) und Gewöhnliche Kiefer (23 %) die häufigsten.

*PAS*

## 130. Welche Gehölzfamilien und -gattungen sind besonders artenreich?

Die auf der Erde artenreichste, nur aus Gehölzen bestehende Familie ist die der Myrtengewächse, zu denen 130 Gattungen mit insgesamt ca. 5900 Arten gehören. Sie beherbergen kleine, kriechende Sträucher und hoch aufragende Baumriesen, die Eukalypten oder Blaugummibäume. Diese schnellwachsenden, oft immergrünen Bäume bilden zu über 90 % die Baumschicht der Wälder Australiens und sind wirtschaftlich wegen ihres Holzes in vielen Gegenden der Erde angepflanzt zu finden. Insgesamt sind über 500 Arten in der Gattung Eukalyptus bekannt.

Eine in Mitteleuropa bedeutsame Gehölzfamilie sind die Weidengewächse mit den Weiden und den Pappeln. Weltweit finden wir hier über 50 Gattungen und rund 1200 Arten, allein ca. 450 Weiden-Arten, von denen in Deutschland immerhin ca. 20 beheimatet sind. Bei den Eichen, in Deutschland mit drei Arten vertreten, gibt es weltweit etwa 550 Arten.

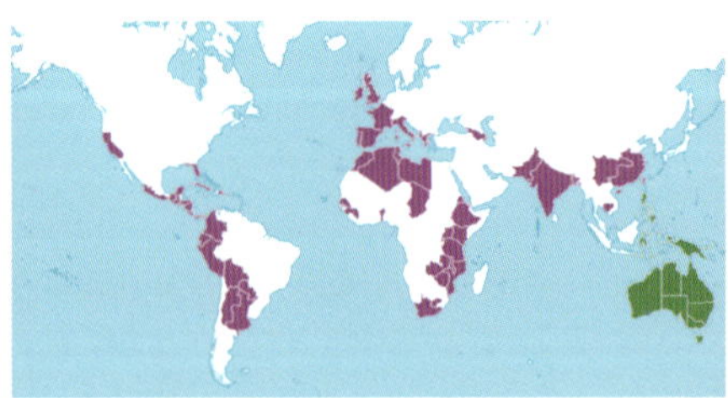

*Eukalyptus im Südwesten Irlands, rechts Verbreitungskarte der um die 500 Arten starken Gattung Eucalyptus (grün = indigen; violett = angepflanzt)*

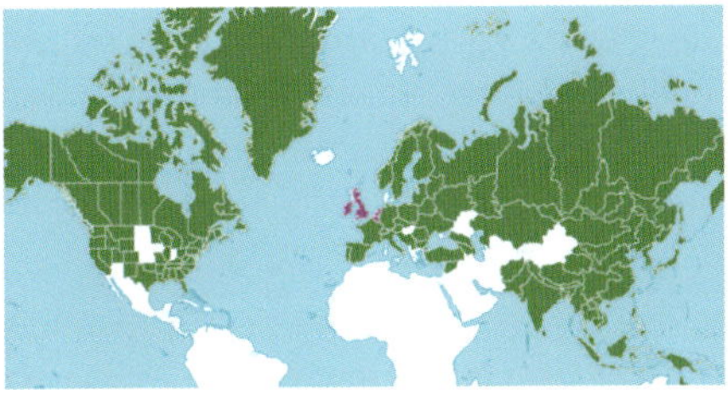

*Rhododendron calophytum, Schöner Rhododendron, Heimat Tibet und West-Sichuan in China; oben (bzw. links) Verbreitungskarte der Gattung Rhododendron*

Die weltweit größte reine Gehölzgattung ist Rhododendron mit über 1000 Arten. Sie gehört zur Familie der Heidekrautgewächse (*Ericaceae*) und ist weltweit verbreitet mit Schwerpunkt auf der Nordhalbkugel. In Deutschland finden wir allerdings nur zwei Arten im Alpenraum. Ungefähr 950 Arten zählt die Gattung der Akazien, tropisch-subtropisch verbreitete Sträucher und Bäume. Manchmal werden sie als „Mimose der Gärtner" bezeichnet, mit unserer oft als „Akazie" benannten Robinie haben sie nichts zu tun – die Blätter ähneln sich, das ist alles.

Eines ist aber wichtig: In den vergangenen Jahren sind in Folge immer genauerer genetischer Entschlüsselung viele Pflanzenarten von einer Familie zur anderen geschoben oder sogar ganze Familien und Gattungen aufgelöst und in andere überführt worden. Es ist daher wichtig, bei Zahlennennungen immer zu schauen, aus welchem Jahr sie stammen und was genau damit bezeichnet wird. Zum Beispiel existierte lange die Familie der Ahorngewächse mit nur zwei Gattungen: Ahorn mit ca. 200 und Dipteronie mit zwei Arten. Heute gehören beide Gattungen zu den Seifenbaumgewächsen, zu denen auch die Rosskastanie zählt. Die Familie ist auf einen Schlag auf über 140 Gattungen und über 1900 Arten angewachsen.

*MW*

## 131. Warum ist der Regenwald so (baum)artenreich?

Diese Frage bezieht sich auf den tropischen Regenwald. Manchmal werden auch Wälder anderer regenreicher Gebiete der Erde als Regenwald bezeichnet, z. B. der außertropische Lorbeerwald als „Temperierter Regenwald". Der tropische Regenwald, also der immergrüne Laubwald der warmfeuchten tropischen Zone, ist generell und auch an Baumarten die artenreichste Waldformation der Erde (s. Fragen 127 und 129). Ökologische Faktoren, die kontinuierliche Bewaldung ohne Unterbrechungen und die vielfältigen Raumstrukturen sind die Voraussetzung für die Ausbildung dieses Artenreichtums. Jahresmitteltemperaturen von 24–30 °C, Jahresniederschläge von 2000–4000 mm und fehlende Fröste bieten permanent optimale Bedingungen für Wachstum und Entwicklung. Auf ursprünglich ausgedehnten Flächen konnten sich über lange Zeiträume strukturreiche Wälder entwickeln, deren Baumartenvielfalt (neben normalen „Kronenbäumen" Schopf- und Bambusbäume) einmalig ist. Auf einem Hektar können selbst bei einheitlichen Bodenbedingungen 60–100(–300) Baumarten vorkommen, wobei die Anzahl der Exemplare einer Art meist gering ist. Der tropische Regenwald ist durch einen mehrstöckigen Waldaufbau mit 4–6, teils ineinander übergehenden Schichten charakterisiert. Das eigentliche Kronendach wird von der 30–50 m hohen oberen Baumschicht gebildet, darüber ragen „Überständer" (60–70 m). Lianen durchziehen alle Stockwerke. Die unterste Vegetationsschicht, eine „Großstaudenschicht", ist wegen des Lichtmangels recht artenarm, dagegen wächst eine Vielfalt krautiger Pflanzen als Epiphyten in den oberen Stockwerken. Obwohl die Böden infolge der reichlichen Niederschläge ausgelaugt und arm an Humus sind, ist der tropische Regenwald bestens nährstoffversorgt. Wärme und Feuchtigkeit bedingen eine rasche Zersetzung der Laubstreu, die Mineralstoffe werden über Mikroben und Pilze den Wurzeln der Bäume gleich wieder zugeführt.

*PAS*

# Wald

## 132. Was ist eine Waldgesellschaft?

Mit Ausnahme der Hochgebirge, der Moore und der Gewässer wäre Mitteleuropa ohne Eingreifen des Menschen gänzlich von Wald bedeckt und die Buche dabei die dominierende Baumart. Weitere Baumarten wären mehr oder weniger häufig darin zu finden, z. B. Eichen, Hainbuchen, Linden, Ahorn, Eschen und Ulmen, aber die Buche wäre allgegenwärtig. Die Rede ist hier aber nur von Naturwäldern oder Urwäldern, nicht von den Forsten, die mengenmäßig mittlerweile überwiegen und eine vom Menschen bestimmte Artenzusammensetzung vorweisen.

Ein natürlicher Wald besteht aus verschiedenen Bäumen, aber auch aus Sträuchern, Krautpflanzen, Moosen, Flechten, Pilzen und den zahllosen im Boden lebenden Klein- und Kleinstlebewesen. Alle diese Organismen bilden eine Gemeinschaft oder auch Gesellschaft, wobei die Bäume auf den ersten Blick am auffälligsten erscheinen.

Doch ist „Buchenwald“ nur eine sehr allgemeine und oberflächliche Bezeichnung. Die Wissenschaft der Pflanzensoziologie, also die Lehre von den Pflanzengesellschaften, spricht nicht nur von „dem Buchenwald“, sondern unterscheidet allein um die 45–50 verschiedene, natürliche Buchenwald-Gesellschaften und deren Untergruppen. Dies reicht vom häufigeren Drahtschmielen-Buchenwald über den seltenen Harzlabkraut-Buchenwald bis zum wieder häufigeren Waldmeister-Buchenwald. Alle diese Gesellschaften heißen nach der in Mitteleuropa natürlicherweise häufigsten Baumart, der Rot-Buche oder auch Europäischen Buche.

*Buchenwald auf der Ostseeinsel Rügen*

Auch Wälder, die keine reinen Buchenwälder sind, wie z. B. Eichen-Hainbuchenwälder oder Eichen-Birkenwälder, weisen weitere um die 30 Typen von Gesellschaften auf.

*MW*

## 133. Welche Rolle spielen die krautartigen Pflanzen bei der Benennung der Waldgesellschaften?

Die Bäume unserer Wälder sind langlebige und sehr standfeste Lebewesen, über viele Jahrzehnte bis sogar mehrere Jahrhunderte verweilen sie an ihren Standorten. Die krautigen Pflanzen dagegen sind vergänglicher Natur, sie überdauern zumeist nicht sichtbar im oder dicht auf dem Boden, treiben jedes Frühjahr aufs Neue aus, sie sind recht unstet und breiten sich gerne aus, indem eine Art durch ihre Sämlinge oder durch Ausläufer neue Standorte erschließt. Aber sie haben eine große Bedeutung für die Charakterisierung des jeweiligen Waldtyps, sie sind die namengebenden Pflanzenarten unserer Wald-Gesellschaften. Die vergängliche Krautschicht entscheidet, wie der jeweilige Waldtyp heißt (siehe Frage 132).

Die Kräuter der Wälder sind in der Regel anspruchsvoller und wählerischer als ihre holzigen Begleiter. Sie tolerieren z. B. keinen zu sauren oder zu kalkhaltigen Boden. Genügen die Bodeneigenschaften ihnen nicht, werden sie in der betreffenden Buchenwald-Gesellschaft nicht wachsen.

*Links Waldgerste oder auch Wald-Haargerste (Hordelymus europaeus) im Waldgersten-Buchenwald. Das zur Familie der Gräser zählende Süßgras besitzt einen an Gerste erinnernden Blütenstand und ist sehr schattenverträglich. Eher unscheinbar im Erscheinungsbild, ist es doch anspruchsvoll und bevorzugt kalkhaltige Böden. Rechts Frühlings-Platterbse (Lathyrus vernus). Diese hübsche Art wächst ebenfalls bevorzugt im Waldgersten-Buchenwald auf Böden, die Kalk enthalten und nährstoffreicher sind. Auch eine gewisse Feuchte im Boden ist notwendig*

*Links: Das Schwertblättrige Waldvöglein (Cephalanthera longifolia) aus der Familie der Orchideengewächse, hier mit reichlich Ameisenbesuch, ist eine der im Orchideen-Buchenwald anzutreffenden Orchideen-Arten. Diese Waldgesellschaft wächst ebenfalls auf Kalkböden, die aber trockener sind als im Waldgersten-Buchenwald; rechts Große Sternmiere (Rabelera holostea), die namengebende Charakterart des Sternmieren-Eichen-Hainbuchenwaldes*

Neben Kräutern, die einen etwas niedrigeren pH-Wert akzeptieren wie einige Gräser, gibt es welche, die einen höheren pH-Wert verlangen, dazu zählen z. B. die Orchideen, die in Mitteleuropa beheimatet sind. Genauso wichtig bei der Wahl des Standortes sind der Nährstoffgehalt des Bodens, die Ausgangsgesteine und die daraus resultierende Bodenart, die z. B. darüber bestimmt, wie wasserhaltend und damit feucht der Boden ist, ob er sich im Frühjahr schnell oder langsam erwärmt, wie flach- oder tiefgründig der Standort ist und viele andere Faktoren. Da viele Krautpflanzen speziellere Ansprüche haben, findet man sie nicht so häufig vor. Dies bedeutet, man kann sie als Leitelemente der Wälder und anderer Lebensräume bezeichnen, um die Standorte besser voneinander unterscheiden zu können. Ein Orchideen-Buchenwald wird nie einem Waldgersten-Buchenwald ähnlich sein, wie man mit Blick auf den Boden erkennen kann. Jede einzelne Waldgesellschaft weist eine oder mehrere Charakter- oder Kennarten auf. Diese finden ihren optimalen Standort in einer bestimmten Gesellschaft und kommen daher vorzugsweise oder sogar ausschließlich in dieser vor.

*MW*

## 134. Wie viel Waldfläche gibt es in Deutschland und wem gehört der Wald?

Laut Bundeswaldinventur ist Deutschland mit ca. 11,4 Mio. Hektar Wald, das entspricht mit 32 % einem knappen Drittel der Landesfläche, eines der waldreichsten Länder Mitteleuropas. Aufgrund der nachhaltigen Forstwirtschaft – es darf nicht mehr Holz geschlagen werden als nachwächst – ist der Waldbestand in den letzten 50 Jahren um ca. 1,5 Mio. ha angewachsen. Die Waldfläche ist innerhalb Deutschlands recht unterschiedlich verteilt. Den höchsten Waldanteil und damit über dem Durchschnitt haben mit ca. 42 % Hessen und Rheinland-Pfalz sowie Baden-Württemberg und Bayern mit jeweils 37 %. Sachsen mit 29 %, NRW mit 28 % oder Niedersachsen mit 25 % liegen jeweils unter dem Schnitt. Die Schlusslichter bilden mit 11 % Schleswig-Holstein bez. mit 10 % Bremen und Hamburg. In absoluten Zahlen hat Bayern mit über 2 605 563 ha, gefolgt von Niedersachsen mit 1 204 591 ha und Baden-Württemberg mit 1 137 847 ha die größten Waldflächen.

Auf die bundesdeutsche Bevölkerungsanzahl von 83,2 Millionen Einwohnern umgerechnet, bedeutet dies, dass auf jeden Einwohner 0,137 ha Wald kommen.

48 % des Waldes befindet sich in Privatbesitz, 29 % gehören den Bundesländern, 19 % Körperschaften des öffentlichen Rechts. Die restlichen 4 % gehören dem Bund.

*VM*

## 135. Was ist ein Hochwald, was ist ein Niederwald?

Ein **Hochwald** ist dadurch gekennzeichnet, dass es sich bei seinen Bäumen um sogenannte Kernwüchse, also keine Stock- oder Wurzelbrut handelt. Von Durchforstungsmaßnahmen abgesehen, findet die Hauptnutzung in Abhängigkeit der Baumart erst im höheren Alter (Fichte ca. 80, Buche ca. 120, Eiche ca. 240 Jahre) statt.

Generell werden zwei Formen der Hochwaldbewirtschaftung unterschieden.

1. Der **Schlagweise Hochwald** mit folgenden Bewirtschaftungsformen:

a **Kahlschlag**. Bei dieser Form werden alle Bäume eines Schlages komplett geerntet. Die Wiederaufforstung erfolgt entweder durch eine zuvor eingeleitete Naturverjüngung oder eine Neuanpflanzung.

b **Schirmschlag**. Hierunter versteht man eine schrittweise Bestandsausdünnung, mit der eine Naturverjüngung eingeleitet werden soll.

c **Saumschlag**. Hierunter versteht man einen streifenweisen, von der windabgewandten Seite des Bestandes durchgeführten Holzeinschlag; der eine natürliche Bestandsverjüngung einleiten soll.

d **Femelschlag**. Hierbei handelt es ich um eine auf kleinen Flächen angeordnete Baumentnahme, die in den Folgejahren immer größer werden. In den dadurch entstehenden Lichtlöchern kann sich entweder eine Naturverjüngung etablieren oder aber eine gezielte Anpflanzung zur

*Ein Buchen-Hochwald im Mittelgebirge der Eifel; die Buche ist hier die vorherrschende Baumart (Foto E. Jablonski)*

Arterweiterung durchgeführt werden.

2. Der **Plenterwald**. Hier werden immer nur einzelne, starke, schlagreife Bäume herausgenommen. Die sich dadurch entstehenden Bestandlücken werden durch eine Naturverjüngung geschlossen.

Beim **Niederwald** handelt es sich um eine spezielle Bewirtschaftungsform, bei der die Bäume, je nach Standort und der angestrebten Holnutzung (Brennholz, Zaun- oder Rebpfähle Köhlerei oder Lohrinde zum Ledergerben) meist nach 15–20 (30) Jahren geschlagen werden. Der Wald regeneriert sich aus Stockausschlägen oder Wurzelbrut. Bei dieser Nutzungsform setzen sich nur regenerationsfähige Baumarten wie Esche, Eiche, Hainbuche, Ahorn, Linde oder Haselnuss durch. Lichtbedürftige Baumarten wie z. B. Birke, Espe, Vogelbeere, Speierling oder Elsbeere werden in Niederwaldbewirtschaftung gefördert. Niederwälder lassen aufgrund ihrer Nutzung und ihres jungen Alters mehr Licht an den Boden, was zu einer artenreicheren Flora und Fauna führt. Allerdings leidet ein Niederwald mit zunehmender Nutzungsdauer unter einem Vitalitäts- und Produktivitätsverlust. Niederwald war bis in die 60er Jahre des letzten Jahrhunderts eine weitverbreitete Waldnutzungsform. Heute hat sie nur noch eine geringfügige regionale Bedeutung.

*VM*

## 136. Was ist ein Hutewald?

Bei einem Hutewald handelt es sich um eine Waldweide. Der Begriff Hutewald leitet sich von der Wortwurzel hüten (Vieh hüten) ab, da das Vieh in den offenen und oftmals unübersichtlichen Waldgebieten gehütet werden musste.

Hutewälder sind die älteste Bewirtschaftungsform der Wälder durch den Menschen. Der Erfolg der sich entwickelnden bäuerlichen Kultur in Mitteleuropa begann in der Jungsteinzeit ca. 5000 J. vor Chr. und beruhte auf zwei Säulen. Zum einen auf der Rodung der Wälder, um Getreide und andere Feldfrüchte anzubauen. Zum anderen auf der Viehhaltung. Die bereits damals gehaltenen Rinder, Schweine, Schafe und Ziegen wurden in den nahen Wald zur Nahrungssuche getrieben. Ein Hutewald ist dadurch charakterisiert, dass er kein geschlossenes Waldbild mehr zeigt. Aufgrund der verschiedenen Weidetiere wurde der Gehölzaufwuchs regelmäßig verbissen und eine Naturverjüngung damit unterbunden. In Kombination mit einer Gehölzentnahme für Brenn- und Bauholz lichteten sich die Wälder im Laufe der Zeit so weit auf, dass nur noch wenige, einzelne, weit voneinander stehende Bäume standen. Die nun stark unterschiedlichen Licht- Wasser-, und Nährstoffverhältnisse führten dazu, dass sich eine artenreichere Flora und Fauna entwickelte. Speziell für die Schweinemast wurden vor allem die Eichen, aber auch einige Buchen stehengelassen bzw. gezielt gefördert, da die Eicheln und Bucheckern im Herbst eine wesentliche Nahrung für die Schweinemast darstellten. Ein altes Bauernsprichwort lautet dazu: „Der beste Schinken wächst auf den Eichen".

Aufgrund von Holzmangel und dem Beginn der nachhaltigen Forstwirtschaft wurden ab dem 17. Jahrhundert die Nutzung der Hutewälder immer mehr eingeschränkt: Sie wurden teilweise gerodet und mit Bäumen aufgeforstet. Im 19. Jahrhundert wurden dann fast überall die Hute-Rechte abgelöst, um die Wälder wieder großflächig aufzuforsten. Heute steht der Hutewald auf der roten Liste der gefährdeten Biotoptypen. Dennoch gibt es noch Gegenden, in denen die Waldweide genutzt wird, beispielsweise die Almen in den Gebirgen oder die sich in Zentralspanien befindlichen, Dehesas genannten Hutewälder, in denen nach wie vor Schweine in der traditionellen Form der Eichelmast gehalten werden, um besonders schmackhafte Schinken zu produzieren.

Das größte noch vorhandenen Hutewald-Relikt in Deutschland befindet sich mit ca. 600 ha im nordhessischen Reinhardswald. Es gibt aber auch einige neue Hutewälder wie z. B. im Naturpark Solling-Vogler, in dem seit 2000 auf 171 ha ein ehemaliger Hutewald mit Heckrindern und Exmoor-Ponys ganzjährig gepflegt wird.

*VM*

*Alte Hute-Eichen in Beberbeck, Nord-Hessen*

## 137. Benötigt die deutsche Forstwirtschaft „Fremdländer" oder reichen uns die heimischen Baumarten?

Berichte über hervorragende Waldbestände mit imposanten Bäumen, besten Holzqualitäten und hohen Zuwachsraten veranlasste die Forstwirtschaft schon frühzeitig, Versuchsanpflanzungen mit verschiedenen fremdländischen Baumarten in Mitteleuropa durchzuführen. Hierbei standen früher fast ausschließlich wirtschaftliche Interessen im Vordergrund.

Im Zuge des Klimawandels leiden mittlerweile viele heimische Baumarten unter Stresssymptomen. Bislang eher unauffällige Schaderreger oder Pilze profitieren zum einen von den für sie nun besseren Umweltbedingungen, aber auch von den durch Stress verursachten geschwächten Abwehrkräften der Bäume. Hinzu kommt, dass immer wieder neue Schädlinge und Krankheiten eingeschleppt wurden, die bei unseren heimischen Bäumen zu Problemen führen können. Diese können so weit gehen, dass einige Baumarten nicht mehr wie bisher angebaut werden können. Der Wald hat vielerorts innerhalb nur weniger Jahre sein Erscheinungsbild stark verändert. Feld-, Berg- und Flatter-Ulme sind bei uns durch den vom Ulmensplintkäfer übertragenden Pilz der „Holländischen Ulmenkrankheit" bis auf kleine Restbestände kaum mehr anzutreffen. Die Fichte, stark durch die zunehmenden Hitze- und Dürreperioden geschwächt, wird von Borkenkäfern großflächig vernichtet. Die Esche leidet seit Jahren an einem aus dem Osten stammenden Pilz, der das Eschentriebsterben verursacht. Der Berg-Ahorn leidet als typischer Schluchtbaum unter der Trockenheit und wird immer öfter vom Schwarzrindenpilz vernichtet. Der Spitzahorn leidet unter *Verticillium*-Pilzen, die Erlen an einem *Phythophthora*-Pilz. Selbst den Buchen oder den

*Die aus dem Westen Nordamerikas eingeführten Douglasien werden seit knapp 140 Jahren in Deutschland waldbaulich genutzt, wie hier in der Eifel (Foto E. Jablonski)*

als trockenheitsverträglich geltenden Waldkiefern machen die zunehmenden Hitze- und Dürreperioden immer mehr Probleme. Es ist es daher erforderlich, neben Verbesserungen der Standortauswahl, Bestandsumbau hin zu artenreichen Mischwäldern usw. auch über neue, fremdländische Baumarten für unsere Wälder nachzudenken. Waldwirtschaft ist aufgrund der langen Kulturzeit der Bäume ein Generationenvertrag. Um künftigen Generationen einen möglichst intakten Wald zu hinterlassen, ist es erforderlich, die durch den Klimawandel verstärkt aufgekommenen Frage, ob wir Fremdländer brauchen, emotionslos und wissensbasiert zu beantworten.

Neue Baumarten sollten sich möglichst gut in unsere Waldgesellschaften einfügen, nicht invasiv, ökologisch vertretbar sein, und der von der Forst- und Holzwirtschaft geforderten Wirtschaftlichkeit gerecht werden. Eine weitere Voraussetzung für die Anpflanzung einer fremdländischen Baumart ist, dass sie aus einem unserem Klima entsprechenden, besser noch aus einem unserem zukünftigen Klima zu erwartenden Klimabereich kommt. Die Pflanzung fremdländischer Baumarten ist als Ergänzung und nicht als Ersatz für unsere heimischen Baumarten zu sehen.

Um zukünftige klimastabile Wälder zu etablieren, müssen die ökologischen Ansprüche des Ökosystems Wald stärker berücksichtigt werden. Eine strikte Ablehnung einer auch nach wirtschaftlichen Gesichtspunkten ausgerichteten Waldbewirtschaftung, mitunter mit beigemischten fremdländischen Baumarten, birgt die Gefahr, dass in anderen Waldgebieten der Erde, ob in der russischen Taiga oder am Amazonas, ein verstärkter Raubbau stattfinden wird, um in unseren Ländern den Holzbedarf zu decken. Bei der Auswahl dieser Baumarten sollte auf die Erfahrungen der Forstlichen Versuchsanstalten zurückgegriffen werden.

*VM*

## 138. Was bedeuten die häufig verwendeten Holzmaße?

Der **Vorratsfestmeter** (Vfm, Vfm m. R.) ist eine Maßeinheit für den stehenden Holzvorrat an Derbholz (> 7 cm Durchmesser) mit Rinde im Bestand. Er wird auch für den laufenden Zuwachs verwendet. Die Maßeinheit ist nicht in allen Bundesländern gebräuchlich.

Das Holzmaß **Erntefestmeter** (Efm, Efm o. R.) oder Festmeter (Fm) gibt die verwertbare Holzmenge ohne Rinde und Ernteverluste an. Der Festmeter ist ein Raummaß für Rundholz (einzelne Stämme) und die Maßeinheit für Planung, Einschlag und Buchung des Holzes: 1 Festmeter entspricht 1 $m^3$ fester Holzmasse. In der forstlichen Praxis wird er errechnet, indem vom Vorrat des stehenden Bestandes (gemessen in Vfm m. R.) 20 % und für Ernte- bzw.

Rindenverlust je 10 % abgezogen werden. Er ist im Holzhandel übliche Maßeinheit. 1 Vfm m. R. = 0,8 Efm o. R. bzw. 1 Efm o. R.= 1,25 Vfm m. R.

Der **Raummeter** (Ster, Schichtfestmeter) ist die Maßeinheit für geschichtetes Holz. Ein Raummeter (Rm) entspricht einem Rauminhalt von einem Kubikmeter geschichteter Holzstücke einschließlich der Zwischenräume. Der Ster ist eine alte Maßeinheit für gestapeltes Holz und meist einem Raummeter gleichgesetzt. Auch das Klafter ist ein altes Maß für gestapeltes Holz. Traditionell unterscheidet sich die Größe eines Klafters regional und liegt meist zwischen drei und vier Raummetern. Sowohl der Ster als auch das Klafter werden noch heute regional verwendet, meist als ein Maß für Brennholz.

Der **Schüttraummeter** (Srm) ist die Maßeinheit für eine lose geschüttete Holzmenge. Ein Schüttraummeter entspricht einem Kubikmeter lose geschütteter Holzscheite oder Hackschnitzel einschließlich der Zwischenräume.

*ML*

| Einheit | Erklärung | Umrechnung | | |
|---|---|---|---|---|
| Festmeter [Efm, Fm] | 1 Kubikmeter [m³] festes Holz | 1 Fm | 1,4 Rm | 2,5 Srm |
| Raummeter („Ster“) [Rm] | Holzstoß aus Rundholz oder gespaltenem Holz mit 1 m Länge, 1 m Breite, 1 m Höhe (einschl. etwa 30 % Zwischenräume) | 0,7 Fm | 1 Rm | 1,4 – 1,75 Srm |
| Schüttraummeter (Scheitholz, Hackschnitzel) [Srm] | geschüttetes, ofenfertig gehacktes Holz (einschl. etwa 50 % Zwischenräume), abhängig vom Aufarbeitungszustand | 0,4 Fm | 0,5 – 0,7 Rm | 1 Srm |

*Maßeinheiten von Holz und Umrechnungsrichtwerte (die Angaben hierzu variieren)*

## 139. Wie kann man Fichten von Tannen unterscheiden?

Weit verbreitet gilt als Diagnose “Die Fichte sticht, die Tanne nicht“. Das trifft auch für die beiden bei uns heimischen zwei Arten Rot-Fichte (*Picea abies*) und Weiß-Tanne (*Abies alba*) zu. Denn die Nadeln der Rot-Fichte sind stechend-spitz, die Nadeln der Weiß-Tanne hingegen abgerundet und mit einer kleinen Einkerbung versehen.

Dieser zuvor genannte Merksatz triff jedoch nur auf die beiden bei uns heimischen zwei Arten zu, denn nicht alle Tannen haben diese abgerundete Nadelspitze, so z. B. die Nadeln einiger fremdländischer Tannenarten wie z. B. bei der in den kalifornischen Santa-Lucia-Gebirgen heimischen Grannen-Tanne (*Abies bracteata*). Diese hat eine stark zugespitzte, stechende Blattspitze. Auch ist das Nadelmerkmal stechend oder nicht stechend eine Frage des Alters. So sind die Nadeln der bei uns heimischen Weiß-Tanne zwar in der Jugend mit einer Art abgerundeten Doppelspitze versehen, im Alter hingegen werden besonders die Nadeln an aufrechten Trieben zunehmend spitzstechend.

Die Nadelblattmorphologie ist hinsichtlich der Unterscheidung zwischen Fichte und Tanne jedoch nicht gänzlich unbrauchbar. Die Nadelbasen der Tannen haben immer einen scheibenartigen Fuß und werden auch zusammen mit diesem abgeworfen. Die dadurch entstehenden Blattnarben sind rundlich. Daher fühlen sich die blattlosen Triebe der Tannen auch glatt an. Man kann aufgrund dieses scheibenartigen Fußes auch Tannennadeln einzeln ohne Verletzungen der Rinde vom Ästchen abzupfen. Anders hingegen bei den Fichten, hier laufen die Blattbasen lang die Triebe herab. Nach dem Abwurf funktionsuntüchtiger Nadeln bleibt deren Blattstiel immer an den Trieben erhalten. Dadurch fühlen sich die blattlosen Sprossachsen der Fich-

*Unterschiede zwischen Fichte und Tanne; A-C: Rot-Fichte (Picea abies); D-F: Weiß-Tanne (Abies alba)*

ten immer feilenartig rau an. Zudem lassen sich Fichtennadeln nicht so einfach von den Trieben abzupfen, ohne deren Rinde zu beschädigen. Beim Entfernen bleibt immer ein Stück der Rinde als fahnenartiges Anhängsel an der Nadelbasis hängen, daher gilt „Fichte mit Fahne".

Ein weiteres wichtiges Unterscheidungsmerkmal ist die Ausgestaltung der Samenzapfen. Die reifen Zapfen der Tanne stehen aufrecht, die der Fichte hängen, zudem werden die Samenzapfen der Fichten nach Entlassung der Samen als Ganzes abgeworfen. Die aufrechten Zapfen der Tanne hingegen zerfallen zum Zeitpunkt der Reife in die einzelnen Zapfenschuppen, um die Samen zu entlassen, so dass nur die Zapfenspindel über Jahre am Baum erhalten bleibt. Zudem ist bei zahlreichen Tannenarten die Deckschuppe auch in den reifen Samenzapfen als ein kleiner Zipfel unterhalb der Samenschuppe zu erkennen. Bei den Fichten hingegen überragen bei allen Arten die Samenschuppen die Deckschuppen immer deutlich. *VD*

## 140. Was sind Gespensterbuchen?

Mit diesem Begriff sind wohl meistens die beeindruckenden langstämmigen Buchen bei Rostock-Warnemünde an der Ostseeküste im Gespensterwald von Nienhagen gemeint. Dieser Bestand ist etwas sehr Ungewöhnliches: ein extrem dichter Buchen-Hallenwald mit über 1000 Altbuchen, die glatten silbergrauen Stämme fast ohne Äste lassen dadurch ein spektakuläres Bild entstehen – wie dicht stehende Geister. Besonders beeindruckend wirkt dieser Bestand, wenn man im Sommer abends kurz vor Sonnenuntergang dort ist. Dann steht die Sonne im Nordwesten knapp über dem Horizont und scheint fast waagerecht und rötlich weit in den Bestand hinein.

Durch den Bestand führt nahe der Abbruchkante zum Meer der Ostseeküsten-Radweg von Lübeck nach Usedom, so dass man auf diesem zwangsläufig durch den Gespensterwald fährt. Die Buche zeigt bei Dichtstand oft einen „Hallencharakter" wie hier, da es unter den sich berührenden Kronen der älteren Bäume so dunkel ist, dass nur wenige Pflanzen- und Baumarten damit auf Dauer zurechtkommen. Auch die unteren Äste der Buchen selbst sterben schneller ab, so dass die Stämme schließlich astfrei werden und ihre „Elefantenhaut-Rinde" besonders eindrucksvoll wirken lassen. Buchen-Urwälder – es gibt in Mitteleuropa nur wenige – sind demzufolge charakteristisch artenarm, dunkel und langzeitig fast statisch, bis einzelne Buchen mit Erreichen der Lebenserwartung von 300 – 400 Jahren absterben und so Lücken entstehen. Dieser Prozess wird hier durch den Küstenabbruch und den seitlichen Lichteinfall beschleunigt.

So wird es unaufhaltsam früher oder später dazu kommen, dass es den Gespensterwald nicht mehr geben kann, zumindest nicht in seiner jetzigen spektakulären Ausprägung. Ich erwarte, dass dies bereits in 10 Jahren der Fall sein wird, denn der Eindruck hat sich schon in den letzten 10 Jahren in Teilbereichen grundlegend verändert.

*AR*

*Gespensterwald Nienhagen aus Altbuchen im Hallenwald kurz vor Sonnenuntergang*

# Welche Schadfaktoren können auf Bäume einwirken?

## 141. Welche abiotischen Gefahren gibt es für Bäume?

Bäume sind vielfältigen Gefahren ausgesetzt, die man ganz grob in biotische, also durch Lebewesen verursachte, und abiotische, also durch die nicht belebte Umwelt verursachte, unterteilen kann. Im Laufe ihrer Entwicklung mussten Bäume sich an zahlreiche abiotische Gefährdungen anpassen und Mechanismen entwickeln, mit ihnen so umzugehen, dass der Baum als Gesamtsystem überlebt, wenn auch einzelne seiner Teile, z.B. ein Ast oder ein Kronenteil, einmal ausfallen.

Zu den wesentlichsten abiotischen Gefahren zählen natürlich extreme Witterungseinflüsse wie Sturm, Temperaturstürze und tiefe Wintertemperaturen, extreme Hitze- und Dürreperioden, aber auch Verletzungen durch Wildtiere sowie in manchen Waldökosystemen häufige Feuer und Blitzschläge. Auch Wunden, z.B. durch umstürzende Nachbarbäume, müssen von einem Baum überlebt und kompensiert werden.

Nun, im neuen Zeitalter des Anthropozäns, kommen viele abiotische Belastungen hinzu, die der Mensch den Bäumen zumutet. Neben den allgegenwärtigen Verwundungen, z.B.

*Ausbruch eines Kronenteils durch Sturm bei einer Linde (links); Anfahrschaden mit anschließender Entwicklung einer Pilzfäule bei einem Ahorn (mi.); an einem Hang kompensiert der Baum den Steinschlag, indem er den Stein umwächst (rechts)*

durch Schnittmaßnahmen und Anfahrschäden, sind auch Einträge schädlicher Stoffe von Bedeutung. Das Waldsterben der 1980er Jahre z.B. wurde wesentlich durch erhöhten Eintrag von Schwefel, Stickstoff und bodennahem Ozon verursacht. Der Eintrag von Auftausalz durch den Winterdienst ist nach wie vor eine große Belastung für unsere Bäume. Am schwerwiegendsten jedoch sind oftmals die vielen Eingriffe in den Bodenraum, z.B. das Abgraben von Wurzeln durch Baumaßnahmen und Veränderungen des Grundwasserspiegels, welche von Bäumen nur schwer kompensiert werden können.

*RK*

## 142. Wie schützt man Bäume vor mechanischen Schäden?

In der Forstwirtschaft weiß man, dass man in den Beständen das flächige Befahren des Bodens vermeiden muss, ebenso wie Stammwunden durch Fällungsschäden oder beim Rücken von Holz. Große Wunden führen zum Luftzutritt in das Wasserleitsystem, dort zur Ausbildung von Embolien und in der Folge zum Absterben und zur Verfärbung von Gewebebereichen im

*Jungbaum mit Stammschutz gegen Sonnenbrand und Dreibock gegen Wind und mechanische Beschädigung (links); frische Rindenwunde durch Fadenmäher an einem Jungbaum (rechts)*

Splintholz, die dann nicht mehr der Stoffleitung und -speicherung dienen können. Bei großen Wunden und besonders bei schwach abschottenden Baumarten wie Birke oder Rosskastanie können dann Holzfäulepilze eindringen und den Holzkörper mechanisch schwächen. Abgesehen vom Wertverlust für die Forstwirtschaft kann eine große Wunde damit letztlich dazu führen, dass ein Baum vorzeitig gefällt werden muss, oftmals aus Gründen der Verkehrssicherheit.

Bei Stadtbäumen sind die Ursachen der Wunden etwas andere, aber die Folgen sind dieselben. Es kommt hinzu, dass es in der Stadt noch viel häufiger zu Schäden an den Wurzeln selbst kommt, sei es durch Befahren unbefestigter Flächen oder Aufgrabungen. Je nach Wuchsort eines Baumes sollte man sich also Gedanken machen, wie größere Wunden zu vermeiden sind. Das kann bei jungen Bäumen z. B. durch Bügel erreicht werden, so dass sie nicht angefahren oder durch Ankettung von Fahrrädern geschädigt werden. Bezüglich geplanter Baumaßnahmen werden in Frage 148 einige Hinweise gegeben.

Auch private Baumbesitzer können sich kritisch fragen, ob sie alles tun, um größere Wunden zu vermeiden. Mit zu den häufigsten Beschädigungen junger Bäume gehören z. B. Anfahrschäden durch Rasenmäher und Rindenschäden im Stammfußbereich durch Freischneider. Vielleicht sind auch Sie manchmal das Problem Ihres Baumes. Denken Sie beim nächsten Rasenmähen daran!

*RK*

## 143. Welche Schaderregertypen können Bäume schädigen?

Meist unterscheidet man zwischen Infektionskrankheiten durch Schaderreger wie z. B. Bakterien und Pilze und Fraß- oder Verletzungsschäden durch Tiere wie Insekten oder Mäuse. Bei den Schaderregern gibt es viele, die nur fakultativ sind, also auch als Saprophyten eine Zeitlang von totem Gewebe leben können, um dann unter bestimmten Bedingungen ihren Wirt anzugreifen und zu schädigen. Das passiert am ehesten nach Vorschädigung der Pflanze, z. B. durch Dürreperioden, Hitze oder starkem Frost. Es gibt aber auch obligate Schaderreger, die auf lebendes Gewebe angewiesen sind und daher völlig gesunde Pflanzen angreifen können. Dazu gehören z. B. manche pflanzenpathogene Viren, die eine systemische, d. h. sich auf den ganzen Pflanzenkörper erstreckende, Infektion verursachen.

Als Verursacher wichtiger Gehölzkrankheiten gelten neben einigen Pflanzenviren auch manche Bakterien und deren nahe Verwandte (z. B. Rickettsien und Phytoplasmen), sog. Algenpilze sowie diverse echte Pilze, von mikroskopisch klein bis recht groß. Die

*Das Eschentriebsterben hat bereits viele Eschen schwer geschädigt bzw. abgetötet*

meisten Baumkrankheiten in unseren Breiten werden eher von wenig aggressiven Organismen verursacht, die als „Schwächeparasiten“ nur dann angreifen können, wenn der Baum in seiner Vitalität geschwächt ist. Steigende Temperaturen und akute und chronische Trockenheit sind dabei wichtige Faktoren, weswegen der Standort- und Baumartenauswahl sowie der Pflege (Wasserversorgung!) eine große Rolle zukommt.

Anders sieht das Bild aus, wenn neue Erreger eingeschleppt werden, die unsere heimischen Baumarten noch nicht kennen. Dann kann es zu tödlichen Verläufen kommen, weil den meisten Wirtsbäumen effektive, genetisch erworbene Abwehrmechanismen fehlen. Ein Beispiel ist die Ulmenwelke, verursacht von einem Mikropilz aus Asien, der seit Beginn des 20. Jahrhunderts in Europa schwere Verluste bei unseren heimischen Ulmen verursacht hat. Auch das seit einigen Jahrzehnten in Europa grassierende Eschentriebsterben wird von einem aus Asien eingeschleppten Pilz verursacht.

*RK*

## 144. Welche Krankheiten oder Schädlinge sind für Bäume am gefährlichsten?

Bäume sind so konstruiert, dass bei vielen Krankheiten und Schäden das abgestorbene Gewebe lokal abgeschottet werden kann, und da der Baum jedes Jahr neues Gewebe bildet und sich nach außen stets neu erfindet, kann er insgesamt als Organismus lange funktionsfähig bleiben, obwohl er eine Vielzahl kleiner oder auch großer Verletzungen oder Infektionen durchlitten hat. Unter den Infektionskrankheiten sind vor allem diejenigen gefährlich, welche ein oder mehrere Gewebe vollständig besiedeln und stören können. Beispielsweise gehören Viren zu diesen systemischen Erregern (siehe Frage 154).

Zum Tod von Bäumen kommt es z. B. bei den Laubgehölzen durch die Infektion des wasserleitenden Gewebes durch Pilze, sog. Gefäßparasiten. Hierbei bricht das Wasserleitsystem zusammen, wie bei der Ulmenwelke. Ebenfalls sehr gefährlich sind eingeschleppte, neue Erreger, die auf Wirtsgehölze treffen, welche keine Chance der Anpassung hatten. Beispiele sind hier das seit etwa 1990 in Europa auftretende Eschentriebsterben oder der Esskastanienrindenkrebs, welcher sowohl in Europa als auch in Nordamerika die dort jeweils heimischen Esskastanien befällt. Beide Pilze stammen übrigens aus Asien; die dortigen Wirtsbäume sind resistent bzw. tolerant (siehe Frage 145).

Auch durch Insektenbefall können Bäume sterben, z. B. durch rinden- und holzbesiedelnde Käferarten (Borkenkäfer, Prachtkäfer, Bockkäfer). Bei großflächigen Schäden („Kalamitäten") mit solchen Schädlingen spielt häufig eine reduzierte Vitalität der Bäume eine Rolle, z. B. durch Dürreperioden oder sprunghaft angestiegener Brutraum, z. B. durch Sturmschäden.

Falls Sie selbst einen Obstbaum im Garten pflanzen möchten, achten Sie darauf, dass der junge Wurzelballen vor Wühlmäusen geschützt ist. Diese können durch ihren Nagefraß den Jungbaum in kurzer Zeit töten.

*RK*

*Ulmenwelke (links) und Wurzelfraß an einem jungen Obstbaum durch Wühlmäuse (rechts)*

## 145. Haben Bäume ein Immunsystem?

Pflanzen haben zwar zahlreiche Abwehrmöglichkeiten gegen Krankheitserreger entwickelt, aber was ihnen im Gegensatz zu Tieren fehlt, ist ein Immungedächtnis, das auf durch Infektion erworbene und langfristig abgespeicherte spezifische Informationen (Antikörper, zelluläres Immungedächtnis) beruht. Das bedeutet, dass ein Baum, der z. B. als Jungbaum von einem bestimmten Krankheitserreger befallen war, durchaus einige Jahre später wieder von demselben Erreger befallen werden kann, ohne dass er dann schneller auf den Erreger reagieren kann. Was Bäume aber durchaus haben, ist eine genetisch verankerte Resistenz bzw. Toleranz gegen bestimmte Schaderreger, welche meist auf anatomischen und physiologischen Eigenschaften beruht. Ein einzelnes Resistenzgen gegen eine Krankheit gibt es i. d. R. nicht, sondern meist beruht Resistenz auf mehreren Genabschnitten, was für die Züchtung eine Herausforderung darstellt.

Es gibt aber bei Gehölzen und anderen Pflanzen ein Prinzip, die induzierte Resistenz, das ähnlich einer Immunantwort zumindest für einen kürzeren Zeitraum die Abwehrbereitschaft gegen Krankheitserreger erhöhen kann. Tomatengärtner wenden das Prinzip an, wenn sie z. B. mit bestimmten Pflanzenextrakten die Blätter übergießen. Die dadurch angeregten anatomischen und physiologischen Reaktionen bewirken einen erhöhten Infektionsschutz (aber eben keine Immunität!)

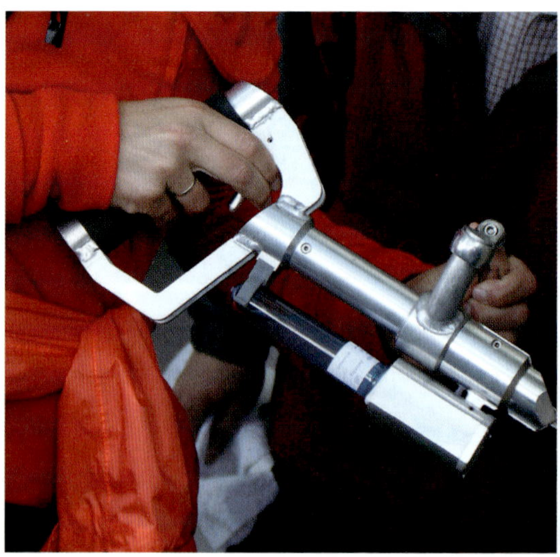

*Ulmen werden gegen die Ulmenwelke injiziert*

gegen Erreger wie z. B. die gefürchtete Braunfäule.

Inzwischen kann man auch Bäume „impfen“. Gegen die von einem Pilz verursachte Ulmenwelke hat man eine Methode entwickelt, bei der ein anderer, weniger pathogener Pilz in das junge Splintholz injiziert wird. Dies regt eine Abwehrantwort an, die bei den neu gebildeten wasserleitenden Gefäßen anatomische und physiologische Veränderungen bewirkt. Wenn dann der Erreger der Ulmenwelke den Baum infiziert, kann er sich nicht so effektiv im Gefäßsystem ausbreiten. Allerdings hält die Wirkung jeweils nur ein Jahr an, es muss also in jedem Frühjahr erneut geimpft werden.

*RK*

## 146. Welche Abwehrstrategien gegenüber Krankheiten und Schädlingen können Bäume entwickeln?

Wie bereits in Frage 145 erwähnt, besitzen Gehölze eher unspezifische Mechanismen des Schutzes und der Abwehr. Bäume reagieren kontinuierlich auf Umweltreize, dazu zählen zunächst einmal die wesentlichen abiotischen Faktoren wie Kälte, Hitze, Trockenheit und Wind. Im Rahmen der biologischen Selbstoptimierung passen sie sich und ihre Organe den herrschenden Bedingungen an. Beispielsweise besitzen zwei Bäume derselben Art an unterschiedlich stark besonnten Orten oft große Unterschiede im Bau der Blätter und in der Dicke der Rinde. Auf Verwundung haben Bäume ebenfalls recht unspezifische, aber wirksame Mechanismen der Abschottung und Überwallung entwickelt (siehe Frage 181).

*Starker Harzfluss an einer Fichte als Reaktion auf Einbohrversuche durch Borkenkäfer*

Gegenüber biotischen Gefahren wie Pilzinfektionen und Angriff durch Insekten können Bäume aktiv reagieren, indem sie nach einem ersten Angriff verstärkt bestimmte Substanzen bilden oder neues Gewebe anatomisch anpassen. Ein Beispiel wäre der erhöhte Harzfluss, den Nadelgehölze wie die Fichte nach einem Angriff durch Borkenkäfer entwickeln. Vitale Bäume mit guter Wasserversorgung können dadurch durchaus zahlreiche einbohrende Käfer in Harz ersticken, und solche Bäume sind dann auch eine Zeitlang weiter durch die Fähigkeit zur Harzbildung geschützt. Auch Verwundungen und Pilzinfektionen führen bei manchen Nadelhölzern zur Bildung sog. traumatischer Harzkanäle im Holz, d.h. dass im lebenden Splintholz eine Vermehrung von Harzkanälen stattfindet. So entsteht z.B. bei der Kiefer durch Infektion mit dem Kiefernrost (einem Pilz) das sog. Kienholz, welches stark harzgetränkt ist und gerne als Anzündholz verwendet wird.

*RK*

## 147. Welche Gefahren drohen den Wurzeln?

Die Wurzeln von Gehölzen müssen sich den jeweiligen Standortbedingungen flexibel anpassen. In Waldökosystemen gibt es Konkurrenz durch Nachbarbäume und andere Pflanzen, und auf flachgründigen Böden müssen Gehölze in der Tiefe nach ausreichend Wasser suchen. Baumwurzeln sind stets auf der Suche nach Wasser und Luft (für die Wurzelatmung ist bei fast

*Autobesitzer parken gerne im Schatten; so wie hier ist das aber für den Wurzelraum sehr schädlich (oben links); oft werden Pflanzgruben, Überfahrgitter etc. viel zu klein konstruiert, was später zu Wurzelschäden führen kann (oben rechts); Baumwurzeln wachsen gerne im Bettungsbereich von Leitungen, vor allem, weil sie dort Luft finden (unten links). Mähschaden an einer oberflächennahen Wurzel (unten rechts)*

allen Baumarten Sauerstoff nötig). Das erklärt auch, warum sich Bäume zum Ärger mancher Hausbesitzer sehr wohl fühlen, wenn sie es geschafft haben, über eine Verbindungsmuffe in die Abwasserleitung einzuwachsen. Und genau da beginnen z. B. bei Kanalsanierungen und anderen Aufgrabungen für Bäume dann auch die Probleme.

Hat ein Baum sich einmal an sein Umfeld angepasst, und seien es undichte Abwasserleitungen, nimmt er es umso übler, wenn man den Bodenraum oder den Wasserpegel plötzlich ändert. Eingriffe in den Wurzelraum, die Verletzung oder Kappung von Wurzeln und Veränderungen im der Wasserversorgung gehören daher zu den wichtigsten Ursachen von Baumproblemen in Städten und an Straßen. Nicht zu vernachlässigen ist auch das Befahren und Verdichten des Wurzelraumes sowie gelegentliche Schäden durch undichte Erdgasleitungen.

Natürlich haben Bäume sich evolutionär auch an natürliche Schadursachen gewöhnt, z. B. Nageschäden durch Wühlmäuse, Insektenfraß und Pilzinfektionen, aber der Mensch schafft es leider viel effektiver, in kurzer Zeit große Schäden an Wurzeln zu verursachen. Die Folgen solcher Belastungen können von Trockenheitssymptomen in der Krone über Fäulepilzinfektionen der verletzten Wurzeln bis hin zum Absterben des Baumes reichen.

*RK*

## 148. Was ist bei Bauarbeiten im Wurzelbereich zu beachten?

Wenn Bauarbeiten in der Nähe eines Baumes geplant sind, sollte man zunächst wissen, wo sich die Wurzeln befinden. Das ist in einer städtischen Umgebung gar nicht so leicht, und dazu werden im Vorfeld manchmal Wurzelsuchgräben angelegt. Auf einer Freifläche oder in einem Park kann man aber davon ausgehen, dass die Wurzeln bis mindestens einen Meter über den Kronentraufbereich hinausgehen. Ein Baum mit z. B. 12 m Kronendurchmesser hat dann ein Wurzelsystem von mindestens etwa 14 m Durchmesser. Bei Eingriffen sollte das Ausmaß der Schädigung bzw. der Entfernung von Wurzeln so weit wie möglich minimiert oder anschließend durch Pflegemaßnahmen kompensiert werden. Das erfordert von Anbeginn eine gute Zusammenarbeit von Planern, Grünflächenamt, Baumfachleuten und dem ausführenden Bauunternehmen.

Da bereits das Befahren des nichtbefestigten Bodenraumes zu großen Wurzelschäden führen kann, wird empfohlen, bodendruckmindernde Platten im Bereich der Baustelle auszulegen. Die zu schützenden Wurzelbereiche sollten wenn möglich mit einem festen Bauzaun umgeben werden, sonst wird der Boden dort befahren und es finden sich mit der Zeit allerlei Baumaterialien wieder. Wenn das nicht geht, sollte zumindest der Stamm selbst vor mecha-

*Dieser Baum hat weder einen Stammschutz noch einen festen Bauzaun erhalten, der Wurzelbereich ist dadurch ungeschützt und wird zum Lagern von Baumaterial missbraucht*

nischer Verletzung geschützt werden, z. B. mit einer Polsterung aus Dränrohr.

Wenn Bauarbeiten näher als 2,5 m am Stammfuß stattfinden, müssen diese durch Saugverfahren oder in Handarbeit erfolgen (soweit die Theorie, schauen Sie sich mal auf städtischen Baustellen um!), und abgerissene Wurzeln mit mehr als etwa 2 cm Durchmesser sollten sauber nachgeschnitten werden, dann können sie später wieder weiterwachsen. Oft hilft es dem Baum, wenn man den Grabenbereich anschließend mit Baumsubstrat befüllt, nicht zu stark verdichtet und nach Abschluss der Arbeiten feucht hält, denn Bäume sind gut darin, neue Bodenbereiche mit ausreichend Luft und Wasser rasch zu durchwurzeln.

*RK*

## 149. Wie verkraften Bäumen Belastung mit Streusalz?

Im Winterdienst wird in Deutschland meist NaCl, also Kochsalz, verwendet, außer bei sehr niedrigen Temperaturen. Auftausalz wird meist als Feuchtsalz oder Sole ausgebracht, das reduziert etwas die Aufwandmenge und lässt eine gezieltere Ausbringung zu. Salz gehört, wenn überhaupt, auf die Straße und nicht in den Bodenraum, in dem Bäume und andere Pflanzen wurzeln. Die meisten Straßen sind zwar so konstruiert, dass das salzhaltige Schmelzwasser in das Abwassersystem abfließen kann, aber man muss die Geschwindigkeit bedenken, mit der auf vielen Straßen gefahren wird. Dadurch gelangt salzhaltige Gischt an die Bäume und in den Boden um die Bäume. Bei immergrünen Gehölzen kann das zu direkten Schäden, meist Verbraunen und Vertrocknen, der Nadeln und Blätter führen. Bei winterkahlen Gehölzen ist eher die Bodenbelastung das Problem. Hier sorgt das Natrium im Boden für eine unerwünschte pH-Wert-Erhöhung und Verschlämmung von Bodenteilchen, was in ohnehin verdichteten Böden zu Sauerstoffmangel im Wurzelsystem beitragen kann. Das Chlorid wiederum wird sehr effektiv von den Wurzeln aufgenommen, nach oben transportiert und führt in den Blattorganen dann zu charakteristischen Vergilbungs- und Trockenheitserscheinungen („Chlorose"). Die Bodenbelastung lässt sich in gewissem Umfang aber durch großzügige Wassergaben sanieren, so dass sich Bäume bei einem dauerhaften Rückgang der Belastung über die Jahre auch erholen können.

Unsere Gehölze sind übrigens in sehr unterschiedlichem Maße empfindlich gegen Chloridschäden. Beispielsweise sind Rosskastanie und Ahorn relativ empfindlich, die Platane weniger.

*RK*

*Rosskastanie mit typischen Symptomen einer Salzvergiftung (links); Salzschäden an Fichten durch Gischt an einer Landstraße (rechts)*

## 150. Welche Bedeutung haben Pilze für Bäume?

Früher zählte man die Pilze zu den Pflanzen; inzwischen bilden sie ein ganz eigenes Reich der Lebewesen. Sie besiedeln praktisch jedes Ökosystem und haben daher seit Urzeiten auch Beziehungen zu Gehölzen entwickelt. Als Pathogene spielen Pilze eine bedeutende Rolle bei der Ausbildung von Krankheiten der Blattorgane, der Zweige und des Stammes, aber auch der Wurzeln. Die meisten Erreger sind zum Glück nicht besonders aggressiv, sondern verursachen lokale Schäden nur an vorgeschwächten Gehölzen. Manche Holzfäulepilze jedoch, von denen die meisten nur vom toten Holz leben und daher nicht als Parasit eingeordnet werden, können direkt das Kambium schädigen und sich so neuen Lebensraum erschließen.

Auch wenn viele Pilzarten Gehölzkrankheiten verursachen können, sind relativ gesehen die allermeisten für Gehölze harmlos bzw. teilweise sogar nützlich. Vielen Menschen bekannt

*Fliegenpilz als einer von vielen Mykorrhizapilzen (links); Alt-Eiche mit Infektion durch einen Holzfäulepilz, den Schwefelporling; die beiden können viele Jahrzehnte koexistieren (rechts)*

ist die Tatsache, dass Bäume mit ihren Wurzeln Beziehungen zu Pilzen eingehen, indem sie eine Mykorrhiza bilden. Wörtlich bedeutet das „Pilzwurzel", und es bezeichnet die Infektion und Veränderung von Feinwurzeln der Bäume durch bestimmte im Boden lebende Pilze. Es gibt mehrere Typen der Mykorrhiza (z. B. Ektomykorrhiza, Endomykorrhiza), und manche Pilzpartner sind hochspezifisch für nur eine Baumgattung, andere können einen breiten Kreis an potentiellen Pflanzenpartnern haben. Allen ist gemeinsam, dass sie zwar eine Infektion der Wurzeln verursachen, der Effekt sowohl für das Gehölz als auch für den Pilz aber in der Summe positiv ist (mutualistische Symbiose). Auch wenn der Pilzpartner bis über 20 % der Assimilate des Baumes als „Entlohnung" einfordert, so schützt er die Wurzeln gleichzeitig vor Infektionen durch Pathogene und hilft bei der Versorgung mit Wasser und bestimmten Nährelementen, besonders auf armen, trockenen Böden.

Erst vor wenigen Jahrzehnten hat man übrigens herausgefunden, dass auch die lebenden oberirdischen Organe der Bäume von zahlreichen symptomlosen Pilzinfektionen (und Bakterien) durchzogen sind, den sog. Endophyten. Auch unter diesen gibt es offenbar einige, die im Sinne einer Symbiose positive Effekte für den Baum haben, z. B. um Fressfeinde abzuwehren.

*RK*

## 151. Was sind die Strategien der Holzfäulepilze und was sind die Strategien der Bäume?

Unter den Pilzen haben sich einige Arten entwickelt, welche den komplexen Naturstoff Holz effektiv zersetzen können. Holz besteht aus einem strukturell und chemisch komplexen Gemisch von Zellulose, Lignin und anderer Stoffe, welches in dieser Zusammensetzung für andere Organismen kaum oder gar nicht abbaubar ist. Die Holzfäulepilze haben Enzyme entwickelt, welche die einzelnen Zellwandbestandteile verholzter Zellen angreifen und letztlich wieder zu $CO_2$

*Zentralfäule bei einer Buche; außen wächst der Baum weiter und versucht den Schaden zu kompensieren (oben links); Pilzbefall in einer Höhlung nach einem Stämmlingsausbruch (oben rechts); auch hier versucht der Baum, den Schadbereich mit Wundholz zu überwallen. Längsschnitt durch eine Bohrwunde; der Baum hat den Schadbereich mit sog. Schutzholz abgeschottet und den Schaden inzwischen außen überwallt (unten links). Was von einem Baum übrigbleibt – ein Braunfäulepilz hat den Baum bis auf das Lignin zersetzt (unten rechts)*

zerlegen können. Sie sind damit in Waldökosystemen die wichtigsten Destruenten und sorgen zusammen mit weiteren Mikroorganismen und vielen Tieren für das Nährstoffrecycling.

Was die Strategie des Holzabbaus angeht, gibt es bei den höheren Pilzen mehrere Ansätze. Stammesgeschichtlich alte Arten, die sich zusammen mit den ebenfalls schon lange existierenden Nadelhölzern entwickelt haben, verursachen meist eine sog. Braunfäule. Dabei werden vorwiegend die Zellulosebestandteile des Holzes angegriffen und es bleibt der Holzstoff Lignin zurück. Etwas später haben sich, zusammen mit vielen Laubgehölzen, die Weißfäulepilze entwickelt, welche sowohl Zellulose als auch Lignin angreifen und abbauen können. Dabei verwerten einige Arten erst das Lignin, dann die Zellulose, andere können beide Stoffe gleichzeitig abbauen. Schließlich gibt es noch sog. Moderfäulepilze, deren Abbaustrategie in mancher Hinsicht der Braunfäule, in mancher der Weißfäule ähnelt.

Da Bäume Schadbereiche nicht ausheilen können, läuft ihre Strategie in der Regel darauf hinaus, den betroffenen Bereich, z. B. eine lokale Holzfäule in einer Stammhöhlung, abzuschotten und durch verstärktes Gewebewachstum außen dafür zu sorgen, dass die Bruchsicherheit erhalten bleibt. Da Holzfäulepilze die Zug- und Druckfestigkeit des Holzes reduzieren, kann es je nach Ort und Umfang einer Fäule zu einer Beeinträchtigung der Verkehrssicherheit kommen. Das bloße Vorhandensein einer Holzfäule bedeutet aber nicht zwangsläufig, dass ein Baum gefällt oder stark beschnitten werden muss. Für die Beurteilung sind jedoch Fachleute vonnöten.

*RK*

## 152. Wieso können hohle Bäume noch lange am Leben bleiben?

Wieso nicht? So lautet ja ein beliebter Konter auf solche Fragen. Wenn man den Aufbau und die wesentlichen physiologischen Abläufe der Bäume etwas kennt, lässt sich leicht verstehen, warum das Überleben eines Baumes i. d. R. überhaupt nichts mit dem Vorhandensein oder Nichtvorhandensein einer Höhlung zu tun hat. Alle wesentlichen Lebensprozesse des Transports und der Speicherung von Wasser, gelösten Substanzen und Energie finden im Splintholz und in den Wurzeln statt. Der innere „Kern“ des Baumes, sei es ein dunkler Farbkern wie bei Walnuss oder ein heller „Reifholzkern“ wie beim Ahorn, dient vorwiegend der mechanischen Stabilität.

Eine Stammhöhlung ist ein Bereich, in dem das Holz so vollständig zersetzt wurde, zunächst von Pilzen, dann später von weiteren Organismen wie Insekten, dass außer etwas Mulm nichts übrig ist. Früher hat man solche Höhlen im Rahmen der Baumchirurgie ausgeräumt, ausgefräst und trockengelegt. Heute weiß man, dass das weder baumbiologisch noch im Hinblick auf den Naturschutz Sinn macht. Höhlungen sind nämlich auch Habitate und bieten damit Schutz, Zuflucht-, Überwinterungs- und Nistmöglichkeiten für Säugetiere (Fledermäuse, Bilche), Vögel (Specht, Eulen) und teils seltene Insekten (Juchtenkäfer, Eremit).

Was allerdings beachtet werden muss, ist, inwiefern der Baum trotz einer Höhlung noch an dieser Stelle stabil und bruchsicher ist. Entscheidend ist, dass der Baum außen kontinuierlich genügend neues Splintholz bildet, um der Ausdehnung der Höhlung gewissermaßen davonzuwachsen. Gefährlich wird es erst, wenn die Restwandstärke, also der verbleibende Rest intakten und physiologisch aktiven Holzes, zu schmal wird in Relation zum Baumdurchmesser und den auftretenden Kräften. Das können nur gut ausgebildete Fachleute einschätzen, und daher muss man leider feststellen: Die meisten hohlen, aber noch z.T. durchaus sicheren und vitalen Bäume sterben nicht durch die Höhlung, sondern vorzeitig durch die Kettensäge.

*RK*

*Zwei Beispiele für Linden, die innen hohl sind, aber dennoch vital und mit weiterhin guter Zukunftsperspektive*

## 153. Können auch Bäume gestresst sein?

Stress gehört für alle Lebewesen mit zu den Lebensumständen, und natürlich können auch Bäume physiologischen Stress zeigen. Allerdings äußert er sich nicht immer so, dass wir dies sofort erkennen. Ganz wesentliche Faktoren, die Stress auslösen können, sind z.B. Wassermangel, starke Hitze oder Kälte, Angriffe durch Fressfeinde oder durch Pathogene, aber auch Verletzungen, z.B. Wurzelverletzungen oder starke Schnittmaßnahmen. Bäume haben eine Reihe von – manchmal spezifischen, manchmal unspezifischen – Reaktionen auf solche Stressoren entwickelt, und sie können sich an ihrem Standort dadurch mit der Zeit auch an Stress anpassen.

Das beste Beispiel ist ein Baum, der in einer Baumschule unter optimalen Bedingungen herangezogen wurde und dann an einen Straßenstandort mitten in der Stadt verpflanzt wird. Hier kommt es häufig zum sog. Pflanzschock; der Baum muss sich in relativ kurzer Zeit an ganz andere Licht- und Temperaturverhältnisse anpassen und unter Umständen an widrige Bodenverhältnisse. Ein Baum derselben Art, der von vornherein an dem Standort wachsen durfte, wird zwar etwas langsamer wachsen, sich aber von Anbeginn besser anpassen. Insofern ist ein gewisser Stress gar nicht so schlecht. Man weiß auch inzwischen, dass z.B. Fraßschäden durch Insekten bei Bäumen Abwehrreaktionen in Form bestimmter Inhaltsstoffe auslösen, so dass z.B. die Blätter dem Fressfeind dann nicht mehr „schmecken“ bzw. für ihn giftig sind. Dasselbe gilt für manche Pilzinfektionen.

Ein häufiger Auslöser von Stress, den man bei Bäumen in der Stadt leicht auch selber beobachten kann, ist akuter oder chronischer Wassermangel. Bei Laubbäumen rollen sich dann oft die Blattränder etwas ein und verbraunen, oder die jungen Triebe und Blätter „schlappen“. Hier kann es kurzfristig helfen, wenn man auch die Blätter und Zweige mit Wasser besprüht, sie können sich auf diese Weise schneller erholen, als wenn man nur über den Boden gießt.

*RK*

*Trockenheitssymptome an Lindenblättern*

## 154. Kriegen Bäume Corona? Gibt es Virusinfektionen bei Bäumen?

Viren sind obligate Krankheitserreger, welche eigentlich nur aus einer Proteinhülle und einem Informationspaket zur Vervielfältigung ihrer Erbsubstanz in lebenden Wirtszellen bestehen. Sie haben keinen eigenen Stoffwechsel, stehen aber dennoch an der Schwelle zu den echten Lebewesen und könne sich evolutiv weiterentwickeln. Viren bzw. Reste ihres Genoms sind in praktisch allen Lebewesen und Ökosystemen nachweisbar, so auch in Pflanzen. Da Viren eine systemische Infektion auslösen, können sie alle Gewebe eines Gehölzes infizieren. Auch wenn Virusinfektionen also praktisch allgegenwärtig in Gehölzen sind, verlaufen nur wenige von ihnen so, dass es zu Störungen des Stoffwechsels, zu Krankheitssymptomen oder sogar zum Tod der Pflanze kommt.

Die Auswirkungen von Virusinfektionen können vielfältig sein. An Laubgehölzen kommt es z.B. oft zu Farbveränderungen der Blätter, gelblichen Flecken oder Ringscheckungen sowie zur Deformation der normalen Form bei Blättern und Früchten und im Verlauf zu einer verminderten Vitalität. Bekannte Viren an Laubgehölzen sind z.B. das Kirschblattrollvirus (CLRV, cherry leaf roll virus), oder eine Reihe von Emaraviren u.a. an der Eberesche. In Europa sind Birken, vor allem in Skandinavien, von komplexen Absterbe-Erscheinungen betroffen, an

*Buchenblätter mit Symptomen, die typisch für Virenbefall sind*

denen Viren offenbar ursächlich beteiligt sind. Bei wirtschaftlich relevanten Obstgehölzen können erhebliche Ertragsverluste entstehen, so z.B. bei der Sharka-Krankheit des Steinobstes (Pfirsich, Zwetschge u.a.)

Übertragen werden Viren oft durch saugende Insekten oder mechanisch, z.B. bei Schnittarbeiten, oder wenn man bei der vegetativen Vermehrung Pflanzen propft. Es gibt aber auch Pflanzenviren, die zu einem erheblichen Teil über das Saatgut übertragen werden. Daher ist es besonders für Betriebe, die sich mit der Gehölzvermehrung und Anzucht beschäftigen, sehr wichtig, virusfreies Vermehrungsmaterial einzusetzen und hygienisch zu arbeiten.

*RK*

## 155. Bekommen auch Bäume Krebs?

Was wir bei Tieren Krebs nennen, heißt bei Pflanzen Tumor. Es handelt sich um selbständige Gewebeneubildungen, zumeist in Form von Beulen mit mehr oder weniger glatter Oberfläche. Oft werden diese als Maserknollen bezeichnet, sie besitzen festes Holz und bilden statisch kein Problem für den Baum, solange sie am Leben bleiben. Baumkrebs hingegen ist ein mehrjähriger Prozess, bei dem immer wieder Rinden- und Kambiumgewebe abstirbt und es dadurch zu oft eingesenkt wirkenden „Krebswunden“ kommt.

*RK*

*Bakteriell bedingte Tumore an einer Robinie (links), pilzbedingter Krebs an einer Buche (Mitte und rechts)*

## 156. Können Bäume Rost bekommen?

Rostpilze bilden eine ganz eigene, sehr merkwürdige Gruppe höherer Pilze. Sie besitzen keine typischen, größeren Pilzfruchtkörper, sondern bilden im Verlauf der Vegetationsperiode vor allem an Blattorganen oder an der Rinde auffällig gefärbte Sporenlager, denen sie ihren Namen verdanken. Rostpilze sind obligate Parasiten und können, vor allem in der Land- und Forstwirtschaft, an einer Reihe von Pflanzenarten zum Teil schwere Schäden verursachen. Ein forstliches Beispiel ist der Strobenrost, welcher die Weymouthskiefer infiziert und in Nordamerika zum starken Rückgang dieser Baumart geführt hat. Gartenbesitzer kennen vielleicht den Birnengitterrost, der einen Wirtswechsel mit bestimmten Zier-Wacholderarten besitzt; man kann also den Befallsdruck etwas mindern, wenn man die beiden Wirtspflanzen räumlich voneinander trennt.

*RK*

*Birnengitterrost an einem Birnbaum. Diese Erkrankung kann den Fruchtertrag stark beeinträchtigen; es gibt aber Birnensorten, die etwas weniger anfällig sind*

## 157. Was ist Schleimfluss?

Als Schleimfluss bezeichnet man vor allem bei Laubgehölzen Exsudate, welche aus der Rinde, manchmal auch aus tiefergehenden radialen Holzrissen, hervorgehen. Ursache ist jeweils abgestorbenes Rinden- oder Kambiumgewebe. Die Flüssigkeit entstammt entweder der abgestorbenen Rinde mit ihrem zuckerhaltigen Phloemsaft oder dem äußeren Holzkörper mit seinen wasser- und nährstoffleitenden Gefäßen. Daher werden diese Ausflüsse gerne von Bakterien und Hefepilzen besiedelt, verfärben sich dunkel und riechen dann manchmal auch etwas nach alkoholischer Gärung. Die Gründe für das Auftreten von Schleimfluss können vielfältig sein; sie werden sowohl von parasitischen Pilzen verursacht als auch z.B. durch starke Wurzelschäden nach Bauarbeiten oder nach einer Infektion mit bestimmten Fäulepilzen. Insofern sollte man bei umfangreichem Schleimfluss der Ursache nachgehen.

*RK*

*Schleimfluss an Buchen (links und Mitte) und Schleimfluss aus einem Nasskern mit Riss an einer Ulme (rechts)*

## 158. Was ist Rindenbrand?

Rindenbrand hat nichts mit Hitze zu tun, sondern ist die aus dem Volksmund stammende Bezeichnung für auffällig verfärbte, abgestorbene Bereiche der Rinde und des Kambiums. Rindenbrand kann durch Schwächeparasiten, vor allem bestimmte Schlauchpilze, ausgelöst werden, wenn Bäume Probleme mit der Vitalität haben. Sehr kalte Winterwitterung führt manchmal auch zum Absterben von Seitenzweigen und anschließend am Stamm zu Rindenbrand. Es gibt aber auch Wundparasiten, die z. B. Schnittwunden an Obstgehölzen infizieren und dann nach dem ersten Rindenbrand sogar zu mehrjährigem Baumkrebs führen (siehe Frage 155). Diese bevorzugen feucht-kühles Herbst- und Winterwetter, weshalb es angeraten ist, Obstbäume eher bei trockener Witterung im Spätwinter zu schneiden.

*RK*

*Rindenbrandnekrose an einem jungen Ahorn, verursacht durch den Rotpustelpilz, dessen winzige, orange-rötlichen Fruchtkörper man auf der abgestorbenen Rinde sieht (links). Rindenbrandnekrose an Esche durch den Erreger des Eschentriebsterbens (Mitte und rechts)*

## 159. Was ist eine Frostleiste?

Als „Frostleiste“ bezeichnen Förster längliche, vorgewölbte Bereiche am Hauptstamm größerer Bäume. Diese können meterlang werden und auf verschiedene Weise zustande kommen. In einigen Fällen sind es tatsächlich sehr tiefe Wintertemperaturen, die vor allem nach Temperaturstürzen zu

Schadbereichen in Rinde und Kambium führen. Diese werden i. d. R. in den Folgejahren vom Baum überwallt, aber gelegentlich kommt es vor, dass sich die Wundränder nicht dauerhaft schließen und Jahr für Jahr wieder aufbrechen. Dies regt den Baum wiederum an, seitlich erneut einen Überwallungsversuch zu starten. Mit der Zeit können dann meterlange, sehr deutlich abgesetzte Leisten entstehen.

Dasselbe Phänomen wird häufig auch durch größere, unvollständig überwallte Wunden im Bereich des Stammfußes oder stärkerer Äste ausgelöst. Da ist es dann besser, von „Wundleisten" zu sprechen. Bei Baumarten wie der Eiche werden auch bakterielle Infektionen der Holzstrahlen und damit einhergehende Rissbildungen aus dem Kernbereich heraus als Mitursache vermutet. Auch andere Schadereignisse können solche Wundleisten auslösen, wenn sie zu vertikalen, meterlangen Schädigungen des Kambiums führen. Beispielsweise führen Blitzeinschläge gelegentlich zu einer schmalen „Blitzrinne", welche bei unvollständiger Überwallung ebenfalls zu einer Wundleiste werden kann.

Bei kalter Winterwitterung kann es durch erhöhte Gewebespannungen zum plötzlichen Wiederaufreißen der Überwallungszone in radialer Richtung kommen, teilweise mit lautem Knall. Frost- bzw. Wundleisten bedeuten für die Forstwirtschaft einen erheblichen Wertverlust des Stammholzes, aber in vielen Fällen können Bäume mit diesem Phänomen noch jahrelang mechanisch stabil sein.

*RK*

*Wundleiste nach nicht sachgemäßer Entfernung eines Starkastes bei Esche (links): Wundleiste nach einer basalen Wunde bei einer Eiche (rechts)*

## 160. Können Bäume auch Sonnenbrand bekommen?

Ja, Bäume können Rinden- und Kambiumschäden durch Sonneneinstrahlung bekommen. Dabei stirbt das Rinden- und Kambiumgewebe ab, in der Folge reißt die Rinde bzw. Borke ein, und anschließend versucht der Baum mit einem seitlichen Wundkallus, den Schadbereich zu überwallen. Oft passieren Sonnenbrände, wenn Bäume an neue Standorte verpflanzt werden. Deshalb benötigen gerade Jungbäume an Straßen und in der Stadt einen ausreichenden Stammschutz. Man kann dazu z. B. Reetmatten verwenden oder weißen Stammanstriche, welche vor einer Überhitzung schützen. Übrigens können Sonnenbrandschäden auch im Spätwinter entstehen: Wenn die Wintersonne tagsüber die Rinde erwärmt, wird das Kambium angeregt, wieder seine Teilungsaktivität einzuleiten. Wenn es dann nachts, z. B. über Schnee, nochmal sehr kalt wird, erfriert das empfindliche Kambium.

*RK*

*Sonnenbrand an Buche und an Eberesche*

## 161. Sind Algen und Flechten schädlich für Bäume?

Algen, Flechten und Moose gehören in Bezug auf Bäume alle zu den Epiphyten, d. h. sie siedeln auf, aber nicht in ihrem Wirt. Der Baum bildet nur die Unterlage und bietet den Pflanzen Lebensraum. Epiphyten leben von den Substanzen, die sich in der Rinde und Borke der Bäume fangen (in der Stadt auch Feinstaub!) und produzieren mittels Photosynthese ihre eigene Energie. Schädlich sind solche Epiphyten zumindest in unseren Breiten nur, wenn z. B. Algen an schattigen, luftfeuchten Orten sehr starke Überzüge an Blättern und Nadeln bilden und damit die Photosynthese der Bäume etwas reduzieren. Für einen einigermaßen vitalen Baum ist das kein Problem, aber z. B. im Weihnachtsbaumanbau und in manchen Obstplantagen werden starke Algen- und Flechtenüberzüge natürlich ungern gesehen.

*RK*

*Überzüge durch die Rotbraune Fadenalge (Trentepohlia umbrina, links) sind ebenso wie Flechten auf der Rinde (rechts) für den Baum ungefährlich*

## 162. Ist Hundeurin schädlich für Bäume?

Hundeurin, aber auch Menschenurin in großer Menge ist schädlich für Pflanzen. Die Hauptwirkung betrifft die jungen Vegetationsorgane (Blätter, Nadeln) und die Feinwurzeln, welche verätzt werden können. Wurzeln können auch durch den Nährstoffüberschuss geschädigt werden, z. B. durch zu viel Stickstoff und Phosphor. Hundeurin hat auch eine negative Wirkung auf die chemischen und physikalischen Bodeneigenschaften und trägt mit zu den vielen Belastungen bei, denen ein Stadtbaum ausgesetzt ist.

*RK*

*An diesem Baum im Wiener Praterpark waren es nicht die Hunde, welche den Überschuss an Urin und die sichtbaren Schäden auch an der Grasnarbe hinterlassen haben*

## 163. Was ist ein Gallapfel?

Pflanzengallen sind Gewebsneubildungen, ähnlich wie manche Tumore, aber in diesem Fall meist ausgelöst durch bestimmte Insekten (Gallfliegen, Gallwespen, Gallläuse) oder Spinnentiere (Gallmilben). Hormonähnlich wirkende Stoffe dieser gallbildenden Tiere veranlassen den Baum, anstelle normaler Blätter oder Knospen die merkwürdigen Gebilde zu produzieren, in denen die Larven der Verursacher, vor Fressfeinden geschützt und von der Pflanze ernährt, heranwachsen. An der Eiche kommt es z. B. zu auffälligen, rundlichen, grünlich-roten Gallen an den Blättern, welche von der Gemeinen Eichengallwespe ausgelöst werden. Diese Galläpfel enthalten eine sehr große Menge an Gerbstoffen und wurden früher, zusammen mit Eisensulfat und Gummi arabicum, zur Herstellung der Eisengallustinte benutzt, mit der vor allem im Mittelalter zahlreiche historische Manuskripte geschrieben wurden.

*RK*

*Galle an einer Wildrose, von der Gemeinen Rosengallwespe verursacht. Diese Gebilde hießen früher im Volksmund auch „Schlafäpfel" und sollten bei Hexerei und Unruhezuständen helfen (links) und Gallenbildungen an Ess-Kastanie durch die aus Asien eingeschleppte Japanische Esskastanien-Gallwespe (rechts)*

## 164. Was ist ein Abschiedskragen bei einem Baum?

Vor allem bei unseren Laubbäumen lohnt es sich, den Bereich des Astansatzes einmal näher zu betrachten. Bei genauem Hinsehen sieht man, dass der Ast an seiner Basis oft eine Verdickung aufweist. In diesem Bereich überlappen sich die Zuwachszonen des Astes und des Stammes, gewissermaßen wie Flechtwerk. Das ist auch der Grund, warum selbst kleinere Äste so fest mit dem Stamm verbunden sind, dass man sie kaum ausbrechen kann. Diese verdickte Zone wird als Astkragen bezeichnet, und wenn man Äste entfernt, sollte der Schnitt außerhalb der verdickten Zone verlaufen, um kein Stammgewebe zu verletzen und um die Wunde kleinzuhalten (sog. Schnitt auf Astring).

Wenn nun ein Ast z. B. aufgrund von Lichtmangel beginnt, abzusterben, entstehen hormonelle Reize, die zum einen die Versorgung des Astes reduzieren und zum anderen das Wachstum des Stammgewebes im Bereich hinter dem Astkragen deutlich beschleunigen. Man erkennt, dass das Stammgewebe an der Astbasis sich gewissermaßen darauf vorbereitet, die Wunde, die der bald nicht mehr vorhandene Ast hinterlässt, zu überwallen. Dieser Gewebering am Stamm wird dann als „Abschiedskragen" bezeichnet.

Das Zusammenspiel von natürlichem Absterben z. B. der unteren, wenig belichteten Äste, der Zersetzung ihres Holzgewebes durch Pilze und die anschließende Überwallung der Wunde nach Abfallen des Astes bezeichnet man als natürliche Astreinigung. Bei den meisten Laubhölzern geht der Prozess schneller („Totastverlierer"), bei vielen Nadelhölzern eher langsam („Totasterhalter"). Das Ergebnis jedenfalls ist der in der Forstwirtschaft so geschätzte „astreine" Stamm.

*Absterbender Ast bei einer Platane mit verdicktem „Abschiedskragen" an der Basis; Korrekter, sauberer Schnitt „auf Astring" bei einer Kirsche*

RK

## 165. Wie entsteht ein Flaschenbauch?

Je nach Art und Alter können Bäume ganz unterschiedliche Stammformen entwickeln. Ein alter Baum ist z. B. durchaus nicht immer rund, im Gegenteil: besonders im Bereich des Stammfußes und des unteren Stammabschnittes entstehen mit der Zeit zum Teil größere Abweichungen vom runden Querschnitt. Das macht ja auch einen Teil des Reizes alter Bäume aus. Auch in Längsrichtung sind Bäume je nach Art, Alter und Standort unterschiedlich in Bezug auf die Abnahme ihres Durchmessers von unten nach oben. Wenn der Durchmesser von einer breiten Stammbasis bis in die Krone rasch abnimmt, spricht man in der Forstwirtschaft von „Abholzigkeit“ (siehe Frage 87. Die ist insbesondere bei Nadelhölzern wie Fichte, die als Bauholz Verwendung finden sollen, unerwünscht.

Eine ganz andere Entwicklung kann aber vorliegen, wenn ein Baum einen sog. Flaschenbauch (forstlich manchmal „Flaschenhals“) an der Stammbasis ausbildet. Hierbei handelt es sich um eine auffällige Verdickung der untersten Meter des Stammes. Die Ursache liegt meist im Vorliegen einer zentralen Holzfäule im unteren Stammbereich. Holzersetzende Fäulepilze bauen dabei die für die mechanische Stabilität wichtigen Holzbestandteile ab, und der Baum reagiert durch die verstärkte Bildung neuen, tragfähigen Holzes. Für solche Wuchsreaktionen wird gerne der Begriff der biologischen Selbstoptimierung verwendet. Je nach Fäulefortschritt und gesunder Restwandstärke können Bäume mit Flaschenbauch noch stabil sein, oder auch bruchgefährdet; darüber muss eine eingehende Untersuchung entscheiden. Es gibt aber auch Baumarten wie den Urweltmammutbaum (*Metasequoia glyptostroboides*) oder den Tulpenbaum (*Liriodendron tulipifera*), die von Natur aus dazu tendieren, einen verdickten unteren Stammbereich auszubilden, ohne dass eine Fäule vorliegt.

*RK*

*Fichte mit auffällig verbreiterter Stammbasis und Fäule durch Austernseitling; starke Verdickung an der Stammbasis eines Tulpenbaumes, hier ist das ein im Alter eher „normales“ Phänomen*

## 166. Sollte man Misteln auf Bäumen bekämpfen?

Die Mistel ist doch nun wirklich ein faszinierendes Gehölz. Sie ist ein Halbparasit. Da die ganze Pflanze Blattgrün (Chlorophyll) enthält, kann sie zwar Photosynthese betreiben, Wasser und Nährstoffe muss sie jedoch ihrem Wirtsbaum entnehmen. Es gelingt ihr, mit wurzelartigen Organen in ihn hinein vorzudringen und Kontakt zu den Leitungsbahnen im Holz herzustellen, ohne das Wirtsgewebe gleich zu beschädigen oder gar zu töten.

Dass so etwas im Pflanzenreich möglich ist, erstaunt und zieht Aufmerksamkeit auf sich. Selbst die gallischen Druiden verehrten die Mistel, zumindest, wenn man den Asterix-Heften glauben darf. Gallisch-keltische Quellen gibt es dazu nicht, nur der Römer Plinius der Ältere berichtet uns von einem Mistel-Kult bei den Kelten in Gallien.

Sollen wir so etwas Faszinierendes bekämpfen? In einige Städten und Gegenden wird dazu aufgerufen, da in jüngerer Vergangenheit immer mehr Misteln beobachtet wurden. Schädigen sie dann den Baum? Entnehmen sie zu viel Wasser und Nährstoffe? Diese Fragen sind nicht ganz so einfach zu beantworten. Zunächst einmal siedeln Misteln meist auf Bäumen, die schon geschwächt sind, sei es aus Altersgründen oder durch Umwelteinflüsse. Dort können sie dann dazu beitragen, den lebenswichtigen Wasserstrom im Holz aufrecht zu erhalten. Äste, auf

*Starker Mistel-Besatz auf Hybrid-Pappeln (Foto: A. Roloff)*

denen Misteln wachsen, wachsen stärker als solche ohne Mistel. Erst, wenn der Mistelbefall zu groß wird, wird der Baum wirklich geschädigt, so dass eine Bekämpfung notwendig sein könnte, wenn man den Baum erhalten will. Wenn man deutlich mehr als 10 große Mistelbüsche in einer Baumkrone sieht, ist eine solche Grenze erreicht. Sie entziehen dann dem Baum zu viel Wasser und Nährstoffe, beschatten sogar Baumteile oder stellen bei Schnee eine zu große Last dar, dass Äste abbrechen können.

Am besten, man schneidet dann die befallenen Äste zur Vorweihnachtszeit heraus, um sie selbst als Dekoration zu nutzen, Freunden ein Geschenk zu bereiten oder sie auf Weihnachtsmärkten anzubieten. *RK*

## 167. Schädigen Kletterpflanzen die Bäume?

Zahlreiche Pflanzenarten beschreiten in einer hochwachsenden Vegetation einen anderen Weg, sich einen Platz an der Sonne zu sichern. Sie klettern an Unterlagen empor. Dazu zählen auch viele Gehölzarten, die dann zuweilen als Lianen bezeichnet werden. Die Unterlagen können natürlich auch Bäume sein.

Dabei haben sie ganz unterschiedliche Wege entwickelt, sich an der Unterlage festzuhalten. Die Sprosse von Rosen oder Brombeeren wachsen ein Stück hoch, bevor sie aber zu instabil werden, lehnen sie sich an eine Unterlage an und ihre Stacheln verhindern das Abrutschen. Efeu oder Jungfernrebe bilden Haftwurzeln, die die langen, dünnen Triebe an der Unterlage oberflächlich festhalten, nicht aber in sie eindringen. Andere haben aus Sprossen (Wein) oder Blättern (Waldreben) spezielle Organe, die Ranken, entwickelt, die sich um eine Unterlage herumwickeln und so der Befestigung dienen. Das Geißblatt schlingt sich spiralig um die Unterlage herum und hinauf.

Direkte Schäden entstehen dadurch für den Baum nicht, da die Kletterpflanzen rein äußerlich auf den Baum klettern. Wenn aber ihre Last zu groß wird, vielleicht sogar noch in Verbindung mit einer zusätzlichen Schneeauflage, können Äste oder der ganze Baum brechen. Wenn es Efeu gelingt, in die Oberkrone eines dann meist schwachwüchsigen Baumes einzuwachsen, kann er zumindest Teile der Krone durch Beschattung zum Absterben bringen. Kletterpflanzen, die sich um die Unterlage winden, können

*Sehr üppige Waldrebe überwächst sogar Robinien (links); hier wurde eine junge Buche eingeschnürt (rechts)*

deren Dickenwachstum und schließlich ihren Stofftransport behindern oder sogar die ganze Pflanze strangulieren. Einige junge Bäume versuchen solch einer Strangulation zu entgehen, indem sie die Schlingpflanze überwallen. Das bringt beliebte Wanderstöcke hervor.

*UP*

## 168. Was ist eine Propfanomalie?

Manche Bäume und andere Gehölze werden veredelt, d.h. eine bestimmte, begehrte Sorte wird vegetativ auf eine sog. Unterlage, z.B. einen Wildsämling, derselben Gattung oder Art gepfropft. In manchen Fällen passen die Wuchsraten von Unterlage und Edelreis nicht gut zusammen und es entstehen Beulen, Verdickungen oder tumorähnliche Knollen. In der Regel sind die Verbindungen stabil, aber es gibt Fälle von Pfropfunverträglichkeiten, die mechanischen Belastungen z.B. durch Wind nicht standhalten. Baumschulgärtner wissen, welche Unterlage zu welcher Edelsorte passt.

*RK*

*Pfropfanomalie bei Eiche (links) und Kirsche (rechts)*

## 169. Welche Krankheiten und Schädlinge an Bäumen sind in Zukunft zu erwarten?

Fest steht, dass der Klimawandel bereits zahlreiche heimische Schädlinge und Krankheitserreger begünstigt, denn vor allem ausgedehnte Dürre- und Hitzeperioden machen vielen Gehölzen zu schaffen und prädisponieren sie für Angriffe durch Schwächeparasiten und Sekundärschädlinge. Dieser Trend wird vermutlich noch einige Jahrzehnte anhalten, je nachdem, wie konsequent wir gegen die Ursachen des Klimawandels vorgehen.

In den vergangenen Jahrhunderten sind aus fernen Erdteilen aber auch zahlreiche neue Schädlinge und Erkrankungen aufgetreten bzw. eingeschleppt worden. In gewisser Hinsicht ist dies ja ein Bestandteil der Evolution, denn Austauschprozesse (z. B. über Wind, Strömungen, Wanderungsbewegungen von Vögeln und Tieren) hat es in der Natur schon immer gegeben. In den letzten Jahrzehnten hat sich dieser Prozess allerdings durch den zunehmenden globalen Handel enorm beschleunigt. Beispiele für wichtige Gehölzkrankheiten, die im Laufe der letzten etwa hundert Jahren aus anderen Kontinenten nach Europa eingeschleppt wurden, sind die Ulmenwelke (aus Asien), der Esskastanienrindenkrebs (aus Asien) und der Platanenkrebs (aus Nordamerika). Umgekehrt wurde aus Europa z. B. der Strobenrost nach Nordamerika eingeschleppt und hat dort große Schäden an der Weymouths-Kiefer verursacht.

Auch tierische Schädlinge und vor allem Insekten wurden natürlich ausgetauscht. Ein bekanntes Beispiel ist der ALB (Asiatischer Laubholz-Bockkäfer), der in Deutschland bereits an zahlreichen Orten gefunden wurde und den man derzeit versucht auszurotten. Gartenbesitzer werden sich vielleicht auch über Schäden durch den aus Asien eingeschleppten Buchszünsler geärgert haben, einen Schmetterling, dessen Raupen zu Fraßschäden an Buchsbaum führen. Welche Einschleppungen in Zukunft noch zu erwarten sind, ist schwer zu sagen – die EPPO (European Plant Protection Organization) führt jedenfalls eine entsprechende Warnliste und bewertet potentielle neue Krankheiten und Schädlinge.

*RK*

*Ein frisch geschlüpfter Asiatischer Laubholzbockkäfer an einem Ahorn; man sieht das fast 1 cm breite Ausbohrloch und die groben Nagespäne*

# Welche Beziehungen haben Menschen und Bäume?

## Gartenbau, Stadtbäume, Obstbäume

### 170. Wie pflanzt man einen Baum?

Die zuerst zu verrichtende Arbeit geschieht mit dem Kopf – jede Baumpflanzung muss im Vorfeld sehr gut durchdacht werden. Folgende Fragen sind zu beantworten:

1. Ist der Baum für das Klima geeignet, d.h. entspricht seine Frostverträglichkeit der vorliegenden Winterhärtezone? Ein Gehölz aus dem Mittelmeerraum hat hier andere Ansprüche als eine Art aus einer vergleichbaren Klimazone.

2. Ist das vorhandene Mikroklima geeignet? Ein anspruchsvolleres Gehölz, welches mildere Temperaturen wünscht, gedeiht vor einer von der Sonne beschienenen und windgeschützten Hauswand, aber nicht unbedingt in einer freien Lage.

3. Bietet der Boden die von der Baumart verlangten Faktoren wie Säuregrad, Kalkgehalt, Nährstoffversorgung, Feuchtigkeit? Welche Bodenart liegt vor, handelt es sich um einen Sand- oder einen schweren Lehmboden?

4. Ist der ausgesuchte Standort geeignet? Wie groß und breit wird das Gehölz? Ist der Standort versiegelt?

5. Sind die Pflanznachbarn verträglich und passend? Steht z.B. bereits ein groß werdender Baum in der Nähe?

6. Sind die Lichtverhältnisse ausreichend für die Ansprüche des Baumes?

7. Kann der notwendige Betreuungsaufwand, vor allem das ausreichende Wässern nach der Pflanzung, geleistet werden? Rund 100 Liter Wasser bei jedem Gießgang, abhängig von der Stärke und den Ansprüchen der Art oder Sorte, je nach Wetterlage alle zwei Wochen während der Hauptwachstumszeit, müssen möglich sein.

Sind die planerischen Überlegungen erfolgreich und sinnvoll zu einem Ergebnis gekommen und steht der Wunschbaum bereit, kann gepflanzt werden.

1. Eine Pflanzgrube in ungefähr doppelter Größe des Ballendurchmessers oder, wenn wurzelnackt, des Wurzelwerkdurchmessers ausheben.

2. Grund der Grube umgraben oder lockern.

3. Grubenaushub mit Kompost, Sand, humoser Pflanzerde aus dem Sack, je nach Ansprüchen der Pflanze und den vorliegenden Bodeneigenschaften mischen, unter Umständen mit Beigabe eines langsam fließenden organischen Volldüngers.

4. Grubenboden mit der Mischung so weit bedecken, dass die Ballenoberfläche etwas erhöht zur umliegenden Bodenoberfläche liegt – niemals tiefer pflanzen.

5. Gut durchfeuchteten Ballen in das Pflanzloch setzen, dann etwaiges Ballentuch lösen und zu den Seiten umklappen.

6. Loch mit der Substratmischung auffüllen und antreten.

7. Erhöhten Gießwall ungefähr im Durchmesser das Ballens anlegen und das erste Mal reichlich Wasser zugeben.

8. In windoffener Lage sollte der Baum eine Anbindung mittels eines Baumpfahls oder eines Dreigestells bekommen.

*MW*

## 171. Können alle „in Mitteleuropa winterharten Gehölze“ ins Freie gepflanzt werden?

Zunächst muss geklärt werden, welche Staaten zu „Mitteleuropa“ gehören – dies ist nicht ganz eindeutig zu beantworten. Neben politischen und kulturellen Sichtweisen ist die naturräumliche Sicht auf „Mitteleuropa“ am ehesten geeignet für die Beantwortung der Frage, denn der Naturraum umfasst die wichtigsten Faktoren, die den Erfolg der Kultur von Pflanzen bestimmen: Klima, Geologie (vorliegende Gesteine), Boden, Relief (Geländeform), Wasserhaushalt sowie Biosphäre (Gesamtheit der vorkommenden Lebewesen). Hiernach zählen die zentral gelegenen Staaten Deutschland, Österreich und Schweiz zu Mitteleuropa, wie auch die Länder von Polen im Nordosten bis Rumänien im Südosten Europas. Aber politische Grenzen trennen oft einheitliche Naturräume, daher existieren viele Übergänge bei der hier erfolgten Abgrenzung.

Die Naturräume innerhalb eines Landes sind wiederum oft sehr unterschiedlich. In Deutschland z.B. muss das Norddeutsche Tiefland von den

Mittelgebirgslandschaften wie dem Harz oder schließlich dem Alpenvorland im Süden unterschieden werden. Auch spricht man häufig vom „Mikroklima" und meint damit z.B. den Unterschied zwischen einer Kaltluftsenke auf einer Wiese, durch die ein Bach fließt und der südlich ausgerichteten, warmen und windgeschützten Hauswand. Die **Winterhärtezonen**, die ganz Europa nach den durchschnittlichen Minimumtemperaturen unterteilen, geben weitere wichtige Hinweise, was in Frage 122 näher behandelt wird.

Bei der Auswahl eines für geeignet eingeschätzten Gehölzes finden sich dann große Sortimente von sehr oft nicht heimischen, vor allem aus Nordamerika und Ostasien eingeführten Zier- und Nutzgehölzen. Die Zahl der zur Verfügung stehenden Gehölzarten übersteigt sicherlich die Zahl 4000, wobei die jedes Jahr neu dazu kommenden Sorten noch nicht mitgezählt sind.

*MW*

*Karte der Naturräume Deutschlands vom Tiefland bis in die Alpen*

## 172. Welche Baumart ist der häufigste Straßenbaum Deutschlands?

In den meisten Städten sind die 3 häufigsten Straßenbäume in dieser Reihenfolge Linden (Sommer-, Winter- und Holländische Linde), Ahorne (Berg- und Spitz-Ahorn), Eichen (Stiel-, Trauben- und Rot-Eiche) und machen über 50 % des Straßenbaumbestandes aus. Darunter sind die beiden häufigsten Sommer-Linde und Spitz-Ahorn. Das ist insofern riskant, da der Ausfall einer dieser Baumarten dann sofort zu großen Lücken im Allee- und Baumbestand führen kann. Fast alle diese Arten sind einheimisch, zeigen in letzter Zeit aber Probleme: Die Ahorne, z.T. auch Linden, leiden unter Blattbräune durch Trockenstress und Streusalzeinfluss und sind hitzeempfindlich.

Daher kommt man bei einer Stadtgrün- oder Allee-Konzeption für die nächsten 50 Jahre um nichtheimische Baumarten nicht herum, dazu gibt es inzwischen umfangreiche, sehr gute und Mut machende Erfahrungen und Artenbewertungen. In verschiedenen Projekten wurden und werden Vorschläge für geeignete Baumarten erarbeitet, z.B. mit der GALK-Liste, der Datenbank Citree, im Projekt Stadtgrün 2021 und in der KlimaArtenMatrix 2.0. Damit erhält man eine ausreichende Auswahl an geeigneten Arten (bis zu 200), mit denen z.T. bereits langjährige Erfahrungen zumindest im jungen bis mittleren Alter bestehen. Aber auch Ausprobieren von neuen Baumarten ist weiterhin unbedingt erforderlich und sinnvoll, denn dabei gibt es immer wieder positive Überraschungen, wie z.B. in letzter Zeit bei Blasenesche und Sibirischer Ulme.

*AR*

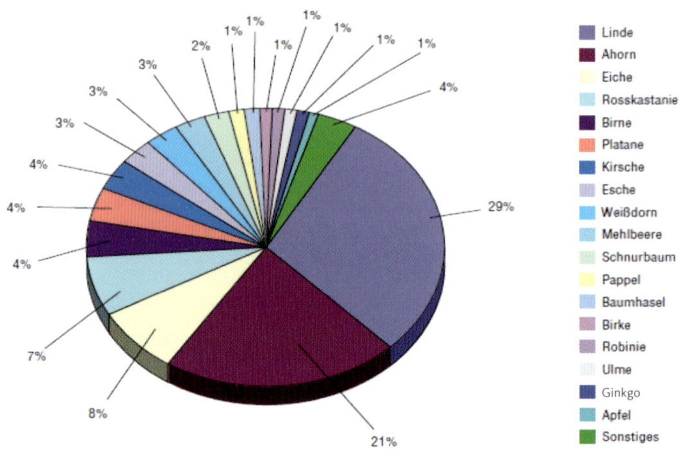


*Diagramm Straßenbäume Dresden (www.dresden.de)*

## 173. Wie fördert man Straßenbäume?

Günstig für die Verwendung von Bäumen an Straßen sind (in dieser Reihenfolge): die richtige Baumartenwahl, sorgsame Pflanzung, ausreichend Wurzelraum und Abstand zur Straße, ein möglichst naturnahes Stammumfeld, in Trockenzeiten Bewässerung...

Letztlich ist entscheidend eine angemessene Wertschätzung. Dies äußert sich in einem guten Zustand und angemessener Pflege der Bäume, Schutzvorkehrungen gegen Beschädigung und Reduktion von Streusalzverwendung. In wenigen Bundesländern gibt es Alleenschutzkonzepte sogar mit gesetzlichen Regelungen, am weitesten ist dies in Mecklenburg-Vorpommern ausgeprägt: dort sind Alleen sogar nach der Verfassung geschützt und auch einzelne Baumreihen nach dem Landesnaturschutzgesetz. Werden Straßenbäume gefällt, müssen sie mindestens 1:1 ersetzt werden.

Will man Straßenbäume vor Kraftfahrzeugen schützen, sind Leitplanken eine Lösung. Allerdings beeinträchtigen sie das Alleen-Erlebnis erheblich. Neuerdings sollen Straßenbäume außerhalb geschlossener Ortschaften einen Mindestabstand von 7,50 m von der Straße haben, so besagt es eine bundesweite Richtlinie von 2009. Dies hat zum massiven Alleebaumsterben in ganz Deutschland geführt, da Lückenbepflanzungen unterlassen werden, bis die gesamte Allee beseitigt werden und im großen Abstand neu gepflanzt werden kann (könnte). Der Alleecharakter wird dann ein vollkommen anderer als bei geschlossenem Kronendach.

*Vermutlich teuerster Stadtbaum (Chinesischer Feigenbaum) in Hongkong mit Kosten von Baumschutzmaßnahmen beim Bau der Hochhäuser um den Baum herum in Höhe von 24 Mio. Hongkong-Dollar*

Es bleibt zu hoffen, dass die Vorrangstellung des Autoverkehrs beizeiten wieder auf ein erträgliches Maß reduziert wird und Bäume nicht mehr als die Verursacher von Anfahrschäden wahrgenommen werden, sondern als ihre Opfer.

*AR*

## 174. Wie wirken sich Bäume auf das Klima in unseren Städten aus?

Städte haben hinsichtlich der klimatischen Gegebenheiten und damit nicht zuletzt für das Wohlbefinden der Bewohner ein Problem, welches außerhalb von Städten weniger starke Auswirkungen hat: Zahlreiche Gebäude, Plätze, Straßen und weitere bebaute Flächen führen zu einer erheblichen Zunahme der Lufterwärmung. Gleichzeitig kommt es dadurch sowie aufgrund der Versiegelung von Böden und dem fehlenden Pflanzenbewuchs zur Schwächung der Temperaturabnahme vor allem in der Nacht. Es ist deutlich heißer als im Umland – Messungen haben mancherorts Unterschiede von über 10 °C ergeben.

Im Zusammenspiel mit dem Klimawandel, also stetiger mittlerer Temperaturzunahme, höherer Strahlungsintensität, länger anhaltenden Hitzesommern mit langen Trockenperioden, Zunahme von Starkregenereignissen und Stürmen, kommt dem Bewuchs mit Bäumen eine immer größere Bedeutung zu. Bäume erzeugen Sauerstoff, kühlen und filtern die Luft, spenden Schatten und bieten Lärmschutz, binden $CO_2$ und erzeugen ein subjektives Wohlgefühl mit ihrer Größe, ihrer Kronenform, ihren Blättern, Blüten, Rinden und Früchten. Entscheidend ist dabei immer die richtige Standortwahl. In einem großen Park kann ein Baum mit riesiger Krone und zahlreichen Früchten wachsen, an einer beengten Straße oder nahe eines Gebäudes ist er fehl am Platz.

Wichtig ist neben der Berücksichtigung des jeweiligen Standortes eine Abkehr von traditioneller Baumarten-Verwendung. In der Vergangenheit wurden nur wenige Arten (Linden, Platanen, Ahorn, Eichen) in den Städten gepflanzt, heute kommt es mehr darauf an, breit gestreute Sortimente zu nutzen, also Pflanzenvielfalt auch bei den Bäumen anzustreben. Hier sind neben Sorten vor allem auch Baumarten aus wärmeren oder anders geeigneteren Weltgegenden von zunehmender Bedeutung.

*MW*

*Straßenbild mit und ohne Bäumen. Bäume sind außerordentlich wichtig in unseren Städten – und diese Bedeutung wird zukünftig noch weiter anwachsen*

## 175. Was versteht man unter der „Ökosystemleistung“ von Bäumen?

Ökosystemleistungen sind Leistungen der Natur, die von Ökosystemen erbracht werden und dem Wohlergehen der Menschen dienen. Bäume spielen dabei eine herausragende Rolle. Der Nutzen, den diese Leistungen für die Menschen erbringen, ist vielfältig und den Bereichen Gesundheit, Sicherheit, Biodiversität und Ökonomie zuzuordnen.

Man unterscheidet **Waldökosysteme** und **urbane Ökosysteme.** Waldökosysteme schützen beispielsweise vor Naturgefahren und Erosion, dienen als Erholungsraum, liefern Holz, reinigen Luft und Wasser und fungieren als Kohlenstoffspeicher, womit sie auch zum Klimaschutz beitragen. Die Leistung hängt vom Zustand der Waldökosysteme und vom sorgsamen und nachhaltigen Umgang mit ihnen ab. Heute spricht man auch vom **Millennium Ecosystem Assessment.** Die Ökosystemleistungen werden gegliedert in die **versorgenden Leistungen**, wie das Zurverfügungstellen von Nahrungsmitteln, Trinkwasser, Holz oder Brennstoffen; die **regulierenden Leistungen** wie Klimaregulierung, Luftreinigung, Verhinderung von Überschwemmungen oder Ausgleich bei Schädlingsbefall; **den kulturellen Leistungen** wie Erholung, Erleben und Bildung in der Natur, Spiritualität oder Befriedigung eines ästhetischen Empfindens, und den **Basisleistungen** wie Photosynthese, Stoffkreisläufe oder Bodenbildung.

Die **Ökosystemdienstleistung urbaner Ökosysteme**, vor allem die von Stadtbäumen, beinhaltet u.a. die Regulation des städtischen Mikroklimas durch die kühlende Wirkung durch Schatten, Transpiration, Zurückhalten von Niederschlagswasser oder Luftreinigungsfunktionen, aber auch ästhetische Aspekte, Biodiversität, Natur als Lernort sowie die Förderung von psychischer Gesundheit und Wohlbefinden.

Erst in den letzten Jahren versucht man, die Ökosystemleistungen auch wirtschaftlich zu berechnen und damit den „Wert“ von Bäumen zu verdeutlichen, der weit über den Faktor „Holz“ hinausgeht. *EJ*

## 176. Was ist eine Allee?

Das Wort Allee stammt vom französischen Wort „aller“ = gehen ab und wurde nach dem 30-jährigen Krieg in den deutschen Sprachschatz übernommen.

Eine Straße oder ein Weg, der auf beiden Seiten (auf einer Länge von mindestens 200 m) mit Bäumen bepflanzt ist, nennt man Allee. Diese haben also mindestens zwei, können aber auch aus drei oder vier parallel verlaufenden Baumreihen bestehen. Bei einer einseitigen Straßen- oder Wegseitenbepflanzung handelt es sich nicht um eine Allee, sondern um eine Baumreihe. Von der Anzahl der Baumreihen abgesehen unterscheidet man die folgenden Alleetypen:

1. **Offenen Allee.** Die beiden Baumreihen stehen so weit auseinander, dass sie nicht zuwachsen können und der Raum darüber offen bleibt.

2. **Geschlossene Allee.** Hier berühren sich die Kronen der beiden Baumreihen.

3. **Freiwachsende Allee**. Hier sind die Bäume so weit auseinander gepflanzt, dass ihr natürlicher Wuchs die Allee prägt.

4. Die **geformte oder beschnittene Allee**. Alle möglichen Formschnitte können zur Anwendung gelangen wie z. B. Kugel, Würfel, oder Kegelformen, aber auch durchgehende geschnittene Kasten-, Girlanden oder Fächerformen.

5. Mitunter sind die Alleen durch zusätzliche Hecken an den Seiten geschlossen.

Darüber hinaus unterscheidet man Alleen nach ihrem Verlauf, z. B. gerade, abknickend, schlängelnd, gebogen bis ringförmig oder bei entsprechendem Geländeprofil mit einem unregelmäßigen Verlauf. Aber auch nach ihrer Pflanzart: parallel gegenständig oder wechselständig.

In großen Parkanlagen finden wir z. B. folgende Systeme vor: Einfache Allee, Alleenkreuz, Dreistrahl oder Alleenfächer, Alleenstern oder auch komplexe, untereinander verbundene Alleensysteme. Allen Systemen ist gleich, dass sie so angelegt sind, dass sie immer zu einem zentralen Punkt, in der Regel einem Schloss oder wie im Berliner Tiergarten zu einem Platz, der Siegessäule, führen.

Generell wurden für Alleen eine Vielzahl an Baumarten verwendet. Als besonders gut geeignet gelten Linde, Ulme und Kastanie. Aber auch die Eiche, Platane, Birke, Buche, Pappel, Ahorn, Fichte, Esche, Eberesche und Mehlbeere werden verwendet.

*Eine alte Allee erfüllt nicht nur ästhetische und ökologische Funktionen*

Die meisten Alleen bestehen aus nur einer Baumart. Es gibt aber auch Alleen, in denen ganz bewusst zwei miteinander in Wuchs und oder Farbe kontrastierenden Baumarten, mehrere Baumarten in regelmäßiger Reihung oder aber verschiedene Baumarten in unregelmäßiger Reihung gepflanzt werden.

Alleen sind Gestaltungselemente in der Garten- und Landschaftsplanung. Sie sind sowohl in der Stadt als auch in der freien Landschaft Verbindungsachsen, aber auch räumliche Trennungslinien. Sie sind ein wertvolles Biotop für sehr viele bedrohte Arten, Feinstaubfilter, Sauerstoffproduzent, und vor allem in den Städten, durch ihre im Sommer kühlende Wirkung, eine natürliche und ökologische, das Stadtklima positiv beeinflussende Klimaanlage. Alleen sind aber auch, bedingt durch die massiven Baumfällungen seit den 1950er Jahren, fehlender Pflege und Nachpflanzung sowie starken Umweltbelastungen ein stark gefährdetes Biotop und Kulturdenkmal.

*VM*

## 177. Seit wann werden Alleen gepflanzt?

Immer wieder wird Napoleon genannt, der entlang seiner Heerstraßen Alleen pflanzen ließ. Napoleon hatte zwar den strategischen Vorteil von Alleen als Aufmarschstraßen für seine durch Europa marschierenden Armeen erkannt, da die Soldaten im Schatten der Bäume schneller gehen und ausgeruhter zur Schlacht ankamen, als wenn sie in der prallen Sonne gehen mussten. Zudem gaben sie Orientierung im Winter und bei Dunkelheit. Erfunden aber hat Napoleon die Alleen nicht. Dies waren bereits vor ca. 3000 Jahren die Ägypter, die – gefolgt von den Griechen und Römern – vereinzelt Alleen als Gestaltungselement in ihren Gärten benutzten. In der Renaissance waren es dann zuerst die damals in der Gartenkunst führenden Italiener, die Alleen in der Gartengestaltung verwendeten, gefolgt von den Franzosen, die im Barock die Allee zu einem der wesentlichen Gestaltungselemente in der Garten- und Landschaftskultur weiterentwickelten. In Mitteleuropa sind Alleen seit mindestens 500 Jahren nachweisbar und sind damit ein ganz Mitteleuropa verbindendes Kulturgut. Alleen wurden zunächst nur in Garten- und Parkanlagen sowie an den Zufahrtsstraßen zu den Schlössern und Herrenhäusern gepflanzt. Später erweiterten die über die Parkanlage hinaus verlängerten Alleen den Park in die Landschaft. Mitteleuropas älteste Landschaftsallee außerhalb der Gärten- und Parkanlagen entstand 1612 – 1618 in Hellbrunn bei Salzburg. Die älteste noch bestehende Allee Deutschlands wurde 1662 in Bassenheim am Karmelenberg gepflanzt, ist 1,1 km lang und besteht aus verschiedenen Baumarten. Ab ca. 1750 wurden Alleen zunehmend als Verbindungswege für Postkutschen und Heerstraßen bepflanzt. Da sie den

Straßen- oder Wegkörper begrenzten, die Wurzeln das Erdreich vor Erosion schützten, offene Wege im Schatten länger feucht blieben und nicht so staubten, wurden Alleen – verstärkt ab ca. 1840 – im Gegensatz zu heute nicht nur als landschaftsverschönernde Maßnahmen, sondern auch aus Gründen der verbesserten Verkehrssicherheit gepflanzt.

In ländlichen Gegenden wurden oftmals Obst- oder Walnussbäume gepflanzt, da sie auch zur Ernährung und als Holzlieferanten verwendet werden konnten. Die ab der zweiten Hälfte des 17. Jahrhunderts vielerorts angepflanzten Maulbeerbaumalleen dienten als Futtermaterial für die Seidenraupenzucht.

*VM*

## 178. Was ist Wildobst?

Unter Wildobst verstehen wir Obstarten, die züchterisch noch nicht oder kaum bearbeitet sind. Es handelt sich entweder um die reinen Wildarten oder aber den Wildarten noch sehr nahestehende Formen.

Typische Kulturobstarten wie z. B. Äpfel, Birnen oder Weintrauben werden schon seit biblischen Zeiten gezielt angebaut. Eines der wesentlichen Kennzeichen von Kulturobst ist, dass es über einen längeren Zeitraum selektiert oder gezielt gezüchtet wurde und sich durch bestimmte herausragende Eigenschaften wie Ertragsreichtum, Fruchtgröße, Fruchtfarbe, Geschmack, Reifezeitpunkt usw. auszeichnet.

*Nur wenigen ist bekannt, dass die Früchte der Mahonie verzehrt werden können; die Mahonie zählt zum Wildobst*

Wildobst ist generell zum Verzehr geeignet und wird von den Menschen schon seit Tausenden von Jahren genutzt. Unter den heute als Wildobst bezeichneten Arten gibt es viele, von denen es schon seit geraumer Zeit auch Auslesen und Kultursorten gibt, die aber aufgrund ihrer bisher geringen Bedeutung weiterhin als Wildobst bezeichnet werden. Viele dieser Wildobstarten werden heute aufgrund ihrer oft hohen Gehalte an sekundären Pflanzenstoffen auch als Vitalfrüchte oder Super Food bezeichnet. Als Beispiel seinen hier z. B. die aus Sibirien stammenden Maibeeren, die chinesische Goyi-Beere, der Sanddorn, die Kornelkirsche oder aber die Heidelbeere genannt.

Andere Arten wurden schon mal gezielt als Obstgehölze angebaut bzw. an natürlichen Standorten als Wildobst geerntet, sind dann aber wieder als angebautes Obstgehölz verschwunden wie z. B. die Felsenbirne und die Berberitze, die noch 1876 bei Karl Koch in „Die deutschen Obstgehölze" als deutsches Obstgehölz behandelt wurden oder die Kornelkirsche, deren großfrüchtige Sorten in den letzten Jahren immer beliebter geworden sind, nachdem sie bei uns über einen langen Zeitraum gar nicht mehr als Obstgehölz wahrgenommen wurden. Andere Wildobstarten, z. B. Holunder, Apfelbeere oder Sanddorn eignen sich eher zur Verarbeitung, werden in Deutschland seit Jahren professionell angebaut und haben als Saft, Gelee oder als natürliche Färbemittel Einzug in die Lebensmittelverarbeitung gefunden.

Wildobst ist seit einigen Jahren nicht nur wegen der oft sehr gesunden Früchte, sondern auch wegen der großen Bedeutung für die heimische Tierwelt sowie zur Gartengestaltung gefragt. Kornelkirsche, Felsenbirne, Maibeeren, Heidelbeeren und viele mehr sind nicht nur schöne und ökologisch wertvolle Gehölze für eine naturnah gestaltete Hecke, sie sind auch hervorragendes Naschobst, das im Vorbeigehen geerntet werden kann. Aufgrund der in den letzten Jahren stark gestiegenen Nachfrage nach Wildobst und. Wildobstprodukten haben sich mittlerweile viele Baumschulen darauf eingestellt und bieten oftmals ein größeres Sortiment an. Weitere geeignete Wildobstarten:

Bäume: Baum-Hasel, Ess-Kastanie, Elsbeere, Hickory-Nuss, Mährische Eberesche, Maulbeerbaum, Mehlbeere, Speierling, Walnussbaum, Vogel-Kirsche, Weißdorn, verschiedene Wild- und Zieräpfel, Wild-Birne

Sträucher: Blauschotenstrauch, Büffelbeere, verschiedene Felsenbirnen, Haselnuss, Indianerbanane, Japanische Weinbeere, Kirschpflaumen, Mahonie, Mispel, Ölweiden, Preiselbeere, verschiedene Rosenarten, Scheinquitte, Schlehdorn

Rank- und Schlingpflanzen: Akebie, verschiedene Kiwi-Arten, Spaltkölbchen, Weintrauben. *VM*

## 179. Was ist ein Streuobstbaum?

Ein Streuobstbaum ist ein Obstbaum wie z. B. Apfel, Birne, Kirsche oder Zwetschge, der auf einer Weide, Wiese, einem Acker, an Böschungen, Feldwegen oder Landstraßen steht. In der Regel handelt es sich um starkwachsende Hochstämme, seltener Halbstämme oder Büsche, die einzeln oder mit mehreren anderen Obstbäumen in einem mehr oder weniger lockeren, weitläufigen Verband, verstreut stehen. Die Zusammensetzung des Bestandes kann aus nur einer Baumart – dann meist Äpfel –, aber auch aus gemischten Beständen mit Kirsche, Birne und Zwetschgen oder Wildobstarten bestehen. Streuobstbäume stehen oft in dörflichen Randlagen, aber auch in der freien Landschaft und waren bzw. sind noch heute oftmals landschaftsprägend.

Alte Streuobstwiese in Blüte

Der Höhepunkt des durch Hochstämme geprägten Streuobstanbaues lag in den späten 1950er Jahren. In den 1960er bis 1970er Jahren verschwanden sehr viele Streuobstbäume. Es gab sogar Rodungsprämien, um die Wiesen maschinentauglich zu gestalten und um den Markt für den professionellen Obstanbau zu bereinigen. Hinzu kam, dass durch den plantagenmäßigen Obstbau eine wirtschaftliche Nutzung und Pflege der alten Streuobstbäume immer schwieriger wurde. Die Rodungen betrafen zunächst meist die etwas weiter vom Dorf entfernt liegenden Streuobstwiesen. Feldränder und ortsnahe Bestände wurden oft erst später, z. B. durch die Umwandlung von Weideland in Bauland, in Mitleidenschaft gezogen. Hinzu kam, dass früher intensive Pflegemaßnahmen nicht mehr durchgeführt und altersbedingt abgestorbene Bäume nicht mehr ersetzt wurden.

Streuobstbäume und -wiesen sind aufgrund ihrer eher extensiven Nutzung ausgesprochen artenreiche und schützenswerte Biotope, da hier in vielen Fällen mitunter stark bedrohte Arten einen letzten Rückzugsraum in unserer Landschaft haben. Das betrifft sowohl den Artenreichtum der auf den Wiesen vorkommenden Kräuter als auch die Vielfalt an Insekten, Kleinsäugern, Vögeln usw. *VM*

## 180. Warum sollen Obstgehölze regelmäßig geschnitten werden?

Obstgehölze erfüllen in der Regel eine ganze Reihe unterschiedlicher Funktionen, aber für die meisten Gartenbesitzer und natürlich auch z. B. Inhaber von Streuobstwiesen ist der Fruchtertrag ein wichtiger Aspekt. Wenn man Obstbäume einfach wachsen lässt, dann entwickeln sich zwar, je nach Unterlage und Sorte, teils große, prächtige Bäume, aber es kann auch zu Problemen hinsichtlich der Stabilität, der Vitalität, des Fruchtertrags und des Fruchtgewichts kommen. Gerade bei Apfel- und Birnbäumen sollte man bedenken, dass die Last, welche im Herbst bei der Fruchtreife von den Ästen getragen wird, z.T. enorm ist und zum Bruch bzw. Ausbruch von Ästen und ganzen Kronenteilen führen kann.

Viele Obstbäume neigen zur sog. Alternanz, das heißt, sie blühen und fruchten in sehr unregelmäßigem Maße und tragen z. B. in einem Jahr sehr viele Früchte, im darauffolgenden kaum welche oder gar keine. Dieses Problem kann man mit regelmäßigem, zeitlich und in der Stärke angepasstem Schnitt etwas abmildern. Bei Äpfeln und Birnen ist auch der Aspekt der Fruchtqualität wichtig, d. h. ein regelmäßig geschnittener Baum wird nicht zu viele, aber dafür ausreichend belichtete und in der Folge auch gut ausgereifte, lagerbare Früchte hervorbringen.

Bezüglich der korrekten Schnittführung, des geeigneten Schnittzeitpunkts und der angestrebten Kronenform und -größe sollte man sich entweder an einen Fachmann wenden oder eines der zahlreichen Bücher zum Schnitt und der Erziehung von Obstgehölzen konsultieren – nach Möglichkeit, bevor man mit Schere und Säge loslegt!

*RK*

*Studierende der Arboristik an einem älteren, stark pflegebedürftigen Obstbaum (links); gut gepflegte blühende Apfelbäume in einer Streuobstwiese (rechts)*

## 181. Wie reagiert ein Baum auf Schnittmaßnahmen und was sollte man beim Schneiden beachten?

Bäume haben im Laufe ihrer Entwicklung verschiedene Mechanismen entwickelt, um mit Wunden durch Tiere, Insektenfraß oder mechanische Ursachen (z. B. Steinschlag an Hängen) umzugehen. Da Bäume Wunden nicht wie Tiere verheilen, also beschädigtes Gewebe an Ort und Stelle ersetzen können, läuft ihre Strategie darauf hinaus, Wundbereiche räumlich abzuschotten und anschließend mit neuem Holz- und Rindengewebe zu überwallen. In den temperierten Zonen reagieren Bäume i. d. R. auf Verwundung besser, wenn dies in der Vegetationszeit geschieht, da die Bäume dann physiologisch aktiver sind. In der Vegetationsruhe kann ein Baum kaum reagieren und muss dies dann im folgenden Frühjahr nachholen.

Daraus folgt, dass Schnittmaßnahmen generell während des Sommerhalbjahres von Bäumen besser vertragen und effektiver abgeschottet werden. Voraussetzung ist allerdings, dass der Baum möglichst vital und gut wasserversorgt ist. Es gibt aber zahlreiche Faktoren, welche den geeigneten Schnittzeitpunkt und vor allem die maximal noch verkraftbare Wundgröße beeinflussen. Dabei spielt auch die Baumart eine Rolle; es gibt nämlich gut abschottende Baumarten wie Linde und Platane und schlecht abschottende wie Birke oder

*Sommerschnitt, hier durch einen Baumkletterer, wird von Bäumen durchaus gut vertragen. Für die meisten Schnittmaßahmen genügt eine scharfe Handsäge, da sie viel schonender als eine Kettensäge schneidet (links und Mitte); ein Schnitt an einem Ahorn im Spätwinter führt zum Austritt von „Blutungssaft", der hier in einer kalten Nacht gefroren ist (rechts)*

Esche. Auch die Baumform muss berücksichtigt werden; z.B. werden sog. Kopfbäume bei jährlichem Schnitt durchaus im Winterhalbjahr geschnitten, ebenso wie viele Obstgehölze. „Blutende“ Baumarten wie Ahorn, Birke und Walnuss, aus denen im Frühjahr häufig große Mengen Baumsaft nach Schnittmaßnahmen laufen, sollten eher im Sommer geschnitten werden. Es gibt also keine Pauschalrezepte für den Schnitt, und man sollte sich vor dem Schneiden mittels Fachliteratur informieren.

*RK*

## 182. Was ist die Verkehrssicherungspflicht und was bedeutet sie für den Baumeigentümer?

Als Verkehrssicherungspflicht in Bezug auf Bäume bezeichnet man die rechtliche Verpflichtung eines Baumeigentümers, dafür zu sorgen, dass von dem Baum keine vermeidbare bzw. vorsehbare Gefahr ausgeht. Dabei geht es vor allem darum, dass keine Äste ab- oder ausbrechen oder gar der Baum umstürzt, weil er nicht mehr richtig verankert ist. Man spricht rechtlich von einer berechtigten Sicherheitserwartung des Verkehrs, wobei mit Verkehr natürlich auch Personen gemeint sind. Kurzum, wenn Sie sich z.B. in einen Biergarten setzen, sollten Sie davon ausgehen dürfen, dass Ihnen kein morscher Ast auf den Kopf fällt. Anders ist das im Wald und im freien Feld; dort muss man damit rechnen, dass z.B. Äste herabstürzen oder Bäume umfallen, vor allem, aber nicht nur bei starkem Wind.

*Totholz in Form brüchiger Äste muss entfernt werden; Pilzfruchtköper am Stamm oder im Bereich des Stammfußes können Hinweis auf verminderte Bruch- oder Standsicherheit sein.*

Bäume sind biologische Lebenswesen und damit nicht normbar, wie z. B. ein Dachziegel oder eine Dachrinne, aber sie besitzen aufgrund ihrer Struktur und ihrer im Laufe der Evolution erworbenen Zähigkeit i. d. R. eine inhärente Grundsicherheit. Damit ist ein vitaler, gut im Erdreich verankerter Baum gegen die meisten mechanischen Belastungen des Alltags, also z. B. Wind bis zu einer gewissen Stärke, grundsätzlich gewappnet. Natürlich kann auch der stärkste Baum bei einem Orkan umstürzen oder brechen – dafür kann aber der Baumeigentümer nichts, das ist nicht vorhersehbar.

Gerade Stadtbäume können jedoch in ihrer Bruch- und Standsicherheit beeinträchtigt sein, z. B. wenn Fäulepilze größere Schnittwunden infizieren, oder wenn Aufgrabungen Beschädigungen und Infektionen der Haltewurzeln verursachen. Wenn ein Baumeigentümer den Zustand des Baumes nicht einschätzen kann, muss er Fachleute dafür beauftragen („Unwissenheit schützt vor Strafe nicht"). Übrigens: wenn ein Baum genau auf der Grenze zwischen zwei Grundstücken steht, gehört er beiden Grundeigentümern und beide sind anteilig verantwortlich.

*RK*

## 183. Wie beurteilt man Schadsymptome an Gehölzen hinsichtlich der Verkehrssicherheit?

Bäume in der Stadt und an Straßen werden i. d. R. im Rahmen einer sog. Baumkontrolle auf ihre Verkehrssicherheit überprüft. Dabei handelt es sich um eine systematische, visuelle Einschätzung des Baumes und die Suche

*Der Fruchtkörper eines Holzfäulepilzes am Stammfuß einer Eiche kann auf Probleme hinsichtlich der Bruch- und Standsicherheit hinweisen (links); Pilzfruchtkörper und ein Stammriss an der Esche machen eine eingehende Untersuchung erforderlich (rechts)*

nach möglichen sicherheitsrelevanten Defekten im Bereich des Hauptstammes, der Krone und des Stammanlaufs. Dabei wird besonders auf folgende Dinge geachtet, welche die Verkehrssicherheit herabsetzen können: Totholz etwa ab 3 cm Durchmesser; alte Astungswunden und Astausbrüche, da diese eine Eingangspforte für holzzerstörende Pilze bilden; Saftfluss aus der Rinde; Anzeichen für Risse, Höhlungen und Morschungen. Auch die Stabilität der Verbindung zwischen den Hauptstämmlingen oder zwischen Hauptästen und Stamm kann, u.a. anhand der Rindenstruktur, eingeschätzt werden. Werden bei der Baumkontrolle durch Fachleute Defekte festgestellt, besteht natürlich Handlungsbedarf, z.B. die Entfernung von Totholz oder der Einbau einer Kronensicherung.

Wenn Defekte festgestellt werden, von denen nicht klar ist, ob sie die Stand- und Bruchsicherheit beeinträchtigen, dann muss eine eingehende Untersuchung durch Fachleute erfolgen. Dabei kommen heute auch zerstörungsfreie Methoden wie Schalltomographie und elektrische Widerstandstomographie zum Einsatz, mit denen man in den Baum hineinschauen kann, ohne ihn z.B. durch Anbohren zu verletzen.

Mit etwas angelesenem Wissen können Baumeigentümer zumindest auf grundlegende Defekte achten und dann ggf. Fachleute beauftragen. Diese können anhand des Defektausmaßes, der Baumgröße und der vor Ort herrschenden Verhältnisse (z.B. Windanfälligkeit) berechnen, ob der Baum noch sicher ist und ggf. Maßnahmen empfehlen.

*RK*

## 184. Was sind Sorten von Gehölzen und wie können sie entstehen?

Eine pflanzliche Sorte oder Cultivar muss sich durch ihre Merkmale von anderen Sorten der gleichen Art unterscheiden. Sorten unterscheiden sich hinsichtlich der Art oder von anderen Sorten der gleichen Art durch morphologische, physiologische, zytologische, chemische oder andere Merkmale, also durch Aussehen, Wüchsigkeit, Blütenfarbe und -reichtum, Laubfärbung, Duft, Fruchtbildung, Reifezeit, Krankheitstoleranz, Trockenheitsverträglichkeit, Frosttoleranz usw. Die Merkmale müssen eindeutig, einheitlich und stabil sein. Sie werden vegetativ vermehrt. Dies kann z.B. durch Stecklinge, Steckholz, Wurzelschnittlinge, Veredlung oder *in vitro*-Vermehrung erfolgen. Da alle so produzierten Pflanzen von nur einer Mutterpflanze abstammen, sind sie genetisch identisch. Es handelt sich also um Klone.

Erkennbar ist eine Sorte in Gartenkatalogen oder anderen Veröffentlichungen daran, dass der Sortenname in

*Eine der zahlreichen Sorten des Fächer-Ahorns: 'Aratama'*

einfachen Anführungszeichen gesetzt wird, z. B. bei der Mahonie und ihrer mit der im Winter intensiv laubgefärbten Sorte 'Apollo' oder der rotblättrigen Sorte des Japanischen Fächer-Ahorns 'Aratama'.

Sorten können auf folgende Art und Weise entstehen:

1. Generative Selektionszüchtung. Diese geschieht gezielt.

2. Durch bei der Aussaat auftretende Mutationen, die dann nur vegetativ weiter vermehrt werden.

3. Durch Spross- oder Knospenmutationen, den sogenannten Sports, bei denen es sich um eine Mutation handelt, die ebenfalls nur vegetativ weitervermehrt wird.

Ein einzelner Sämling, der abweichende Merkmale aufweist, ist noch keine Sorte. Die Merkmale müssen durch Vermehrung weitergegeben werden können und untereinander einheitlich sein. Dies erfordert oft viele Jahre der Züchtungsarbeit. Es ist häufig auch reiner Zufall und der besonderen Aufmerksamkeit und Beobachtungsgabe Einzelner zu verdanken, dass ein Sämling unter Hunderten „auffällt" und herausgesucht wird, um ihn zu vermehren. Bis die Sorte in den Handel gelangt, muss sie viele Jahre beobachtet werden und sich als Verbesserung oder auch Bereicherung des bestehenden Sortiments erweisen. Der letzte Schritt kann die Beantragung eines Sortenschutzes im Sinne des Patentrechts sein.

Allerdings gibt es auch Ausnahmen. Der Weinbergpfirsich gehört z. B. zu den wenigen Obstgehölzen, die auch bei Aussaat praktisch sortenrein fallen. Die Nachkommen sind dann allerdings Sämlinge des Weinberg-Pfirsichs und stellen keine Sorte dar. *VM und MW*

*Eine Sorte der Rot-Buche, Fagus sylvatica, 'Rotundifolia', mit rundlichen Blättern*

## 185. Warum sind Sorten von Gehölzen wichtig?

Es gibt Gehölzgattungen, deren Sortenanzahl unüberschaubar ist. Das gilt z. B. für die Rosen, die seit mehr als 2000 Jahren gezüchtet werden und deren Sortenzahl in die Tausende geht. Aber auch von einem der in Deutschland typischen Straßenbäume, dem Spitz-Ahorn, werden um die 25 Sorten angeboten. Reicht es denn nicht, die vielen Wildarten der Pflanzen und darunter die Gehölze in die Gärten, in die Parks und an die Straßen zu pflanzen? Was können Gehölzsorten, was deren Ausgangs- oder Wildarten nicht können?

Ulmen, in Mischwäldern vereinzelt auftretende große Bäume, zierten viele Jahrhunderte als verehrte Kulturbäume z. B. die Dorfplätze und wurden auch oft in den Städten gepflanzt. 1919 trat dann in Europa eine durch Käfer verbreitete Pilz-Krankheit auf, die die mächtigen Bäume in sehr großer Zahl durch Verstopfen der Wasserleitungsbahnen zum Absterben brachte („Holländische Ulmenkrankheit“). Die Ulme verschwand in der Folge fast völlig von der Bildfläche. Heute stehen als Ergebnis Jahrzehnte langer, intensiver Züchtungsarbeit wieder mehr als 20 resistente Ulmen-Sorten zur Verfügung, von der 'Sapporo Autumn Gold' als eine der ersten Sorten aus den 1980er Jahren bis zur säulenförmig wachsenden 'Columella', die durch die schmale Form auch als Straßenbaum in Frage kommt.

Durch die Sortenvielfalt können also viele sehr unterschiedliche Ansprüche und Wünsche befriedigt und die Gärten, Parks und Straßenbilder bereichert werden.

*MW*

*Die Resista-Ulme 'Sapporo Autumn Gold' – eine Sorte, die eine Geschichte erzählen kann (links); die Hängeform des Weißen Maulbeerbaums – sie passt sogar in das Beet einer Natursteinmauer (rechts)*

## 186. Was ist eine Panaschierung?

*Ein panaschierter Zwerg-Spindelstrauch*

Der Begriff der Panaschierung stammt aus dem Französischen und wird von dem Wort panacher = mischen hergeleitet. Allgemein versteht man darunter Pflanzen, deren Blätter nicht nur aus einem einheitlichen Grün bestehen, sondern eine farbige Variation zum normalen Blatt aufweisen. Es kann sich entweder um verschieden Grüntöne, oder aber Grün mit gelben, weißen, rosa oder z. B. roten Farbtönen handeln. Das dabei auftretende Farbmuster kann wie z. B. bei unserem normalen Wiesenklee einheitlich sein. Also ein dunkelgrünes Blatt, das eine helle silbrig-weiße pfeilspitzenförmige Zeichnung aufweist, die den Insekten als Orientierungshilfe beim Anflug der Blüten dient. Es kann aber auch völlig anders aussehen. Häufig anzutreffende Muster sind z. B. eine grüne Blattmitte mit einem weißen, gelben, rosa oder roten Rand. Es kann auch genau umgekehrt sein, oder aber die Zeichnung besteht aus einem völlig anderen Muster, wobei die Muster alle nur denkbaren Variationen aufweisen können.

Bei einer Panaschierung liegt in ein Chlorophylldefekt vor. Das heißt, in einigen Blattbereichen gibt es kein oder weniger Chlorophyll. Bei gelben oder rotfarbigen Panaschierungen treten dann die normalerweise vom grünen Chlorophyll überdeckten Farbstoffe aus der Gruppe der Carotinoide (gelbe Farbtöne) oder den Anthocyanen (rote Farbtöne) zum Vorschein. Die reinweißen Bereiche enthalten kein Chlorophyll und keine Farbstoffe. Das weiß entsteht durch die Lichtbrechung in der Zelle. Sie müssen daher von den anderen, zur Assimilation befähigten Zellen mitversorgt und erhalten werden. Die Ursache kann wie beim Wiesenklee genetisch fixiert sein. Sie kann aber auch durch eine Chimäre oder durch eine normale Mutation entstehen. Je nach Pflanzenart wird dann diese besondere Panaschierung durch z. B. Stecklinge, Steckholz oder Veredelungen vermehrt und als besondere Sorte in den Handel gebracht.

*VM*

## 187. Welche Bäume haben den Atombombenabwurf in Hiroshima überlebt?

Allgemein bekannt ist, dass in Hiroshima ein Ginkgo in der Nähe des Hypozentrums (der Ort des Einschlags der Atombombe, die am 6. August 1945 abgeworfen wurde) überlebte. Doch dieser Baum ist nicht der einzige überlebende Baum. In einem Radius von 2 km um das Hypozentrum herum haben etwa 270 Bäume überlebt. Ungefähr 170 davon leben noch heute und werden in Japan als „***Hibaku-jumoku***" besonders verehrt. So werden Bäume bezeichnet, die der Atombombe ausgesetzt waren. Nur 300 m entfernt vom Hypozentrum befindet sich derjenige überlebende Baum, der sich der Einsturzstelle am nächsten befand, eine Trauer-Weide.

Die am häufigsten vertretene Art der *Hibaku-jumoku* ist der Kampferbaum (*Cinnamomum camphora*, 12 Bäume), gefolgt vom Ginkgo (*Ginkgo biloba*, 6 Bäume) und der Trauerweide (*Salix babylonica*, 5 Bäume). Viele weitere Arten wie Stechpalme (*Ilex rotundata*), Japanische Aprikose (*Prunus mume*), Platanen, Kirschen oder Chinesischer Wacholder (*Juniperus chinensis*) haben überlebt; viele von ihnen zeigen Brandspuren, zumindest auf der dem Epizentrum zugeneigten Seite. Ein Oleander blühte bereits 1946, ein Jahr später, wieder. Er wurde zur offiziellen Blütenpflanze von Hiroshima gekürt, der Kampferbaum zum offiziellen Baum der Stadt.

Die Bäume waren kurzzeitig einer Temperatur von mehreren Hundert Grad ausgesetzt. Verbrannte Stämme zeugen noch heute von der unvorstellbaren Zerstörungskraft der Bombe und gleichzeitig von der unglaublichen Zähigkeit dieser Bäume.

*EJ*

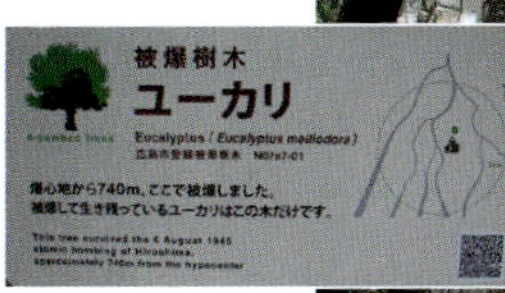


*Diese beiden Bäume haben zusammen mit Dutzenden anderen den Abwurf der Atombombe in Hiroshima überlebt: Rundblättrige Weide (Salix chaenomeloides, oben) und ein Eukalyptus (Eucalyptus melliodora, unten). Sie sind Hibaku-jumoku*

## 188. Gibt es gentechnisch veränderte Bäume?

Pflanzen, in die mit molekularbiologischen Methoden kurze DNA-Abschnitte eingefügt werden, bezeichnet man als **gentechnisch veränderte Organismen** (GVO oder GMO, genetically modified organism) oder transgene Pflanzen. In den meisten Fällen besteht das Ziel darin, eine neue Eigenschaft in die Pflanze einzuführen, die in der Art nicht natürlich vorkommt. Beispiele hierfür sind Resistenz gegen Insekten, Viren, Pilze, Bakterien, Umwelteinwirkungen und Herbizidtoleranz oder die Veränderung des Ligningehalts, um die Kosten der Zerlegung des Holzes in Holzfasern zu senken.

Auch wenn die Forschung an gentechnisch veränderten Bäumen bereits seit 1988 läuft, befinden sich Entwicklung, Prüfung und Verwendung im Vergleich zu gentechnisch veränderten Nutzpflanzen noch in einem frühen Stadium. Gentechnisch verändert wurden bislang über 35 Baumarten bzw. -gruppen, darunter Pappel, Eukalyptus, Fichte, Lärche, Kiefer, Ulme, Birke, Apfel, Edel-Kastanie, Pflaume, Papaya und Gummibaum.

Bestimmte gentechnisch veränderte Obstbaumarten, darunter Apfel, Papaya und Pflaume, wurden für die kommerzielle Nutzung in den Vereinigten Staaten, Kanada und China zugelassen. Gentechnisch veränderte Waldbäume sind, mit Ausnahme von insektenresistenten Pappeln in China und einem Fall von gentechnisch verändertem Eukalyptus in Brasilien, noch nicht für die kommerzielle Nutzung zugelassen.

Die staatliche Forstverwaltung Chinas genehmigte im Jahr 2002 die kommerzielle Nutzung gentechnisch veränderter Pappeln. Daraufhin wurden 1,4 Millionen Pappeln, denen ein Gen von *Bacillus thuringiensis* eingefügt wurde (sogenannte Bt-Pappeln), damit sie selbst ein Insektengift gegen Schädlinge produzieren können, gepflanzt. Sie wurden sowohl zur Holzproduktion als auch zur Eindämmung der Wüstenbildung als Teil von Chinas „Grüne Mauer“-Projekt gepflanzt.

*ML*

## 189. Können Heilmittel aus Bäumen hergestellt werden?

Seit langen nutzen Menschen auf allen Kontinenten Blüten, Früchte, Samen, Blätter, Rinde oder Wurzeln für medizinische Zwecke. Dabei gilt stets der Paracelsus zugeschriebene Ausspruch „allein die Dosis macht, dass ein Ding kein Gift ist“. Bäume, die giftig sind, können auch medizinische Wirkungen erzielen. Die heilsame Wirkung von Lindenblütentee oder Holundersaft ist bekannt. Von geschätzten 50 000 Pflanzen, denen man eine Heilwirkung zuschreibt, stellen Gehölze den größten Teil dar.

Die indigenen Völker aller Kontinente nutzen seit sehr langer Zeit Pflanzen, um daraus „Medizin" herzustellen. Dieses Wissen um Heilpflanzen hat seit einigen Jahren wieder sehr an Bedeutung gewonnen. Vor allem Pharmakonzerne versprechen sich Gewinne, wenn sie das Wissen der indigenen Völker nutzen. Das hat sogar dazu geführt, sich Inhaltsstoffe von Pflanzen patentieren zu lassen, die Jahrhunderte lang frei genutzt wurden. Mittlerweile ist durch internationale Verträge geregelt, dass die indigenen Völker einen Nutzen dieser Regelungen haben. Etwa 75 % der Medikamente, die heutzutage weltweit verwendet werden, gehen auf Pflanzen zurück, die unter Zuhilfenahme von traditionellem Wissen gesammelt wurden. 1996 erzielte die Pharmaindustrie weltweit etwa 32 Milliarden US-Dollar Gewinn mit Medikamenten, die bereits vor der Vermarktung traditionell angewendet wurden.

Bekannte Beispiele, dass auch bei uns die Inhaltstoffe heimischer Baumarten medizinisch genutzt werden, sind Weide und Eibe. Die Weide, wissenschaftlich *Salix*, wurde schon im Mittelalter als Fieber- und Schmerzmittel genutzt. Aus dem Wirkstoff Salicin wurde um 1838 Salicylsäure hergestellt, aus der ab 1897 Acetylsalicylsäure entwickelt wurde. Damit wurde eines der wirksamsten Schmerzmittel „entdeckt". Aus den Wirkstoffen der giftigen Eibe wird seit 1962 Taxol gewonnen; es zeigte sich, dass es in der Krebstherapie eingesetzt werden kann.

*EJ*

## 190. Welcher ist der giftigste Baum der Welt?

Bäume, die giftige Teile enthalten, gibt es viele. Diese können in sehr unterschiedlichen Konzentrationen schädigend wirken. Zu den weltweit giftigsten Gehölzen zählen die folgenden subtropischen und tropischen Arten:

1. **Manchinelbaum** (*Hippomane mancinella*). In Südamerika wird dieser Baum auch Manzanilla de la muerte (Todesäpfelchen) genannt – wegen der verführerisch aussehenden apfelähnlichen Früchte. Der bis 15 m hoch werdende Baum wächst in Strandnähe an den Küsten von Florida sowie Mittel- und Südamerikas. In Florida steht er auf der Roten Liste. In Verbindung mit Wasser lösen sich Stoffe aus den Blättern, die stark ätzend auf die Haut oder Augen wirken – diese Wirkung wird bereits erzielt, wenn man sich bei Regen unter den Baum stellt. Ein Verbrennen des Holzes kann eine vorübergehende Blindheit verursachen, wenn der Rauch in die Augen kommt. Die Früchte können bei Verzehr für den Menschen tödlich sein. Galapagos-Riesenschildkröten und einige Leguan-Arten fressen die Früchte und tragen zur Verbreitung des Baumes bei.

2. Der **Zerberusbaum** oder **Selbstmordbaum** (*Cerbera odollam*). Dieser in Indien und dem Westpazifikraum wachsende Baum kann 15 m hoch werden; er entwickelt sehr giftige Früchte. Bereits 6 Stunden nach Einnahme einer Frucht tritt der Tod ein; das Gift ist kaum nachweisbar. Allein in Südindien wurden zwischen 1989 und 1999 über 500 Todesfälle registriert, die eindeutig diesem Baum zuzuordnen waren. Als „Mintolla" werden die getrockneten Samen häufig in der Floristik eingesetzt, auch bei uns.

3. Der **Brechnussbaum** (*Strychnos nux-vomica*). Dieser bis 25 m hohe Baum wächst ebenfalls in Südostasien und an den Küsten Westafrikas. Alle Pflanzenteile enthalten das tödliche Alkaloid Strychnin; am verführerischsten sind die an Mandarinen erinnernden Früchte. In vielen Kulturen wird Strychnin in geringen Dosen auch als Arznei verwendet.

*Eine Mintolla-Frucht; diese werden häufig in der Floristik eingesetzt (Foto: NaDeco)*

4. Der **Wunderbaum** oder **Rizinus** (*Ricinus communis*). Bei uns wird Rizinus, häufig in seiner rotblättrigen Form, als einjährige Zierpflanze kultiviert. In seiner Heimat Ostafrika und Südostasien kann der dort mehrjährige Rizinus über 10 m hoch werden und einen verholzten Stamm ausbilden. Die Samen sind stark ölhaltig, das daraus gewonnene Rizinusöl wird zu medizinischen und kosmetischen Zwecken verwendet. Das Endokarp des Samens enthält jedoch das stark giftige Rizin, eines der stärksten natürlich vorkommenden Gifte der Welt. Es wirkt in sehr geringer Menge tödlich. Rizin ist sogar im Kriegswaffenkontrollgesetz aufgeführt.

Giftige Pflanzen wachsen natürlich auch bei uns. Viele von ihnen sind jedoch nicht tödlich, einige können es aber sein, wenn größere Mengen davon verzehrt werden. So enthalten z. B. Goldregen, Eibe, Buchsbaum, Efeu oder die Stechpalme giftige Pflanzenteile. Vergiftungen durch diese Pflanzen entstehen vor allem, wenn Kinder aus Unkenntnis Früchte, Samen oder andere Pflanzenteile verschlucken. Wichtig ist Aufklärungsarbeit; Kinder sollten nichts, was sie nicht genau kennen, in den Mund nehmen. Im Zweifelsfalle sollte man sich informieren, bevor man eine Pflanze in den Garten pflanzt.

*EJ*

## 191. Was haben Straßenbau, Viskose und Vanillin mit Bäumen zu tun?

Teile oder Produkte von Bäumen werden vielfältig genutzt. Als Brennholz, Baumaterial oder zur Herstellung von Geräten sind Bäume bis in heutiger Zeit unverzichtbar. Zellstoffe für die Papierherstellung, „flüssiges Holz" als Alternative zu Kunststoff oder Öle, Latex und Harze werden aus Bäumen gewonnen. Zweige von Gehölzen dienen in den Gradierwerken zum Durchsickern der Sole. Aus Holzfasern können Dämmstoffe hergestellt werden. Und es gibt viele weitere Verwendungen, wie folgende Beispiele zeigen.

*Echte Vanille ist um ein Vielfaches teurer als synthetisch hergestelltes Vanillin, das u. a. als Aromastoff mit Zucker gemischt wird. Der Weltbedarf dieses Gewürzes wäre durch natürliche Vanille nur zu einem kleinen Teil zu decken*

Durch moorige Regionen führten schon in der Steinzeit „**Holzstraßen**", die aus aneinandergelegten Baumstämmen bestanden. Noch um 1840 wurden in London viele Straßen mit Hartholz gepflastert. Die Idee kam aus St. Petersburg. In Kalifornien bestanden noch bis in die 1930er Jahre sogenannte „Plank Roads", die durch wüstenartige Regionen führten und erst mit höherem Verkehrsaufkommen unrentabel wurden. In Südostasien soll eine Straße aus Teakholz gebaut worden sein, mittlerweile überteert.

Weniger bekannt ist, dass wir aus Bäumen gewonnene Stoffe dort nutzen, wo wir es gar nicht annehmen. **Viskose** ist ein Beispiel. Als Ausgangsmaterial für die Viskosefaserherstellung dient Chemiezellstoff, der durch chemische Verfahren aus Holz von Buchen, Fichten, Kiefern, Eukalyptus und weiteren Pflanzenarten gewonnen wird. Dieser Zellstoff unterscheidet sich qualitativ von demjenigen für die Papierherstellung dadurch, dass die Kettenlänge der Polymere kürzer und die Reinheit höher ist. Beim Verspinnen der Viskose-Lösung in einem Säurebad erhält man Kunstseide, beim Verpressen Cellophan.

Ein weiteres Beispiel ist **Vanillin**. Natürliches Vanillin erzielt man aus den Kapselfrüchten der Gewürzvanille. Aber über 90 % des Vanillins wird synthetisch hergestellt. Ausgangsstoff für die künstliche Vanillin-Herstellung kann unter anderem Lignin sein, das als Nebenprodukt bei der Papierherstellung anfällt. 1874 konnte die beiden Chemiker Wilhelm Haarmann und Ferdinand Tiemann erstmals Vanillin aus Coniferin herzustellen, das in der Rinde von Nadelgehölzen enthalten ist. Künstlich hergestelltes Vanillin ist unverzichtbar für die Deckung des Weltbedarfs, der bei ca. 20000 Tonnen liegt. Natürliches Vanillin hat seinen Preis: es ist etwa 50–100-mal teurer als künstlich hergestelltes.

## 192. Was sind Dendrologie und dendrologische Gesellschaften?

Der Begriff Dendrologie stammt aus dem Altgriechischen und setzt sich zusammen aus dendron = Baum und logie = Lehre oder Wissenschaft. Die Dendrologie ist demnach die Lehre oder Wissenschaft von Bäumen. Sie befasst sich mit allen verholzten Pflanzen, also Bäumen, Sträuchern und Kletterpflanzen und ist ein Teilgebiet der Botanik. Ihre größte Bedeutung hat sie für die Forstwirtschaft und den Gartenbau. Der griechische Philosoph und Naturforscher Theophrastos von Ephesos, (371 – 287 v. Chr.) gilt als der Begründer der Dendrologie. Personen, die sich beruflich oder privat sehr stark mit Bäumen beschäftigen und über ein dendrologisches Fachwissen verfügen, werden auch als Dendrologen bezeichnet.

Mit der Deutschen Dendrologischen Gesellschaft (DDG) wurde bereits 1892 in Karlsruhe die erste und damit älteste dendrologische Gesellschaft der Welt gegründet. Sie ist eine Liebhabergesellschaft, deren Mitglieder sich aus allen Bereichen der Gesellschaft zusammensetzt.

Ihr Ziel ist, die Kenntnisse über die Gehölze zu erhalten, das Wissen darüber zu mehren und für einen nationalen wie internationalen Wissensaustausch zu sorgen. Hierbei steht der Erhalt gefährdeter Arten oder Sorten, die Kenntnisse über Vermehrung, Pflanzung, Pflege oder die vielfältige Nutzung von Gehölzen im Vordergrund. Sie setzt sich für den Erhalt von Natur und Landschaft, Garten- und Parkanlagen usw. ein. Sie ist Ansprechpartner für öffentliche Institutionen, Umwelt- und Naturschutzverbände, Forschungseinrichtungen usw. Zur Wissensvermittlung werden sowohl regelmäßige Publikationen herausgegeben, fachlich hochwertige Seminare abgehalten und Studienreisen im In- und Ausland angeboten.

Daneben befasst sich in Deutschland noch die Gesellschaft Deutsches Arboretum (GDA) mit der Gehölzkunde. Heute gibt es in vielen Ländern der Erde Dendrologische Gesellschaften bzw. Vereine. Beispielhaft sei hier noch die International Dendrology Society (IDS) genannt, die weltweit aktiv ist und deren Mitglieder aus über 30 Staaten stammen. *VM*

*Die 1892 gegründete Deutsche Dendrologische Gesellschaft e.V. (DDG) ist die älteste gehölzkundliche Gesellschaft der Welt*

Deutsche
Dendrologische
Gesellschaft e.V.
gegründet 1892

# Kulturgeschichte

## 193. Was sind kulturhistorisch bedeutsame Bäume und welche Geschichten erzählen sie?

Der Mensch nutzte den Baum zuerst wohl nur als Nahrungsquelle, indem er seine Früchte und Blätter aß. Irgendwann begann die Verwendung des Holzes in immer vielfältigerer Form. Bis zu literarischen Werken wie Hermann Hesses „Bäume" von 1918 ist die Beziehung Baum / Mensch in vielerlei historisch-kulturellen Geschichten belegt.

Die alten Griechen verehrten Bäume und Wälder als heilig und weihten sie ihren Göttern: den Lorbeerbaum dem Apollon, u. a. Gott der Weissagung und des Frühlings, die Fichte dem Poseidon, Gott des Meeres, und den Ölbaum der Athene, Göttin der Weisheit, der Kunst und des Kampfes. Der Sage nach entsprang der Olivenbaum einem Wettstreit unter Göttern darüber, wer der damals mächtigsten Stadt das wertvollste Geschenk machen würde. Athene pflanzte einen Olivenbaum und erlangte damit das Recht, der Stadt ihren Namen zu geben: Athen.

Die alte germanische Mythologie leitete die menschliche Abstammung direkt von Bäumen ab, wie in der Edda erzählt wird, einer Sammlung von skandinavischen Götter- und Heldensagen. Aus dem Holz der Esche entstand Adam (Askr) und aus dem der Ulme Eva (Embla), die ersten Menschen auf der Erde, und die Esche Yggdrasil trägt auf ihren Armen, den Ästen, die gesamte Welt auf einmal.

Viele Geschehnisse, die mit alten Bäumen verbunden sind, konnten durch Erzählungen und Überlieferungen aus lange vergangenen Zeiten im kulturellen Gedächtnis erhalten bleiben. Zu verdanken ist dies vor allem der Ehrfurcht des Menschen vor den größten und ältesten Lebewesen der Welt, den Bäumen.

*MW*

*Alter Olivenhain am nördlichen Gardasee. Im Mittelmeerraum wurden Öl- oder Olivenbäume schon 4000 Jahre v. Chr. als Kulturpflanzen angebaut, heute existieren mehr als 1000 Sorten*

## 194. Zu welchen Anlässen und seit wann pflanzt man Bäume?

Jäger und Sammler betrieben wohl keinen gezielten Anbau von Pflanzen, also auch nicht von Bäumen. Erst mit der Sesshaftwerdung des Menschen und dem Beginn des Ackerbaus vor ca. 10 000 Jahren in der Jungsteinzeit bzw. im Neolithikum konnten sich im u. a. Nahen Osten erste Hochkulturen entwickeln und ein regelmäßiger Anbau von Wildgetreide, z. B. Emmer und Einkorn, betrieben werden.

In Indien, China und Japan wurden schon vor über 2500 Jahren Bäume gepflanzt. Der älteste bekannte, noch lebende Baum, vom dem das Pflanzdatum bekannt ist, ist der Jaya Sri Maha Bodhi genannte Baum, eine Pappel-Feige (*Ficus religiosa*), die direkt von dem Baum abstammen soll, unter dem Buddha seine Erleuchtung erfuhr. Er steht in Sri Lanka und gilt als eines der heiligsten Reliquien des Buddhismus.

Im alten Ägypten pflanzte man nicht nur Obstbäume, sondern auch Bäume, die als Schattenspender dienten, oder Edelhölzer mit wohlriechender Rinde oder Blättern, die man bei Zeremonien benötigte. Griechen und Römer kultivierten in großem Maßstab Obstbäume und andere Gehölze. Die Römer haben sogar in ihren umfangreichen „Gartenbauhandbüchern“ beschrieben, wie Bäume zu pflanzen sind. Zu den Ratschlägen gehörten die Vermeidung von Wurzelbeschädigungen, das Graben eines ausreichend großen Lochs und die Markierung eines Baums mit rotem Ocker auf einer Seite, bevor er ausgegraben wurde, damit er mit der gleichen Ausrichtung zu Sonne und Wind neu gepflanzt werden konnte. Es wurde auch darauf geachtet, dass die Wurzeln des Baumes nicht der Luft ausgesetzt wurden. Körbe wurden zum Verpflanzen und für die „Containerkultur“ genutzt.

Im mittelalterlichen Europa waren es die frühmittelalterlichen Merowinger, ein fränkisches Königsgeschlecht des

*Eine junge Sand-, Warzen- oder auch Gewöhnliche Birke als Sinnbild des beginnenden Grünens im zeitigen Frühjahr*

5.-8. Jh. in Mittel- und Westeuropa, die gezielt Bäume pflanzten. Ein Grund hier könnte gewesen sein, dass die durch die Pflanzung bedingte, jahrelang notwendige Baumpflege die Sesshaftigkeit und auch die Entwicklung heimatlicher Gefühle förderte. Dies diente nicht zuletzt dem Machterhalt der Herrschenden.

Man pflanzt Bäume immer auch, um in die Zukunft zu schauen. Es gab z. B. den Wahlspruch im 18. Jh.: „Pflanz dir Obstbäume, dann kannst du heiraten" – die Erlaubnis zur Heirat gab es erst, wenn die Bäume sich gut entwickelt hatten. Und in der Mark Brandenburg pflanzten junge Männer auf Brautschau sechs sogenannte „Bräutigamseichen", und erst wenn diese ergrünten, durfte geheiratet werden.

Der Maibaum schließlich ist der Inbegriff des „Wonnemonats Mai" und das Maibaumstellen ist erstmals 1224 in Aachen dokumentiert. Sinn dieses auf heidnische Riten zurückgehenden Brauches ist das Feiern und Begrüßen des Frühjahrs, welches den langen und entbehrungsreichen Winter ablöste und die Menschen mit Freude erfüllte. Einher damit ging neben vielen anderen Bräuchen das Werben der jungen männlichen Dorfbewohner um junge heiratswillige Frauen. Als Maibäume wurden häufig Birken verwendet, aber auch andere Baumarten wie Nadelgehölze. Am wichtigsten war aber stets das üppige Schmücken des Baumes und das Errichten an einem zentralen Platz des Dorfes sowie das dann folgende Dorffest.

*MW*

## 195. Wo stehen die „interessantesten" Bäume?

Besonders interessante Bäume stehen oft in Extremlagen und frei: z. B. im Hochgebirge, an Moorrändern, an rutschenden Steilhängen oder -küsten, auf Felsen (und Gemäuern), in Flussläufen – oder ausgesetzt ständigem starkem Wind (Dauersturm), Wetterwechsel, Wassermangel, langer Überflutung. Alle diese Situationen erfordern ggf. umfassende Anpassungen, ein hohes Reaktionsvermögen und Potenzial zu Sofortreaktionen ohne dauerhafte Schäden.

Ein besonders schönes Beispiel sind die „Wetterbuchen" am Schauinsland bei Freiburg. Dabei handelt es sich um windzerzauste Rot-Buchen auf dem Bergrücken Schindelmatt in 1175 m ü. NN im Schwarzwald, der stark dem Wetter, insbesondere den Westwinden, ausgesetzt ist. Häufige Wetterwechsel gehören „zur Tagesordnung", insbesondere im Herbst und Winter. Der Habitus dieser Buchen ist ziemlich einmalig: einseitige Windflüchter, schiefe Stämme, Aussehen wie Apfelbäume, mit Ästen bis zum Boden herunterhängend, die glatte graue Rinde im Winter mit Eisgebläse-Strukturen, und dies jeden Tag und zu jeder Tageszeit anders.

*Eine Wetterbuche am Schauinsland bei Freiburg im Winter mit Raureif*

In Internetforen gibt es eine Diskussion, ob die Bäume Wind- oder Wetterbuchen heißen sollen, beides ist verbreitet. Ich plädiere für letzteres, da mehr als Wind dazugehört, die Bäume so zu formen, wie es hier geschieht. Dies ist nur möglich in Verbindung mit Schnee- und Eisanhang sowie Raureif, durch deren Gewicht die Äste heruntergebogen werden und auch ständig welche abbrechen.

Ein weiteres eindrucksvolles Beispiel ist die Ruinenkiefer in Bad Herrenalb, wo auf dem Torbogen einer Klostermauer eine 200-jährige Kiefer wächst, die nur in der Mauer wurzelt: ein Überlebenskünstler.

*AR*

## 196. Seit wann gibt es den Tag des Baumes?

Die internationale Initiative geht auf Aktivitäten des amerikanischen Politikers Julius Sterling Morton zurück: Er beantragte 1872 bei der Regierung im besonders baum-armen Bundesstaat Nebraska einen solchen Ehrentag mit seiner Arbor Day Resolution, die innerhalb von 20 Jahren in allen Bundesstaaten der Vereinigten Staaten übergenommen wurde. Am ersten Arbor Day wurden in Nebraska über 1 Million Bäume gepflanzt!

Am 27. November 1951 beschlossen die Vereinten Nationen, den Arbor Day (Tag des Baumes) weltweit einzuführen. Er soll die Bedeutung des Waldes und von Bäumen für den Menschen und für die Wirtschaft bewusstmachen. In Deutschland wurde der Tag des Baumes zum ersten Mal am 25. April 1952 begangen. Der damalige Bundespräsident Theodor Heuss pflanzte aus diesem Anlass im Bonner Hofgarten einen Berg-Ahorn.

So wird jedes Jahr am 25. April der Tag des Baumes an vielen Orten und zu vielen Anlässen, oft mit einem Festakt und Feierstunden, begangen und soll uns den Wert von Bäumen bewusster machen. Am häufigsten wird dabei der Baum des Jahres gepflanzt (einzeln oder in Baum des Jahres-Alleen/-Hainen), jedenfalls wenn er dafür häufig genug verfügbar ist. Dies ist ein sehr schöner Brauch geworden, der sicher schon zu Zehntausenden von Baumpflanzungen geführt hat, die sonst nicht zustande gekommen wären, und viele dieser Bäume stehen noch heute und weiter für lange Zeit.

Dabei muss es nicht immer genau der 25. April sein, oft ist das folgende oder vorherige Wochenende besser geeignet, wenn man viel Publikum erreichen und einladen will. Besonders beliebt sind solche Baumpflanzungen auch mit Kindern, z. B. an Schulen oder Kitas.

*AR*

*Pflanzung vom Baum des Jahres 2011 (Elsbeere)*

## 197. Welche „Bäume des Jahres“ gibt es in Deutschland?

Seit 1989 wird in Deutschland jedes Jahr von der Dr. Silvius Wodarz-Stiftung eine Baumart zum „Baum des Jahres“ gekürt. Diese Baumart wird der Stiftung vom Kuratorium Baum des Jahres vorgeschlagen, in dem etwa 35 sich für Bäume engagierende Verbände, Institutionen und Persönlichkeiten aus den Bereichen Natur, Naturschutz, Umwelt, Wald, Forstwirtschaft, Baumpflege, Stadtgrün etc. Mitglied sind. Das Kuratorium entscheidet in geheimer Abstimmung den Favoriten und macht den Vorschlag.

Baum des Jahres
Dr. Silvius Wodarz Stiftung

Die Auswahlkriterien können sehr verschieden sein und von Jahr zu Jahr wechseln: z. B. Seltenheit, Schönheit, Krankheiten/Schäden, Nutzung/Wirkung/Verwendung, wertvolle Eigenschaften oder Besonderheiten. Bis 2021 musste es jedes Jahr eine neue Baumart sein, die noch nie zuvor drangekommen war, seit 2022 ist es aber neuerdings auch ein zweites Mal zulässig. Es können auch nichtheimische Baumarten ernannt werden, wie z. B. bereits die Rosskastanie 2005 und die Robinie 2020.

Die bisherigen Jahresbäume sind (www.baum-des-jahres.de):
1989 Stiel-Eiche, 1990 Rot-Buche, 1991 Sommer-Linde, 1992 Berg-Ulme, 1993 Speierling, 1994 Eibe, 1995 Spitz-Ahorn, 1996 Hainbuche, 1997 Eber-

*2011 wurde die relativ unbekannte und unbeachtete Elsbeere zum Baum des Jahres ausgerufen*

esche, 1998 Wild-Birne, 1999 Silber-Weide, 2000 Sand-Birke, 2001 Esche, 2002 Wacholder; 2003 Schwarz-Erle, 2004 Weiß-Tanne, 2005 Rosskastanie, 2006 Schwarz-Pappel, 2007 Wald-Kiefer, 2008 Walnuss, 2009 Berg-Ahorn, 2010 Vogel-Kirsche, 2011 Elsbeere, 2012 Europäische Lärche, 2013 Wild-Apfel, 2014 Trauben-Eiche, 2015 Feld-Ahorn, 2016 Winter-Linde, 2017 Fichte, 2018 Ess-Kastanie, 2019 Flatter-Ulme, 2020 Robinie, 2021 Stechpalme und 2022 wiederum die Rot-Buche, die bereits 1990 Baum des Jahres war. Die Moor-Birke schließlich ist der Baum des Jahres 2023 und 2024 die Mehlbeere.

*AR*

## 198. Was sind Rekordbäume?

Besonders alte, starke und bedrohte Bäume werden in Deutschland auf verschiedene Art gewürdigt. Es gibt die Nationalerbe-Bäume, den Baum des Jahres und den Tag des Baumes (siehe AR: 6 – 8). Darüber hinaus gibt es die sogenannten Champion Trees oder Rekordbäume, die von der Deutschen Dendrologischen Gesellschaft (DDG) und der Gesellschaft Deutsches Arboretum (GDA) ins Leben gerufen rufen (siehe auch Frage 218).

Aus der 2009 gestarteten systematischen Arbeit im Projekt Rekordbäume / Champion Trees entstand 2010 die Initiative „Rekordbaum des Jahres“, in der ein bestimmter Baum als der Champion seiner Art in Deutschland gekürt wird. Los ging es 2010 mit dem Ginkgo in Dröschkau, Sachsen. Es folgten im Jahresrhythmus ein Urweltmammutbaum, eine Ess-Kastanie und eine Tempel-Kiefer. Der stärkste Baum in Deutschland überhaupt, nämlich die Sommer-Linde in Heede, Niedersachsen war 2014 an der Reihe. Danach kamen eine Japanische Zelkove, eine Rot-Buche, eine Braut-Myrte, eine Kornelkirsche und eine Ohio-Rosskastanie zum Zuge. 2020 wurden sogar zwei gleichstarke Wald-Tupelobäume gleichzeitig im Alten Forstbotanischen Garten Hannoversch Münden zu Rekordbäumen des Jahres gekürt, und 2021 eine Stechpalme im hessischen Braunfels.

Der jeweils stärkste Baum einer Art, Unterart, Varietät oder Sorte wird durch Messung des Stammumfangs in 1,30 m Höhe vom Erdboden aus ermittelt. Auf der Internetseite der DDG (ddg-web.de/championtrees) ist das Ergebnis der jahrelangen Arbeit einzusehen. Die dort hinterlegte Liste weist mehrere Ende 2021 über 9000 Baumnennungen auf, die durch verschiedene Sortiermöglichkeiten bearbeitet werden können. Ein Besuch vor Ort und damit die Würdigung des einzelnen Baumes kann damit angeregt werden.

*MW*

*Ginkgo in Dröschkau, Sachsen: Ein Stammumfang von 5,36 m machte ihn zum stärksten seiner Art in Deutschland und zum Champion Tree 2010 (Foto: M. Liesebach)*

## 199. Was ist ein Nationalerbe-Baum?

Es gibt viel zu wenige wirklich alte Bäume in Deutschland, kaum einer dürfte 1000 Jahre erreicht haben (s. Frage 108). Die sog. langlebigen Baumarten können regelmäßig über 400 Jahre alt werden, einzelne Exemplare z.T. sogar über 1000 Jahre. Dies macht deutlich, welche Verantwortung wir für solche alten Bäume haben und dass alles daran zu setzen ist, sie der Nachwelt zu erhalten. Bäume mit einem solchen Alter oder zumindest dieser potenziellen Lebenserwartung sind neben Naturmonumenten auch lebende Kulturgeschichte, wie man dazu lokal an besonderen Veranstaltungen am Baum und Aktivitäten zu seiner Existenz bemerkt. Zu diesen langlebigen Baumarten zählen: Berg-Ahorn, Eibe, Stiel-/Trauben-Eiche, Ginkgo, Ess-Kastanie, Eur. Lärche, Sommer-/Winter-Linde, Flatter-Ulme (Platane), Riesenmammutbaum (im Gebirge auch Arve).

Es werden 100 „Nationalerbe-Bäume“ mit über 400 cm Stammumfang und möglichst über 400 Jahren Alter von einem Kuratorium der Deutschen Dendrologischen Gesellschaft benannt und ausgerufen, um für diese Bäume notwendige Pflege-, Schutz- und Umfeld-Maßnahmen aus Sondermitteln zu fördern (derzeit durch eine Stiftung) und sie in Würde altern zu lassen. Pflegemaßnahmen an solchen Uraltbäumen sollten nur ausgewiesenen Ex-

*Erster Nationalerbe-Baum Deutschlands, die Heeder Linde (mit über 17 m Stammumfang)*

perten überlassen werden oder wenn möglich sogar unterbleiben, da diese Bäume die Lebens- und Wachstumsprozesse in besonderer Weise selbst optimieren.

Diese Uraltbäume sind auch aus wissenschaftlicher Sicht hochinteressant, z.B. in ihrer Baumbiologie, Genetik und Pathologie und mit ihren Lebensgemeinschaften.

Mehr Informationen dazu unter www.nationalerbe-baeume.de.

*AR*

## 200. Seit wann gibt es Weihnachtsbäume und welche Baumart wird dafür hauptsächlich verwendet?

Eine genaue Zeitangabe, seit wann es den Weihnachtsbaum gibt, ist nicht zu belegen. Klar ist aber, der Weihnachtsbaum hat einen heidnischen Ursprung. Bereits die alten Griechen, Römer und Germanen schmückten ihre Häuser zur Winterzeit mit immergrünen Zweigen.

Die ersten Berichte über den Christbaum stammen von 1419 aus Freiburg, wo Bäcker zu Weihnachten einen

Baum mit Süßigkeiten behängten, den die Kinder am Neujahrstag plündern durften. Im „narren schyff" berichtet Sebastian Brants 1494 von der Unsitte, grüne Tannenzweige im Haus aufzustellen. Ab 1521 steht in vornehmen Familien in Schlettstadt (Elsass) der Weihnachtsbaum. Aus dem Jahr 1535 ist überliefert, dass in Straßburg kleine Buchsbäume, Stechpalmen und Eiben verkauft wurden, die aber noch ohne Kerzen in den Stuben aufgehängt wurden. Anschließend waren es offenbar die Zünfte, die zur Weihnachtszeit in ihren Zunfthäusern ein immergrünes Bäumchen aufstellten oder hängten. 1605 wird, wieder aus dem Elsass berichtet, dass die Tannenbäume, (auch Gabenbaum oder Bescherbaum) mit Rosen aus farbigem Papier, Äpfeln, Oblaten, Zuckerwerk usw. geschmückt wurden. Aus Schlesien stammt schließlich der gesicherte Bericht eines ersten mit Kerzen geschmückten Weihnachtsbaumes, den die Herzogin Dorothea Sibylle von Schlesien 1611 schmücken ließ. Im 18. Jahrhundert begann sich der Christ- oder Weihnachtsbaum in einigen Gegenden (jetzt auch mit Kerzen) durchzusetzen. Vom eher protestantischen Norddeutschland aus verbreitete sich der Weihnachtsbaum zunächst nach Süddeutschland und Österreich, danach auch nach Frankreich, England Italien usw. aus. Für die weltweite Ausbreitung des Weihnachtsbaumes waren vor allem die Aussiedler und der durch Heirat international verknüpfte deutsche Adel verantwortlich, die den Weihnachtsbaubrauch als Erinnerung an ihre deutsche Heimat in alle Welt mitnahmen und dort dann etablierten.

*Eine Nordmannstanne (Abies nordmanniana), der am häufigsten verwendete Weihnachtsbaum (links); auf öffentlichen Plätzen werden meist Fichten als große Bäume zu Weihnachten festlich geschmückt (rechts, Foto: E. Jablonski)*

Bis Ende der 60er Jahre wurde in Deutschland vorwiegend bzw. fast ausschließlich die Fichte als Weihnachtsbaum verwendet. Die Bäume wurden im Wald gewonnen. Ende der 60er, Anfang der 70er Jahre entstanden die ersten größeren Weihnachtsbaumplantagen, die dann mit der immer beliebter werdenden Blau- oder Stech-Fichte bepflanzt wurden. Ab Mitte der 80er Jahre löste die Blau-Fichte die normale Fichte als Hauptart ab und blieb dies bis in die 1990er Jahre. Seitdem wird fasst nur noch die Nordmanns-Tanne in Plantagen angebaut und als Weihnachtsbaum verwendet. Ihr Marktanteil liegt bei ca. 80 %, 15 % entfallen noch auf die Blau-Fichte. Der Rest verteilt sich auf regionale Angebote von Kiefer, Fichte, Douglasie, Colorado-Tanne, Korea-Tanne, Küsten-Tanne oder Blau-Tanne.

*VM*

## 201. Was ist eine Tanzlinde?

Etwas ganz besonders Schönes sind Tanzlinden: Früher weit verbreitet, heute nur noch in wenigen älteren Exemplaren (zu 95 % Sommer-Linden), wurden in den Kronen von Linden im Dorfmittelpunkt die Äste so „geleitet“, dass man einen Tanzboden in die Krone einbauen konnte, mit Geländer rundherum und einer Treppe zum Hochsteigen. Bis es soweit ist, vergehen allerdings erstmal bis zu 100 Jahre des Baumlebens. Dann fanden Festveranstaltungen in und unter diesen Bäumen statt. Besonders schöne alte Exemplare, in denen auch heute noch getanzt wird, stehen in Effelder (Thüringen, eine Winter-Linde) und Effeltrich (Bayern). Es ist bewundernswert, wenn diese Linden ein hohes Alter und große Dimensionen erreichen, denn das zeugt von einem enormen Finger-

*Eine der wenigen erhaltenen Tanzlinden Deutschlands (Winter-Linde): in Effelder/Thüringen* spitzengefühl und Baumerfahrung der Dorfbewohner oder hinzugezogener Baum-Fachleute über viele Generationen hinweg.

Dafür ist sehr günstig, dass die Linde gut mit Beschädigungen des Stammes zurechtkommt, da die Plattformen, Treppen, Geländer und Stützkonstruktionen irgendwie im und am Baum befestigt werden müssen, was zum Scheuern bei Wind und Einwachsen durch das Dickenwachstum führt. Wenn sich dort zu schnell weitreichende Fäulen entwickeln, wird der ganze Baum unsicher, was auch das Problem in Klettergärten, Baumwipfelpfaden und bei fest installierten Slacklines ist. Dieser Faktor wird auch beim neuen Fachgebiet „Baubotanik" in der Baukonstruktion unterschätzt, wo man mit Weiden lebende Bauwerke erzeugen möchte: Sie sind nach 2 Jahren so voller Fäulen an den Kontakt- und Scheuerstellen, dass Äste und Stämme brechen.

*AR*

## 202. Was sagt der keltische Baumkalender aus?

Der Begriff „Kelten" entstand in der Antike ungefähr im 6. Jh. v. Chr. und beschreibt ganz verschiedene Volksstämme Europas, die seit der Eisenzeit lebten, also ca. 8. Jh. v. Chr. bis 5. Jh. n. Chr. Archäologische Funde belegen hoch entwickelte Sozialstrukturen und ebensolche kulturelle Errungenschaften der keltischen Völker. Heute gilt in Irland immer noch die alte keltische Sprache Irisch als eine der beiden amtlichen Sprachen.

Eine wichtige Stellung bei den Kelten hatten die hoch angesehenen Druiden, die man sich als gesellschaftlich-geistige Elite vorstellen kann, etwa wie Medizinmänner oder Schamanen bei anderen indigenen Völkern. Die Druiden pflegten eine innige Verbindung zur Natur im Allgemeinen und zu den Bäumen im Besonderen und vermittelten ihr Wissen an das Volk. Bäume als die größten und ältesten Lebewesen der Welt beeindruckten die Menschen von Anbeginn des Lebens an. Die Druiden wussten, dass Bäume elementare Wichtigkeit für das menschliche Überleben besitzen und wiesen ihnen menschliche Eigenschaften zu. Sie entwickelten einen Jahreskalender, der in 39 einzelne Abschnitte unterteilt war und insgesamt 21 verschiedene Baumarten, z.B. Apfel, Zeder, Linde und Hainbuche umfasste. Je nach Geburtsdatum eines Menschen konnte diesem ein bestimmter Baum zugeteilt werden. Es handelt sich also um eine Art von Horoskop, welches dem Einzelnen verrät, welche Charaktereigenschaften er besitzt. Die Vorstellung in der keltischen Glaubenswelt war, dass der persönliche Baum diese Eigenschaften mit dem Menschen teilte. Bäume waren in der keltischen Mythologie gleichsam heilige Wesen mit einer großen Macht

*Die Mittelmeer-Zypresse (Cupressus sempervirens) – 26.7.-4.8. Sie ist frostempfindlich, aber immer häufiger auch in Mitteleuropa zu sehen. Die kugelförmigen Zapfen reifen im zweiten Jahr, dann klappen die Schuppen weit auseinander, um die Samen zu entlassen*

über den einzelnen Menschen und seine Gemeinschaften.

Aus dem keltischen Baumkalender: Zypresse-Menschen sind stark und ertragen auch schwere Schicksalsschläge gefasst. Sie lieben ihre Freiheit, pflegen einen eigenen Stil und sind dabei klug, gesellig und mitunter etwas geheimnisvoll.

*MW*

# Fragen zu nichteinheimischen Baumarten

## 203. Wie beeinflusst der Mensch die Ausbreitung von Baumarten?

Die Verbreitung der Arten unterliegt einem ständigen Wandel, sowohl durch natürliche Faktoren (s. Frage 113 – 114) als auch durch direkte oder indirekte menschliche Einflüsse. Durch die Landnutzung wurden und werden ständig Lebensräume der Arten verändert. Sie können dadurch entweder zurückgedrängt werden (s. Frage 211 – 212) oder sie werden gefördert und breiten sich aus. Beispielhaft sei die Ausbreitung stockausschlagfähiger, verbisstoleranter und/oder lichtbedürftiger Baum- und Straucharten durch Waldnutzungsformen wie Nieder-, Mittel- und Hutewald genannt. Diese in anderen Regionen (z. B. Mittelmeerraum) heute noch üblichen Nutzungen (Abb. 32) wurden in Mitteleuropa meist aufgegeben, die durch sie geförderten Arten gingen wieder zurück. Dagegen konnten Baumarten, die durch Nieder-, Mittel- und Hutewaldbetrieb ihre Lebensräume verloren, sich wieder ausbreiten. Nach großflächiger Übernutzung der Laubwälder und Degradierung der

Waldstandorte wurden seit Anfang des 19. Jh. durch die Forstwirtschaft Reinbestände aus Nadelbäumen begründet, so dass Gewöhnliche Fichte, Wald-Kiefer und Europäische Lärchen weit über ihre natürlichen Vorkommen hinaus ausgebreitet wurden. Großen Einfluss auf die Ausbreitung von Baumarten hatte die Einführung von Gehölzen als Nutz- oder Zierpflanzen aus anderen Gebieten der Erde. Bereits in der Jungsteinzeit setzte die Ausbreitung solcher Arten durch den Menschen ein, wurde aber erst später durch zunehmenden Handel und Verkehr stark gefördert. Diese gebietsfremden Arten können sich von den Anbauorten ausbreiten und dauerhaft etablieren, einige verfügen sogar über ein enormes Expansionsvermögen (s. Frage 205 – 207).

*PAS*

*Ehemaliger Mittelwald im Elbhügelland mit noch erkennbaren Strukturen: Oberschicht aus Trauben-Eiche (Quercus petraea, ehemalige „Kernwüchse") und Unterschicht aus früher auf den Stock gesetzter Hainbuche („Hauschicht", Carpinus betulus)*

*Niederwald aus Ess-Kastanie (Castanea sativa), die auf den Stock gesetzt wurde (Toskana, Italien)*

*Forstlich begründeter Fichtenbestand auf Standort eines Buchen-Bergmischwaldes (Erzgebirge)*

## 204. Was ist eine „fremdländische" Baumart?

Um Verständigungsschwierigkeiten bzw. Irritationen zu vermeiden, sollen einige Begriffe definiert werden. Die in einem Gebiet (in Mitteleuropa seit der letzten Eiszeit) von Natur aus vorkommenden oder ohne Mitwirkung des Menschen eingewanderten oder in dem Gebiet neu entstandenen Arten werden als **einheimische oder indigene** Arten bezeichnet. Die in das Gebiet erst durch direkte oder indirekte Unterstützung des Menschen gelangten Arten, sei es absichtlich (z. B. als Nutz- oder Zierpflanzen) eingeführt oder unbeabsichtigt (z. B. über Handel und Verkehr) eingeschleppt, sind **nichteinheimische bzw. gebietsfremde** Arten. Diese Arten werden oft wenig zutreffend pauschal als „Fremdländer" oder „Exoten" bezeichnet. Der Begriff fremdländisch würde höchstens zutreffen, wenn sie von außerhalb des Landes stammen. Der Bezugsraum muss aber nicht politisch-administrativ (Staat, Bundesland), sondern kann auch (bio)geografisch abgegrenzt sein. So ist die Europäische Lärche zwar in Deutschland und hier in Bayern einheimisch, aber außerhalb des Alpenraumes gebietsfremd. Dagegen ist die Japanische Lärche in ganz Deutschland gebietsfremd bzw. fremdländisch, wenn man diesen Begriff verwenden will. Es muss also stets eindeutig zum Ausdruck gebracht werden, auf welches Gebiet (Bezugsraum) sich einheimisch bezieht. Die nichteinheimischen Arten lassen sich nach Einführungszeit, Einführungsweise (absichtlich eingeführt oder unbeabsichtigt eingeschleppt) und Etablierungsgrad (s. Fragen 205–207) untergliedern.

*PAS*

## 205. Was sind Archäophyten und Neophyten?

*Die Ess-Kastanie (Castanea sativa) kam mit den Römern nach Deutschland, sie schätzten die Maronen als Nahrungsmittel und benötigten ihr Holz zur Anfertigung von Rebpfählen für den von ihnen eingeführten Weinbau*

Die nichteinheimischen Arten gelangten zu verschiedenen Zeiten in die Gebiete außerhalb ihres natürlichen Areals, entweder bereits in vor- und frühgeschichtlicher Zeit bis zum Mittelalter, dann spricht man von **Archäophyten** (Pflanzen aus „alter Zeit"), oder seit Beginn der Frühen Neuzeit, dann spricht man von **Neophyten** (Pflanzen aus „neuer Zeit"). Da die geschichtlichen Epochen in Europa abweichen und mit der Entdeckung Amerikas die Einführung von Arten, Handel und Verkehr enorm anstiegen, wählte man das Jahr 1492 als „Stichtag", um zwischen Archäophyten und Neophyten zu unterscheiden. Die meisten der vor allem in der Zeit der prähistorischen Landnahme und während der Römerzeit zu uns gelangten Archäophyten stammen aus dem Mittelmeerraum und angrenzenden Klein- bis Vorderasien. Unter den seit 1492 eingeführten Neophyten treten einige nur unbeständig wildwachsend auf, andere sind eingebürgert (s. Frage 206). Manche Arten sind in Teilen Deutschlands Archäophyten, in anderen aber Neophyten. So sind in der Römerzeit zu uns gelangte Arten wie Ess-Kastanie oder Echte Mispel in SW-Deutschland Archäophyten, in Mittel- und N-Deutschland aber Neophyten. Selbst in Deutschland einheimische Arten können in Teilbereichen Neophyten sein, z.B. ist die in einigen Gebieten Süddeutschlands natürlich vorkommende Felsen-Kirsche oder Steinweichsel nördlich davon, wo sie sich aus Kultur ausbreitete, ein Neophyt. Auch manche heute verbreitete Baumarten wie Berg- und Spitz-Ahorn sind nur gebietsweise einheimisch, in anderen Teilgebieten Deutschlands aber eingebürgerte Neophyten.

*PAS*

*Die Echte Mispel trägt zwar den wissenschaftlichen Namen Mespilus germanica, kam aber ursprünglich nicht in Deutschland vor, sie ist in einigen Gebieten Archäophyt, in anderen Neophyt (links); die in Süddeutschland einheimische Felsen-Kirsche (Prunus mahaleb) wurde in weiten Teilen Deutschlands erst durch den Menschen angesiedelt und wird durch Vögel ausgebreitet (rechts)*

## 206. Können „fremdländische“ Baumarten bei uns heimisch werden?

Die nichteinheimischen (s. Fragen 204–205) Arten können auf ihre Anbauorte begrenzt bleiben, also ausschließlich in Kultur vorkommen („**Nur-Kultivierte**“), oder sie treten auch wildwachsend auf, entweder nur ab und an („**Unbeständige**“) oder dauerhaft („**Etablierte**“ oder „**Eingebürgerte**“). Etabliert gilt eine Art, wenn sie sich über mehrere Generationen und/oder lange Zeit außerhalb der Anbauorte ohne Zutun des Menschen vermehrt. Manche bei uns etablierte Arten können ihre Existenz nur wahren, wenn immer wieder vom Menschen geprägte oder beeinflusste Standorte zur Verfügung stehen („**Kulturabhängige**“), andere wiederum können sich ohne Zutun des Menschen, teils sogar in naturnahen Ökosystemen, behaupten („**Neuheimische**"). Solche Arten können nach Bundesnaturschutzgesetz (2009, § 7) Art sogar als „**heimisch**" gelten, allerdings müssen die verwilderten oder durch menschlichen Einfluss eingebürgerten Pflanzen der betreffenden Art sich in freier Natur über mehrere Generationen als Population erhalten. Unter den Neophyten Deutschlands sind dies nur 5 % der Gefäßpflanzen. Beispiele unter den Baumarten sind Späte Traubenkirsche, Rot-Eiche, Robinie oder Küsten-Douglasie. Neuheimische Arten können eine Bereicherung in der Kulturlandschaft darstellen, aber sich auch nachteilig auf Natur und Landschaft, die Wirtschaft oder Gesundheit des Menschen auswirken (invasive Arten, s. Frage 207).

*PAS*

## 207. Gibt es bei uns invasive Gehölze?

**Einheimisch** und **gebietsfremd**, **Archäo**- und **Neophyt**, **Unbeständige** und **Etablierte** (s. Frage 204 – 206) sind wertfreie Begriffe. Mit ihnen wird keine Aussage zur Bedeutung der entsprechenden Arten in Wald-, Agrar- oder Stadtlandschaften oder über Vor- und Nachteile bei ihrer Verwendung getroffen. Anders ist es bei den sogenannten invasiven Arten. Das sind etablierte Neophyten mit einem enormen Ausbreitungs- und Verdrängungsvermögen, das zu unerwünschten Auswirkungen auf andere Arten, auf Lebensräume und Ökosysteme bis hin zu deren Gefährdung führen kann. Die Einschätzung, ob diese Arten in dem neu besiedelten Gebiet erhebliche Beeinträchtigungen verursachen, erfordert Wertungen. Dabei sind artspezifische Eigenschaften wie Reproduktions- und Ausbreitungsökologie, Konkurrenzkraft oder Auswirkung der Art auf den Standort zu berücksichtigen, aber ebenso die betroffenen Lebensräume und Landnutzungen, denn es ist ein Unterschied, ob es sich um Wirtschaftswald oder Wald in einem Naturschutzgebiet, um naturnahe Landschaften oder Siedlungen handelt. Da in die Bewertung unterschiedliche Sichtweisen einfließen, kann es zu abweichenden Schlussfolgerungen seitens Forstwirtschaft, Gartenbau, Landschaftsgestaltung und Naturschutz oder der Öffentlichkeit kommen. Invasive Arten werden heute in Datenbanken gelistet, sowohl weltweit (ISSG 2021) als auch für die EU (EC 2021) und Deutschland (BfN 2021). Zur Einordnung mancher Arten als (potenziell) invasiv und den von ihnen ausgehenden Risiken besteht weitgehend Konsens, z. B. Späte Traubenkirsche in Wäldern, Rot-Esche und Eschen-Ahorn in Auen. Bei anderen Arten klaffen die Auffassungen auseinander, z. B. bei Douglasie oder Rot-Eiche in Wäldern. Ein und dieselbe Art kann aber in Abhängigkeit von der gegebenen Situation unterschiedlich zu bewerten sein. Manche Art ist nur lokal oder nur dann invasiv, wenn sie in bestimmten Lebensräumen oder Gebieten Probleme verursacht, z. B. muss die in vielfacher Hinsicht wertvolle Robinie in Schutzgebieten oder besonders geschützten Biotopen mit lichten Gehölzen und artenreichen Trockenrasen als invasiv eingeschätzt werden. Die Weymouth-Kiefer oder Strobe, von deren Anbau man in Wirtschaftswäldern wegen der Anfälligkeit gegenüber dem Blasenrost ohnehin Abstand nahm, erwies sich in den Nationalparks Böhmische und Sächsische Schweiz als invasiv. Die von den ehemals gepflanzten Beständen ausgehende Naturverjüngung beeinträchtigt die naturnahen Felswälder, wo sie auch nicht von dem Weymouthskiefern-Blasenrost befallen wird, da hier die für den Wirtswechsel notwendigen Johannis- und Stachelbeeren fehlen. Die Beispiele sollen zeigen, dass bei (potenziell) invasiven Arten ein Management und Maßnahmen zur Regulierung bzw. Bekämpfung auf Analysen und Entscheidungen im konkreten Einzelfall basieren müssen. Erwähnt sei, dass sich in Teilgebieten Deutschlands einheimische Arten wie Spitz-Ahorn oder Felsen-Kirsche in anderen Gebieten, in denen sie gebietsfremd sind, ebenfalls expansiv ausbreiten und zu Problemen wie Verdrängung anderer Arten und Minderung der Artenvielfalt führen können.

*PAS*

*Die Späte Traubenkirsche (Prunus serotina) gilt als invasive Art in den Wäldern, vor allem in bodensauren Eichenwäldern und Kiefernwäldern, denn sie beeinträchtigt die Forstwirtschaft und wirkt sich aus Naturschutzsicht negativ aus (links); die aus Nordamerika stammende Rot- oder Grün-Esche (Fraxinus pennsylvanica) hat sich in bestimmten Lebensräumen zu einem Problem entwickelt, so in den noch erhaltenen, besonders wertvollen und geschützten Hartholz-Auenwäldern der Mittleren Elbe (rechts)*

# Gefährdung von Baumarten

## 208. Was ist eine Rote Liste?

Rote Listen sind Verzeichnisse von Pflanzen, Pilzen und Tieren, in denen die Arten ausgewiesen werden, die ausgestorben und verschollen, in unterschiedlichem Grad gefährdet (vom Aussterben bedroht, stark gefährdet, gefährdet, Gefährdung unbekannten Ausmaßes) oder extrem selten sind. Heute werden meist alle Sippen des Bezugsgebietes gelistet und angegeben, ob sie ungefährdet, in welchem Grad gefährdet oder zwar merklich zurückgegangen, aber aktuell noch nicht gefährdet („beinahe gefährdet", Vorwarnliste) sind. Die Zuordnung zu einer Gefährdungskategorie basiert auf 4 Kriterien: Aktuelle Bestandssituation, lang- und kurzfristige Bestandstrends, Risikofaktoren. Bei manchen Arten ist wegen unzureichender Datenlage eine Einschätzung nicht möglich. Die Roten Listen erleichtern die Herleitung von Handlungsprioritäten bei der Erhaltung gefährdeter und seltener Arten. Es gibt weltweite (IUCN Red List 2021), internationale (z. B. für EU), nationale und regionale (z. B. für Bundesländer) Rote Listen, aber auch solche für bestimmte taxonomische Gruppen, z. B. für Koniferen oder Eichen. Die Rote Liste der Pflanzen Deutschlands (BfN 2018) führt alle indigenen Sippen (Arten, Klein- und Unterarten), Archäophyten und eingebürgerten Neophyten auf, insgesamt 4305 Farn- und Samenpflanzen. Von diesen wurden 3880 (Neophyten blieben unberücksichtigt) hinsichtlich des Gefährdungsgrades eingeschätzt: 27,5 % sind in ihrem Bestand gefährdet. Unter Frage 210 werden beispielhaft gefährdete und extrem seltene Gehölzarten aufgeführt. In der Roten Liste werden außerdem Arten gekennzeichnet, für deren Erhaltung Deutschland eine besondere Verantwortung trägt: entweder Arten, die außerhalb Deutschlands weiter verbreitet sind, aber in Deutschland nur isolierte Vorposten aufweisen (unter den Gehölzen Apenninen- und Graues Sonnenröschen), oder in Deutschland endemische Arten (unter den Gehölzen zahlreiche *Rubus*- und *Sorbus*-Kleinarten, s. Frage 128). Rote Listen müssen fortgeschrieben werden, denn der Gefährdungsgrad kann sich ändern, sei es in Abhängigkeit von der Bestandsentwicklung der Art oder dem Kenntnisstand. So wurden z. B. die in der Roten Liste von 1998 als verschollen bzw. ausgestorben geführte Tannen-Rose und Alpen-Weide inzwischen wieder aufgefunden. Nicht nachvollziehbar erscheinen Änderungen bei den Ulmen. Die Feld-Ulme, 1998 als schwach gefährdet eingestuft, soll nach BfN (2018) ungefährdet sein, die von der Holländischen Ulmenkrankheit (Ulmensterben) am wenigsten betroffene Flatter-Ulme, bisher als ungefährdet eingestuft, wurde jetzt in die Vorwarnliste aufgenommen.

*PAS*

## 209. Welche Baumarten sind weltweit gefährdet oder bereits ausgestorben?

Nach einer Übersicht weltweit gefährdeter Baumarten von 1998 galten 5904 Arten als in unterschiedlichem Grad gefährdet, 77 Arten waren ausgestorben, von 18 Arten die natürlichen Vorkommen erloschen, aber sie überlebten in Kultur. Seitdem erfolgte eine systematische Evaluierung von 40315 Arten (= 69 % der weltweit bekannten Baumarten), von denen 38 % als vom Aussterben bedroht oder in unterschiedlichem Grad gefährdet eingestuft wurden. Damit sind mindestens 26 % aller Baumarten der Erde (GTSG 2021) betroffen. Mit 40 % ist der Anteil der gefährdeten Arten bei den Nacktsamern (Ginkgo, Koniferen, Cycadeen, Gnetumartige) besonders hoch, was bei mehreren Arten infolge ihrer einzigarten entwicklungsgeschichtlichen Stellung (z. B. Ginkgo, Chile- oder Andentanne, Goldlärche) die Dringlichkeit des Schutzes ihrer natürlichen Vorkommen unterstreicht. Einem hohen Aussterberisiko unterliegen tropische Baumarten. Bedenkt man die enorme auf einem Hektar Regenwald vorkommende Zahl an Arten, die aber jeweils nur durch wenige Exemplare vertreten sind (s. Frage 131), kann man sich gut vorstellen, dass die anhaltenden Rodungen riesiger Waldflächen zu dramatischen Artenverlusten führen. Besonders bedroht sind auch Arten mit eng begrenzter Verbreitung (Lokalendemiten), darunter viele Inselarten. Als Beispiele seien zwei als Sträucher oder Kleinbäume wachsende Arten genannt: Der ausgestorbene Korbblütler *Fitchia mangarevensis*, ein Endemit der Insel Taravei (Französisch Polynesien) wurde zuletzt 1922 gesehen; von

*Links: Die Araukarienart Chile- oder Andentanne (Araucaria araucana) am Naturstandort (Patagonische Anden, Argentinien); der am Naturstandort ausgestorbene Franklinbaum (Franklinia alatamaha) hat in Kultur überlebt (rechts)*

dem nur von den Osterinseln (Chile) bekannten und hier ausgestorbenen Toromiro-Schnurbaum (*Sophora toromiro*) überlebten einige Pflanzen in Botanischen Gärten (s. Frage 216). Eine weitere am Naturstandort erloschene Art (und Gattung, da zu dieser nur eine Art) ist der Franklinbaum (*Franklinia alatamaha*). Das einzige bekannte Vorkommen der Art wurde 1765 bei Savannah in Georgia (O-USA) aufgefunden, aber seit 1803 trotz wiederholter Nachsuche keine Pflanze mehr gesehen. Da die Art nach ihrer Entdeckung in Kultur genommen wurde, überlebte sie und fand als attraktives Ziergehölz Aufnahme in Gärten und Arboreten. Es gibt auch Arten, die schon als ausgestorben galten, aber eine geringe Zahl von Individuen am Naturstandort wieder aufgefunden wurde, z. B. von der Nilgiri-Stechpalme (*Ilex gardneriana*, West-Ghats, Indien) oder der Riesen-Karomie (*Karomia gigas*, Grenzgebiet von Kenia und Tansania). Von der Sizilien-Tanne (*Abies nebrodensis*), einer vom Aussterben bedrohten europäischen Art, blieben nur etwa 30 Altbäume in ihrem natürlichen Areal erhalten, aber eine größere Anzahl nachgezogener Bäume wurde auf Sizilien wieder ausgepflanzt. Bei uns ist die Art selten in Kultur (z. B. im Botanischen Garten Berlin-Dahlem). Andere Baumarten, die in ihrem natürlichen Verbreitungsgebiet gefährdet sind, finden sich dagegen verbreitet als Ziergehölze, beispielhaft seien genannt: Spanische Tanne, Chile- oder Andentanne, Atlas-Zeder, Ginkgo, Serbische oder Omorika-Fichte, Urwelt-, Küsten- und Riesenmammutbaum. Eine der beiden in ihrem natürlichen Areal nach der IUCN Red List vom Aussterben bedrohten nordamerikanischen Eschen (s. Frage 211) kann bei uns in Auenwäldern sogar invasiv auftreten (s. Frage 207).

*PAS*

*Atlas-Zeder (Cedrus atlantica) am Naturstandort (Rifgebirge, Marokko), im Hintergrund die Marokko-Tanne (Abies pinsapo var. marocana), heute meist als Varietät der Spanischen Tanne aufgefasst und wie diese am Naturstandort stark gefährdet (links); der Ginkgo (Ginkgo biloba) – als Ziergehölz verbreitet, sogar als Stadtbaum geeignet, aber natürliche Vorkommen gefährdet (rechts)*

## 210. Welche Baumarten sind in Deutschland selten und gefährdet?

Es gibt verschiedenste Ansätze zu definieren, was seltene und gefährdete Baumarten sind, z.B. über die Größe des Gesamtareals und die Bindung an spezifische Lebensräume, die Anzahl der Individuen oder Populationen im entsprechenden Bezugsraum, bei Waldarten auch über Bestockungsanteile in Prozent an der Holzbodenfläche. Hier soll als Grundlage die Rote Liste der Pflanzen (s. Frage 208) dienen. Unter den in Deutschland ausgestorbenen und vom Aussterben bedrohten Arten gibt es keine Baumarten, aber Straucharten. So ist das natürliche Vorkommen der Zweifarbigen Weide erloschen und vom Aussterben bedroht sind Rispelstrauch oder Deutsche Tamariske, Tannen-Rose sowie einige Weiden (*Salix alpina*, *S. myrtilloides*, *S. starkeana*). Stark gefährdet sind z.B. Rosmarin-Seidelbast, Zwerg- oder Steppen-Kirsche und Wilde Weinrebe. Ebenfalls stark gefährdet ist die strauch- oder baumförmig wachsende Reif-Weide, was besonders die natürlichen Vorkommen an den ausgebauten Alpenflüssen betrifft. Die Art wurde aber oft gepflanzt, manchmal ist es sogar schwierig zu entscheiden, ob es sich um natürliche oder gepflanzte und von diesen ausgehende Verjüngung handelt – insbesondere an der Ostseeküste, wo sie für Küstenschutzpflanzungen verwendet wird. Gefährdete Baumarten sind Europäische Schwarz-Pappel, Flaum-Eiche, Speierling, auch die strauch- oder baumförmig wachsenden Arten Buchsbaum und Sadebaum oder Stink-Wacholder, dazu zahlreiche Straucharten. Die Gewöhnliche Eberesche oder Vogelbeere ist als

*Zu den in Deutschland stark gefährdeten Gehölzarten gehört die Steppen- oder Zwerg-Kirsche (Prunus fruticosa)*

solche in Deutschland ungefährdet, jedoch ihre in hochmontaner bis subalpiner Stufe der Gebirge vorkommende Unterart Kahle Eberesche (*Sorbus aucuparia* subsp. *glabrata*) ist in ihrem Bestand gefährdet. In die Vorwarnliste der Roten Liste wurden Gewöhnlicher Wacholder, Wild-Apfel, Eibe und als Archäophyt die Echte Mispel aufgenommen. Die Artengruppe Weißbeerige Mistel ist wegen der Häufigkeit einer der Sippen (Laubholz-Mistel) ungefährdet, jedoch stehen Kiefern- und Tannen-Mistel in der Vorwarnliste, wenn sie auch gebietsweise zugenommen haben. Extrem selten sind die Eichenmistel oder Riemenblume (einziges Vorkommen bei Pirna, Sachsen) und der Schneeball-Ahorn, von dem nur ein inselartiges Vorkommen mit wenigen Exemplaren bei Grenzach (Südwesten Baden-Württembergs) existiert. Fast alle der zahlreichen, meist lokal verbreiteten apomiktischen Kleinarten der Artengruppen Bastard-Mehlbeere, -Elsbeere und -Eberesche (*Sorbus hybrida* agg., *S. latifolia* agg., s. Frage 128) sind extrem selten oder stark gefährdet. *PAS*

*Die Flaum-Eiche (Quercus pubescens), eine in Deutschland gefährdete Baumart lichter Eichen-Trockenwälder (links oben); der Speierling (Sorbus domestica), eine in Deutschland gefährdete Baumart lichter Laubwälder auf meist trockenen und kalkhaltigen Standorten (rechts oben); die nur auf Tanne wachsende Tannen-Mistel (Viscum album subsp. abietis) ist in Deutschland die seltenste unter den drei Misteln (links unten); Blatt des Schneeball-Ahorns (Acer opalus), einer der seltensten in Deutschland natürlich vorkommenden Baumarten (rechts unten)*

## 211. Was sind die Ursachen für die Gefährdung oder das Aussterben von Baumarten auf der Erde?

Bei einer Analyse der Ursachen für den Rückgang und die Bedrohung der weltweit gefährdeten Baumarten stellten sich folgende Hauptursachen heraus: (1) **Direkte Vernichtung der Lebensräume**, z. B. durch Brandrodungen, Anlage von Plantagen, Überführung der Waldflächen in Weide- und Ackerland. (2) **Veränderung der Lebensräume**, z. B. durch intensive, nicht nachhaltige Forstwirtschaft, Aufgabe traditioneller Waldnutzungen, Überweidung bei noch praktizierter Waldweide. (3) **Standortveränderungen und zunehmende biotische Schäden** infolge Klimawandel. Bestimmte Arten sind durch Übernutzungen gefährdet, vor allem Wertholz liefernde Baumarten durch selektiven Einschlag, aber auch durch Nutzung als Brennholz oder für die Gewinnung von Rohstoffen wie Arzneimitteln, Ölen, Gummi oder Harzen. Die Einschleppung von Schaderregern (Pilze, Insekten) aus anderen Regionen der Erde in das natürliche Areal kann selbst bei weiter verbreiteten Arten zu einem solchen Rückgang führen, dass die Arten nach der IUCN Red List (2021) potenziell gefährdet oder sogar vom Aussterben bedroht sind. So sind z.B. die Lawson-Scheinzypresse durch einen eine Wurzelkrankheit verursachenden Pilz und die Kanadische Hemlocktanne durch Wollläuse einer Gefährdung nahe. Zwei nordamerikanische Eschen (Rot- oder Grün-Esche, Weiß-Esche) sind durch den sich in den beiden letzten Jahrzehnten rasant ausbreitenden Asiatischen Eschenprachtkäfer in ihrem natürlichen Areal so im Rückgang, dass sie sogar als vom Aussterben bedroht eingestuft wurden. Die Ausbreitung invasiver Arten kann auch die Naturverjüngung gefährdeter Gehölzarten verhindern, so durch konkurrenzstarke eingeführte Pflanzenarten oder Verbiss durch eingeführte Tierarten (z.B. Toromiro-Schnurbaum auf Osterinseln).

*PAS*

## 212. Was sind die Ursachen für die Seltenheit und Gefährdung von Baumarten in Deutschland?

Die aus weltweiter Sicht genannten Ursachen wie Verlust oder Veränderung der Lebensräume treffen für Deutschland ebenso zu. Seit dem Mittelalter nahmen Waldrodungen und Übernutzung der Wälder durch steigenden Holzbedarf, Waldweide, Streunutzung usw. zu. Die Auflichtung der Wälder benachteiligte Schattenbaumarten wie die Eibe, Weiß-Tanne und Buche. Allerdings trug bei diesen Arten Übernutzung ebenfalls zum Rückgang bei, so bei der Eibe für die Waffenherstellung, bei Buche und Tanne für die Meilerei (Holzkohlegewinnung). Von der Auflichtung der Wälder profitierten bestimmte Lichtbaumarten, die nach Aufgabe der historischen, lichte Waldbestände fördernden Bewirtschaftungsformen wie Nieder-, Mittel- und Hutewald (s. Frage 203) seit dem letzten Jahrhundert wieder im Rückgang bzw. heute gefährdet sind. Das Aufkommen konkurrenzstärkerer Baumarten erschwert die Naturverjüngung solcher Baumarten wie Speierling, Elsbeere (*Sorbus torminalis*) und der aus Hybridisierung von Elsbeere, Mehlbeeren und Vogelbeere hervorgegangenen apomiktischen Kleinarten. Flussbegradigungen und ausbleibende

Überflutungen bedingten Standortveränderungen in Auenwäldern, die zur Gefährdung von Schwarz-Pappel und Wilden Weinrebe führten. Die Entwässerung der Moore wurde zur Ursache für die Gefährdung von Moorgehölzen wie Zwerg- und Niedrige Birke, Gagelstrauch, Moosbeere oder Sumpf-Porst. Bei letztgenannter Art trug regional die Übernutzung zum Rückgang bei, denn die als Mottenkraut verwendeten Pflanzen wurden früher wagenfuhrweise auf den Markt gebracht. Eine weitere Gefährdungsursache stellt die Einkreuzung häufigerer Sippen dar, z. B. bei der Flaum-Eiche (Hybridisierung mit Trauben-Eiche) oder bei Langkelch- und Krummkelch-Weißdorn (Hybridisierungen mit Ein- und Zweigriffligem Weißdorn). Die Einkreuzung kultivierter Sippen kann ebenfalls ein Risikofaktor sein, so für Steppen-Kirsche, Wild-Apfel, Wild-Birne oder Schwarz-Pappel. Schädigungen durch Pilze und Insekten führen bei bestimmten Arten zum Rückgang. Die Ulmenkrankheit, die besonders Feld- und Berg-Ulme befällt, ist seit langem bekannt. Zunehmend treten aber Schaderreger auf,, auch in Verbindung mit dem Klimawandel, die bei häufig vorkommenden Baumarten wie Schwarz-Erle, Gewöhnlicher Esche oder Berg-Ahorn zu einem deutlichen Rückgang, längerfristig eventuell sogar zur Gefährdung der Arten, führen. So wird die Esche in der IUCN Red List (2021) aus weltweiter Sicht bereits als einer Gefährdung nahe eingestuft. Zu den Risikofaktoren für die in Deutschland in ihrem Bestand gefährdeten Wildvorkommen (Mosel und Oberrhein) des Buchsbaums gehören der Befall durch den Buchsbaumzünsler und einen Schlauchpilz.

*PAS*

*Sumpf-Porst (Rhododendron tomentosum) als Beispiel für eine Gehölzart, deren Rückgang und Gefährdung durch die Entwässerung der Moore verursacht wurde, früher Bestände auch reduziert durch massenweise Entnahme und Verkauf als Mottenkraut (links); Wild- oder Holz-Apfel (Malus sylvestris) als Beispiel für eine Art, deren Gefährdung durch Einkreuzung kultivierter Arten (hier Kultur-Apfel) verursacht wird (rechts)*

# Schutz von Baumarten und Bäumen

## 213. Welche Möglichkeiten gibt es, seltene und gefährdete Baumarten zu erhalten?

Die Erhaltung der Arten erfordert vielfältige Konzepte und Maßnahmen, beginnend bei einer die Lebensbedingungen der Arten sichernden Landnutzung, der Bewahrung lebensfähiger Populationen in Schutzgebieten und durch Pflege und Gestaltung ihrer Lebensräume über rechtliche Regulierungen zum Artenschutz (s. Frage 215) bis hin zur Einrichtung von Genbanken. Generell gilt, dass der Schutz der Arten in ihren Lebensräumen (*in situ*) Priorität hat. Die Sicherung von Individuen durch Erhaltungs- und Vermehrungskulturen (*ex situ*) stellt jedoch eine wichtige Ergänzung dar und kann unverzichtbar werden, wenn es um die Rettung einer Art oder Restpopulation vor dem Aussterben geht. Wesentlich für den Erfolg der Maßnahmen ist, dass von der Politik nicht nur rechtliche Rahmenbedingungen, sondern auch finanzielle und personelle Voraussetzungen geschaffen werden, die Landnutzer die Maßnahmen aktiv unterstützen und die Menschen der Region sie mittragen. Die Weiß-Tanne, zwar nicht bundesweit gefährdet, aber in mehreren Bundesländern, ist ein Beispiel für die erfolgreiche Integration der Arterhaltung in

*Die Weiß-Tanne (Abies alba), einst in vielen Gebieten stark zurückgegangen („Tannensterben") und in einigen Bundesländern als gefährdet eingestuft, erfährt heute zur Arterhaltung und als Forstbaum vielseitige Förderung (links); noch erhaltener alter Wild-Apfel (Malus sylvestris) auf Steinrücken des Osterzgebirges („Holzäppelgebirge", rechts)*

die Waldbewirtschaftung. Nach langer Zeit des Rückgangs („Tannensterben") erfährt die Tanne in den letzten Jahrzehnten durch Naturverjüngung sowie Saat und Pflanzung autochthoner Herkünfte eine Förderung. Ihr steigender Anteil in den Wäldern ist auch aus Sicht des Klimawandels vorteilhaft, denn die Tanne ist eine Alternative für die großflächig absterbende Fichte. Mittelwaldähnliche Waldnutzung und Waldrandgestaltung tragen zur Förderung lichtbedürftiger Arten wie Wacholder, Speierling, Elsbeere und Mehlbeeren sowie den aus letzteren hervorgegangenen apomiktischen Kleinarten bei. Die Wiederausbringung der in Erhaltungs- und Vermehrungskulturen nachgezogenen Individuen an ihre natürlichen Wuchsorte zur Ergänzung der Restpopulationen wurde mehrfach erfolgreich praktiziert. Zur Erhaltung der in Deutschland vom Aussterben bedrohten Arten Rispelstrauch (Bayern) und Wilde Weinrebe (Oberrhein) werden nicht nur die noch vorhandenen Populationen geschützt, sondern Erhaltungskulturen und Wiederansiedlungsmaßnahmen mit dem Ziel der Schaffung überlebensfähiger Populationen vorgenommen. Beim Wild- oder Holz-Apfel im Osterzgebirge („Holzäppel-Gebirge") bewährte sich die Kombination von *in situ*- und *ex situ*-Maßnahmen zur langfristigen Erhaltung durch Schutz, Pflege und Nutzung noch existierender Bestände, Anlage von Erhaltungssamenplantagen und Nachpflanzungen. Generhaltungsbestände der Waldbaumarten tragen nicht nur zur Sicherung ihrer genetischen Vielfalt bei, sondern dienen zugleich als Erntebestände und der Anlage von Samenplantagen, von denen Vermehrungsgut gewonnen werden kann.

*PAS*

## 214. Welche rechtlichen Grundlagen für den Schutz gefährdeter Baumarten gibt es international?

Die Roten Listen (s. Frage 208) sind wissenschaftliche Fachgutachten, die der Information über den Gefährdungsgrad von Arten sowie der Planung von Maßnahmen zu ihrer Erhaltung dienen, aber eine Einstufung als gefährdete Art bedeutet nicht, dass diese damit unter gesetzlichem

*Zapfen der Chile- oder Andentanne, einer im Anhang I des Washingtoner Artenschutzübereinkommens gelisteten Art*

Schutz steht. Für den Schutz und den Umgang mit besonders schutzbedürftigen Arten existieren internationale Abkommen und rechtliche Regulierungen. Das Übereinkommen über den internationalen Handel mit gefährdeten Arten freilebender Tiere und Pflanzen (CITES), auch Washingtoner Artenschutzübereinkommen genannt, regelt den Handel und damit Export und Import von besonders geschützten Arten, auch Teilen davon oder Produkten daraus. In 3 Anhängen sind die unterschiedlich streng geschützten Arten aufgeführt. Im Anhang I sind Arten gelistet, für die ein Verbot des kommerziellen Handels für Individuen, die aus dem natürlichen Lebensraum stammen, gilt. Handel mit Nachzuchten und nicht kommerzieller Handel sind möglich, wenn der Fortbestand der Arten nicht gefährdet wird und die nationalen Gesetze es erlauben. Beispielhaft für Baumarten seien Chile- oder Andentanne, Patagonienzypresse oder Alerce und Guatemala-Tanne genannt. Für Arten des Anhangs II ist ein kommerzieller Handel möglich, bedarf aber einer Unbedenklichkeitsprüfung des Ausfuhrstaates zum Fortbestand der Art trotz Handels. Beispiele sind Chinesische, Japanische und Himalaja-Eibe, wobei die Samen ausgenommen sind. In Anhang III werden Arten aufgenommen, die in Absprache mit den Staaten, die eine Ausfuhrgenehmigung erteilen, gelistet werden. Hierzu gehören z. B. Mandschurische Esche, Korea-Zirbe und Mongolische Eiche, für die bei einer Ausfuhr von Stamm- und Schnittholz sowie Furnieren aus Russland eine Genehmigung erforderlich ist.

*Japanische Eibe (Taxus cuspidata) am Naturstandort (Kamikochi-Tal auf Honshu, Japan), gelistet im Anhang II des Washingtoner Artenschutzübereinkommens*

*PAS*

## 215. Welche rechtlichen Grundlagen für den Schutz seltener und gefährdeter Baumarten gibt es in Deutschland?

Für die einzelnen Staaten existieren nationale Gesetze und Regelungen für den Schutz der Arten. In Deutschland regeln das Bundesnaturschutzgesetz (BNatSchG) und die Bundesartenschutzverordnung (ArtSchVO) den Artenschutz. Zudem gilt das Washingtoner Artenschutzübereinkommen (CITES), wie in allen EU-Ländern umgesetzt über das EU-Artenschutzabkommen, direkt. Nach der ArtSchutz-VO sind unter den Gehölzen (einschl. Halb-, Zwerg- und Spaliersträucher) die wildlebenden Populationen folgender Arten besonders geschützt:

Echte Bärentraube, Felsensteinkraut, Zwerg-Birke, Buchsbaum, Alpen-Wald-

*Lorbeer-Seidelbast (Daphne laurola), in Deutschland eine besonders geschützte und nach Roter Liste extrem seltene Art (links); Gewöhnlicher Seidelbast (Daphne mezereum), eine besonders geschützte, aber nach Roter Liste in Deutschland nicht gefährdete Art (rechts)*

*Gewöhnliche oder Europäische Stechpalme (Ilex aquifolium), auch Hülse genannt, eine besonders geschützte, aber nach Roter Liste in Deutschland nicht gefährdete Art (links); Gewöhnliche oder Europäische Eibe (Taxus baccata), eine besonders geschützte, in der Vorwarnliste der Roten Liste Deutschland geführte Art (rechts)*

rebe, Gewöhnliche Zwerg- oder Felsmispel, alle Seidelbast-Arten, Herzblättrige Kugelblume, Apenninen- und Graues Sonnenröschen, Gewöhnliche Stechpalme, Sumpf-Porst, Gewöhnliche Eibe, Wilde Weinrebe (diese besonders und streng geschützt).

Die meisten der besonders geschützten Arten sind nach Roter Liste Deutschlands gefährdet oder stark gefährdet, der Lorbeer-Seidelbast extrem selten, die Eibe und Zwergmispel potenziell gefährdet (in Vorwarnliste). Gewöhnlicher und Gestreifter Seidelbast, Kugelblume, Alpen-Waldrebe und Stechpalme sind nicht als gefährdet eingestuft. Ihr gesetzlicher Schutz soll zur Sicherung der natürlichen Vorkommen beitragen, indem der Zugriff auf die wegen ihrer zierenden Wirkung beliebten Pflanzen untersagt ist.

*PAS*

## 216. Können botanische Gärten, Arboreten und andere Pflanzensammlungen einen Beitrag zur Erhaltung einer Baumart leisten?

In botanischen Gärten und Gehölzsammlungen werden auch weltweit oder national seltene und gefährdete Arten kultiviert. Die Anzucht solcher Arten über Samen oder Jungpflanzen vom Naturstandort darf nur unter Beachtung internationaler Übereinkommen und Richtlinien sowie nationaler Gesetze (s. Fragen 214 – 215) erfolgen. Seit Inkrafttreten des Übereinkommens über die Biologische Vielfalt (CBD) 1992 und insbesondere seit dem Nagoya-Protokoll 2014 über den Zugang zu genetischen Ressourcen und die ausgewogene und gerechte Aufteilung der sich aus ihrer Nutzung ergebenden Vorteile werden der Handel mit sowie der Export und Import von Saat- und Pflanzgut geregelt. Zur Umsetzung der Regelung existiert seit 2002 das Internationale Pflanzentausch-Netzwerk (IPEN), das dem vereinfachten Austausch von Saatgut zwischen den Botanischen Gärten dient (über 210 Gärten aus 36 Ländern teilnehmend), es darf nicht für kommerzielle Zwecke genutzt werden. Mit Informationen über seltene, gefährdete und besonders geschützte Arten übernehmen öffentliche Gärten und Arboreten eine wichtige Aufgabe im Rahmen ihrer Bildungs- und Öffentlichkeitsarbeit. Sie beteiligen sich heute auch an Erhaltungs- und Vermehrungskulturen (s. Frage 213) gefährdeter Arten, wobei diese Pflanzensammlungen nicht als Arche Noah verstanden werden dürfen. Es kann nur dann ein wirklicher Beitrag zur Erhaltung oder zum Überleben einer Art geleistet werden, wenn die angezogenen Pflanzen an den natürlichen Wuchsorten (wieder) angesiedelt werden. Von dem auf den Osterinseln ausgestorbenen Toromiro-Schnurbaum (s. Frage 22) blieben einige Pflanzen in Botanischen Gärten erhalten. Nach erfolgreichen Vermehrungskulturen (u. a. im Botanischen Garten Bonn) wurden die nachgezogenen Pflanzen auf den Osterinseln wieder ausgebracht. Trotz anfänglicher Rückschläge scheint die Wiederansiedlung inzwischen gelungen zu sein. Für die Erhaltung der Artenvielfalt (bei Nutz- und Zierpflanzen auch der Sortenvielfalt) von Gehölzen kommt Spezialsammlungen eine besondere Bedeutung zu. So befinden sich z.B. in Deutschland etwa 600 Wildarten und 4000 Sorten der Gattung *Rhododendron* in Kultur. Um deren Vielfalt zu erhalten, wurde die „Deutsche Genbank Rhododendron" ins Leben gerufen. Hierzu schlossen sich bundesweit Baumschulen, Botanische Gärten, Parks und private Gärten zusammen.

*PAS*

## 217. Was ist ein „Arboretum"?

„Arboretum" leitet sich ab vom lateinischen Wort für Baum = arbor und meint eine Sammlung in der Erde angepflanzter lebender Gehölze verschiedenster Art und Herkunft. Angelegt und unterhalten werden solche Sammlungen häufiger von Privatpersonen, meist aus einer Begeisterung für Bäume heraus. Oft finden sich hier Dendrologen, die nach unterschiedlichen Gesichtspunkten Gehölze zusammentragen und auspflanzen. Bei dem Wort Dendrologe / Dendrologie kommt die griechische Sprache ins Spiel: Baum heißt im Griechischen dendron, die Dendrologie ist die Wissenschaft der Bäume und Sträucher.

Neben den privaten Arboreten existieren viele solcher Sammlungen in Angliederung an eine wissenschaftliche Forschungseinrichtung. Dies können Institute der Forstwissenschaft sein oder auch Botanische Gärten, die einer Universität angeschlossen sind. Es gibt ungefähr 45 Universitätsgärten in Deutschland, dazu kommen noch etliche in der Trägerschaft von Städten und Kommunen. Gerade die Botanischen Gärten in Universitätsregie verfügen häufig über ansehnliche Sammlungen auch sehr seltener Gehölzarten zu Demonstrationszwecken in der Lehre oder auch für die Forschung. Aber auch aus den Gärten und Parklandschaften alter Adelssitze und städtischer Anlagen sind wertvolle Arboreten entstanden.

Grundsätzlich unterscheidet man zwei Arten von Arboreten, systematische und geographische Sammlungen. In einem systematischen Arboretum werden die Gehölze nach den Verwandtschaftsverhältnissen gruppiert, also nach Familienzugehörigkeit und nach Gattungen. Hier findet man, wie z.B. im Botanischen Garten Berlin-Dahlem, die Vielfalt einzelner Pflanzenfamilien demonstriert. Direkte Vergleiche äußerlich wahrnehmbarer Merkmale und existierender Unterschiede sind vor allem in der wissenschaftlichen Lehre nutzbar, aber auch wertvoll für die Naturbildung des Gartenpublikums.

Systematisch ist aber auch die zweite Art von Sammlung, nämlich die Gruppierung nach geographischen Lebensgemeinschaften oder Waldtypen. Im Arboretum Main-Taunus bei Frankfurt oder im Forstbotanischen Garten Tharandt bei Dresden werden Waldgesellschaften von Nordamerika, Asien und dem Kaukasus dargestellt. Dabei lernen die Besucherinnen und Besucher, welche Gehölzarten in den Douglasienwäldern der Rocky Mountains oder in den subalpinen Nadelwäldern Zentral- und Südjapans zu finden sind. Aber auch Ahorn-Eschenwälder und Eichen-Hainbuchenwälder unserer näheren mitteleuropäischen Heimat werden so erfahrbar gemacht. Diese Art der dendrologischen Sammlung hat sicher den höchsten didaktischen Auftrag und vermittelt etwas von der Vielfalt auch fremdländischer Lebensräume außerhalb der Glashäuser großer Botanischer Gärten und von ihrer Seltenheit und Gefährdung.

*MW*

*Das Arboretum Main-Taunus nahe Frankfurt am Main zeigt viele typische Gehölze in ihren natürlichen Pflanzengesellschaften*

## 218. Wann ist ein Baum ein Naturdenkmal?

Bäume, sei es in Natur oder Kultur, die sehr hoch oder sehr alt werden oder einen gewaltigen Stammumfang haben, erfahren besondere Wertschätzung durch den Menschen. Aber nicht nur Dimension oder Alter, auch eine besondere Beziehung der Menschen zu einem Baum, ein auffallender Wuchs, eine spezielle Geschichte oder Person können Anlass sein, derartige Bäume zu erhalten. Zu einem **Baum-Naturdenkmal** (ND) werden sie erst, wenn sie rechtsverbindlich festgesetzt sind. Nach Bundesnaturschutzgesetz kann ein besonderer Schutz eines Baumes als Einzelschöpfung der Natur aus wissenschaftlichen, naturgeschichtlichen oder landeskulturellen Gründen oder wegen Seltenheit, Eigenart oder Schönheit erforderlich sein. Leider werden in der heutigen Zeit die Listen der Baum-ND von den Landratsämtern in einer oft nicht nachvollziehbaren Weise „bereinigt", indem viele gelöscht werden. Die Gründe dafür reichen von Geringschätzung der Bäume als Naturschutzobjekt bis hin zur Einsparung von Mitteln, die sich durch eventuell notwenige Pflegemaßnahmen zur Verkehrssicherung ergeben. Wenn auch in anderen Ländern bemerkenswerte Einzelbäume als (National) Natural Monument bezeichnet werden (z. B. ein Ginkgo von 10 m Stammumfang und angeblich 1200 Jahren in Japan, so dürfen Naturdenkmal und Naturmonument nicht verwechselt werden. Bei einem **Naturmonument** handelt es

*Links: Baum-Naturdenkmal Elsbeere östlich von Herpersdorf (Franken), hinsichtlich Stammumfang eine der stärksten Elsbeeren Deutschlands (Rekordbaum in Bayern); Baum-Naturdenkmal Robinie in Branitz (Cottbus, Brandenburg), Exemplar der Gewöhnliche Robinie mit dem größten Stammumfang in Deutschland (rechts)*

sich um eine Schutzgebietskategorie der Internationalen Naturschutzunion (IUCN), die seit 2010 auch in das Bundesnaturschutzgesetz als Nationales Naturmonument (NNM) aufgenommen wurde. Erstes NNM Deutschlands wurden 2016 die berühmten Ivenacker Eichen (Mecklenburg), aber nicht nur die 600- bis 1000-jährigen Eichen, sondern eine 75 ha umfassende „Waldlandschaft mit den in ihr befindlichen Uraltеichen“. Anliegen der Ausrufung von 100 **Nationalerbe-Bäumen**, einer Initiative der Deutschen Dendrologischen Gesellschaft (DDG) seit 2019, ist die stärkere Beachtung und Förderung alter Bäume, seien sie ND oder nicht, wobei als Auswahlkriterien über 4 m Stammumfang und möglichst über 400 Jahre dienen (siehe dazu Fragen 104–106). Erbe-Bäume („Heritage Trees“), die wegen ihres Alters, ihrer Größe oder Seltenheit sowie ihres ästhetischen, botanischen, ökologischen oder historischen Wertes ausgewiesen werden, gibt es seit längerer Zeit in mehreren Ländern der Erde (z. B. USA, Irland, Indien), teils mit deren rechtlichem Schutz verbunden (Singapur). Die Öffentlichkeit auf den Wert „starker Bäume“ (Kriterium Stammumfang) aufmerksam zu machen, ist auch Anliegen des Projektes **Rekordbäume/ Champion Trees** von DDG und GDA (siehe Frage 198).

*PAS*

*Ginkgo von Hida-Kokubun-ji, ein National Natural Monument in Japan (links); Baum-Naturdenkmal Uraltеiche (Stiel-Eiche), stärkste der Ivenacker Eichen (Mecklenburg), heute Bestandteil eines Nationalen Naturmonuments (rechts)*

# Wie sieht die Zukunft der Bäume aus?

## 219. Birgt die Pflanzung von fremdländischen Baumarten Risiken?

Im 15. und 16. Jahrhundert, der Renaissance bzw. dem Zeitalter der Entdeckungen, erkundeten Seefahrer Kontinente außerhalb Europas. Ab nun wurden immer mehr exotische Gehölze nach Europa gebracht. Auffallend schnell und gutwachsende Baumarten, die entweder besser oder aber zumindest vergleichbar der hier heimischen Baumarten wuchsen, oder von denen man sich anderweitigen Nutzen versprach, wurden immer öfter angepflanzt. Nur wenige dieser Arten konnten etabliert werden. Die meisten sind zwar eine Bereicherung der Garten und Parkanlagen, konnten sich aber bislang nicht selbständig vermehren und stellen wahrscheinlich kein Risiko da. Wer die Frage „heimisch oder nicht heimisch" eng auslegt, muss bedenken, dass beispielsweise die Lärche als Gebirgsbaum außerhalb der Alpen ebenfalls in vielen Regionen Deutschlands als gebietsfremd eingestuft werden müsste und damit eigentlich ein heimischer Fremdling ist.

Generell muss man die Frage für jede Baumart unter Berücksichtigung ihrer geplanten Anpflanzung (Stadt, Landschaft oder Wald) und dem sich immer stärker abzeichnenden Klimawandel separat beantworten. Wichtig ist eine emotionsfreie, sachliche Herangehensweise. Einige Baumarten, wie z.B. die Schwarz-Nuss, haben sich gut in das bestehende Waldökosystem integriert, ohne eine Bedrohung für die heimische Flora darzustellen. Andere Arten wie die Weymouths-Kiefer waren zunächst waldbaulich bedeutsam, wurden aber durch eine Pilzerkrankung so stark dezimiert, dass sie kaum noch eine Rolle spielen. Die Douglasie wird seit fast 200 Jahren mit großem Erfolg immer wieder angebaut. Sie hat hervorragende Holzqualitäten und einen größeren Zuwachs als Fichte oder Weiß-Tanne. Sie wird daher von vielen als Ersatz für unsere durch Trockenstress und Borkenkäferkalamitäten bedrohten Fichtenwälder angesehen. Angesichts der negativen Erfahrungen, die mit Fichten-Monokulturen gemacht wurden, sollten diese aber nicht durch Douglasien-Monokulturen ersetzt werden.

Es gibt aber Baumarten, die zu Recht kritisch betrachtet werden müssen, da sie die heimische Flora verdrängen können. Dazu gehört die Robinie, der Götterbaum oder die Späte Traubenkirsche. Alle drei Baumarten ist gemeinsam, dass sie in der Jugend schnellwüchsig sind und gut auf Ruderalflächen und trocken Standorten wachsen, schon nach wenigen Jahren blühfähig sind, große Samenmengen produzieren und die heimische Flora bedrängen können. Die Robinie kann zudem den Boden mit Stickstoff anreichern, weshalb sie für artenreiche Trockenrasen negative Auswirkungen hat. Der Götterbaum kann über Wurzelausscheidungen (Allelopathie) den Aufwuchs anderer Pflanzen unterdrücken und die Späte Traubenkirsche weist auf leichten Sandböden eine starke Vermehrungsdynamik auf. Hinzu kommt, dass alle drei Arten sich nach dem Fällen, einer Hydra gleich, durch Wurzelbrut vermehren. Sie haben damit ein hohes invasives Potential! Anderseits sind sie bei Imkern beliebte Trachtbäume. Die Robinie liefert ein wertvolles, dauerhaftes und gegebenenfalls sogar Tropenholz ersetzendes Holz. Für den städtischen Bereich sind die Robinie und der Götterbaum aufgrund ihrer Schnellwüchsigkeit, Trockenheits- und Hitzetoleranz sowie ihre Salzverträglichkeit geradezu ideale Straßenbäume. Sobald sie sich aber in der Natur etabliert haben, ist ihnen nur mit aufwendigen, konsequenten Bekämpfungsmaßnahmen zu begegnen. Eine Anpflanzung darf daher nur fernab wertvoller Naturbiotope erfolgen.

*VM*

## 220. Wieso sollten wir auch weiterhin Nadelbäume pflanzen?

Eibe, Wald-Kiefer, Wacholder, Weiß-Tanne, Fichte, Zirbe und Lärche gehören zu unserem Ökosystem und übernehmen dort wichtige Funktionen. Ihr negatives Image beruht darauf, dass vor allem Fichten und Kiefern oft in Monokulturen und oftmals auf falschen Standorten angepflanzt wurden. Der Fehler liegt bei uns Menschen und nicht bei den Bäumen! Abgesehen davon muss man die Frage, ob weiterhin Nadelbäume angepflanzt werden sollten, für die Stadt und die freie Landschaft bzw. den Wald separat beantwortet werden.

In unseren Garten- und Parkanlagen sind die meist kegelförmig, schlanken und aufrechten Wuchsformen vieler Nadelgehölze, aber auch die malerischen Kronenformen alter Kiefern ein wesentliches, die Form und Gestaltung bereicherndes Element, auf das man auf keinen Fall verzichten sollte. Die Anpflanzung von breitkronigen Laubgehölzen wird in den immer kleiner werdenden Grundstücken immer schwieriger. Hinzu kommt, dass einzeln oder in kleinen Gruppen gepflanzte Nadelbäume vor allem im Winter den Garten oder die Parkanlage mit ihren verschiedenen Grüntönen bereichern. Für viele Singvögel sind die dichten Kronen der Nadelgehölze hervorragende Brutplätze und bieten Schutz vor Greifvögeln. Die sich im Winter öffnenden Zapfen der Koniferen sind eine hervorragende Futterquelle für unsere Vögel. Immergrüne Nadelbäume sind im Gegensatz zu laubabwerfenden Gehölzen auch im Winter in der Lage, Sauerstoff zu produzieren und vor allem auch Feinstaub aus der Luft zu filtern. Genau zu der Jahreszeit, in der wir in den Städten aufgrund der verstärkten Heiztätigkeit die höchsten Feinstaubwerte haben.

Selbst bei einer kritischen Konsumbetrachtung werden wir nicht auf Nadelholz verzichten können. Wir benötigen es z.B. als Konstruktionsholz im Baugewerbe, als Rohstoff für Papier usw., denn es ist nicht immer durch Laubholz zu ersetzen. Wer einem Anbau von Nadelhölzern in unseren Wäldern generell anlehnt, exportiert nur unsere Probleme in oftmals ärmere Länder ohne nachhaltige Forstwirtschaft. Kahlschläge in der Taiga oder den Karpaten, aber auch riesige Kiefernplantagen in Chile oder Brasilien, für die der Urwald vernichtet wurde, sind weder ethisch noch moralisch noch ökologisch vertretbar. Daher ist es erforderlich, dass wir auch bei uns weiterhin Nadelbäume anpflanzen. Nicht mehr als Monokultur, sondern in einen artenreichen Mischwald integriert.

*VM*

## 221. Wie reagieren Bäume auf den Klimawandel?

Ein schwer kalkulierbarer, aber entscheidender Faktor des Umgangs von Bäumen mit dem Klimawandel, d.h. vor allem mit mehr Trockenstress und

*Blätter aus der besonnten Oberkrone einer fast 1000-jährigen Stiel-Eiche mit stark veränderter Blattform und unterseitiger Behaarung*

häufigeren Hitzeperioden, ist ihr Anpassungspotenzial: So zeigen gerade Jungbäume meist ein viel besseres Anpassungspotenzial als Altbäume und kommen nach (üb)erlebten Stress-Situationen mit zukünftigen ähnlichen Situationen besser oder sogar besonders gut klar. Das Absterben vieler Altbäume einer Baumart bedeutet daher nicht, dass die Jungbäume derselben Baumart ebenso empfindlich und für zukünftige Verwendung nicht mehr geeignet sind, denn sie haben Jahrzehnte Zeit, sich auf Veränderungen einzustellen – solange diese nicht zu schnell erfolgen. Das Resultat kann als erworbene Resistenz bezeichnet werden und äußert sich in der sog. Plastizität. So scheinen in den Kronen von Uraltbäumen, z. B. 1000-jährigen Eichen, Anpassungsprozesse zu laufen, die bei dem langen Zeitraum ihrer Entwicklung zu unterschiedlichen Blattformen und Behaarung in verschiedenen Kronenbereichen führen können, als Anpassung an höheren Trockenstress in der besonnten Oberkrone gegenüber unteren seitlichen Kronenbereichen im Halbschatten.

Erstaunen ruft hervor, dass es selbst von einer an sich trockenstress-empfindlichen Baumart wie Rot-Buche nichtsdestotrotz (etliche) Exemplare auf trockenen Standorten gibt, die auch nach 3 trockenen Sommern vollkommen vital und „unbeeindruckt weiterwachsen". Daran erkennt man, dass eine Konditionierung möglich ist, wenn die Bäume es früh genug „lernen", mit Stressfaktoren umzugehen – dieses Thema wird extrem spannend und macht Hoffnung.

*AR*

## 222. Was kann man als Baumeigentümer tun, um für den Klimawandel gewappnet zu sein?

Klimawandel heißt vor allem: mehr Trockenstress- und Hitze-Perioden sowie Wetterextreme.

Günstig für die zukünftige Verwendung von Bäumen in Städten, Parks und Gärten sind: die richtige Baumartenwahl, sorgsame Pflanzung, ausreichend Wurzelraum, möglichst naturnahes Stammumfeld, in Trockenzeiten Bewässerung... Man sollte sich zudem vor einer Pflanzung umfassend Gedanken über die erwünschte endgültige Baumgröße machen und ggf. kleinere Baumarten wählen, die in höherem Alter nicht ständig Verkehrssicherheits- und Nachbarprobleme zur Folge haben. Zudem ist es gut, wenn sie insekten- und vogelfreundlich sind, sich während der Jahreszeiten attraktiv verändern und keine lästigen Nebenwirkungen haben wie z. B. Allergien, gefährliche Dornen oder große Früchte, die auf Wege fallen.

Bei den heute schon stehenden Bäumen gilt vor allem: sie möglichst in Ruhe lassen, damit sie weitgehend ungestört wachsen und sich entwickeln können. Aufgrund der Kronenbesonnung sollten nicht zu starke Schnittmaßnahmen durchgeführt werden, da es sonst zu Sonnenbrand und Rücksterbe-Erscheinungen kommen kann, weil die Sonne tiefer in die Krone eindringt und zur Überhitzung (Trockenstress) führen kann. Katastrophal für die Baumbiologie und die weitere Lebenserwartung sind (scheinbar preiswerte) Kappungen, wie man sie leider verbreitet sieht. Damit sollen Bäume kleiner oder/und ungefährlicher gemacht werden, es hat aber den Teufelskreis zur Folge, dass sich Stammfäule im Baum ausbreitet und ein lebenslanger (teurer) Pflegebedarf entsteht.

*AR*

*Kleine Bäume benötigen weniger Wasser und machen weniger Probleme im Alter*

# Autoren

*Veit Martin Dörken (VD)*, Studium der Landschaftsplanung an der FH Essen mit dem Schwerpunkt Vegetations- & Freilandpflanzenkunde und anschließender Promotion an der Ruhr-Universität Bochum im Bereich Evolution und Biodiversität der Pflanzen. Später erfolgte die Habilitation an der Universität Konstanz. Neben seiner universitären Tätigkeit ist er zudem fester Bestandteil im Editorial Board einiger Fachzeitschriften und Jahrbücher. Er ist Autor zahlreicher fachwissenschaftlicher Artikel und Bücher, aber auch populärwissenschaftlicher Veröffentlichungen.

*Rolf Kehr (RK)* hat Forstwissenschaften studiert, zum Thema Baumkrankheiten promoviert und lange auf diesem Gebiet geforscht. Seit 2004 bekleidet er die Professur für Gehölzpathologie und Mykologie an der HAWK Göttingen und lehrt in den Studiengängen Forstwirtschaft, Arboristik sowie Urbanes Baum- und Waldmanagement. Autor zahlreicher fachwissenschaftlicher Veröffentlichungen.

*Eike Jablonski (EJ)*, schon vor dem Studium der Gartenbauwissenschaften in Hannover Beschäftigung mit Gehölzen als Baumschulmeister und Tätigkeit in Botanischen Gärten und Forstbaumschulprojekten in Hong Kong, Nepal, Sikkim und Sumatra. Seit 1995 Lehrbeauftragter für Gehölzkunde, Baumschulwesen und Pflanzenschutz in Luxemburg und verantwortlicher Leiter eines Arboretums. Als Mitglied des HortTax-Komittees Bearbeitung der Nomenklatur von Ziergehölzen. Seit 2017 Präsident der Deutschen Dendrologischen Gesellschaft. Zahlreiche Publikationen zum Thema Gehölze.

*Mirko Liesebach (ML)* studierte Forstwissenschaften an der Georg-August Universität in Göttingen, wurde an der Universität Hamburg promoviert und absolvierte in Niedersachsen das Referendariat. Seit 1990 arbeitet er als Wissenschaftler in der Herkunftsforschung und Forstpflanzenzüchtung. Er ist Geschäftsführer und Vizepräsident der Deutschen Dendrologischen Gesellschaft e.V. (DDG). Zahlreiche Publikationen nicht nur zu forstgenetischen Fragen.

*Volker Meng (VM)* absolvierte eine Gärtnerlehre als Zierpflanzengärtner und schloss daran einen Floristenlehre an. Es folgte ein Gartenbaustudium an der FH Weihenstephan mit Abschluss Gartenbau-Ingenieur. Berufspraxis im Zierpflanzenbau und Baumschulbetrieb. Seit 1993 technischer Leiter des Forstbotanischen Gartens Göttingen. DDG Mitglied seit 1993, seit 1994 Ratsmitglied und seit 1977 für die Ginkgoblätter, dem Periodika der DDG, zuständig.

*Ulrich Pietzarka (UP)* ist promovierter Forstwissenschaftler und seit 1995 wissenschaftlicher Leiter des Forstbotanischen Gartens Tharandt. Im Vorstand der DDG engagiert er sich seit 2015. Sein spezielles Interesse gilt der Ökologie der Gehölze, der er auf Exkursionen nach Nordamerika, den Himalaya oder russisch Fernost nachspürt. Autor vieler Publikationen zum Thema Gehölze.

*Andreas Roloff (AR)* hat zunächst an der Univ. Göttingen Psychologie und Forstwissenschaften studiert und danach dort seine Promotion und Habilitation abgeschlossen. 1994 – 2022 war er als Direktor vom Institut für Forstbotanik und Forstzoologie der Fakultät Umweltwissenschaften an der TU Dresden im Fachgebiet Baumbiologie tätig. Schwerpunkte seiner Arbeit sind seit langem Baumartenwahl und -bewertung, Auswirkungen von Trockenstress und Stadtbaumproblematiken sowie zuletzt die Förderung von Uraltbäumen. Er leitete zudem auch fast 30 Jahre den Forstbotanischen Garten Tharandt, welcher seit 1811 existiert und in seiner Dienstzeit Sächsisches Landesarboretum und mit 35 Hektar eine der größten wissenschaftlichen Gehölzsammlungen geworden ist ist. Autor zahlreicher fachwissenschaftlicher Artikel und von etlichen Baumbüchern.

*Peter A. Schmidt (PAS)* ist emerierter Professor und war nach dem Studium (Dipl.-Biol.) und Forschungsstudium (Dr. rer. nat.) an der Martin-Luther-Universität Halle-Wittenberg bis 1976 Leiter des Museums für Naturkunde und des Botanischen Gartens in Gera. Anschließend Kustos des Forstbotanischen Gartens Tharandt der TU Dresden 1978 – 1987, sowie nach der Habilitation Dozent (1987 – 89) und Professor (1989 – 2011) für Landeskultur und Naturschutz an TU Dresden (Fachrichtung Forstwissenschaften Tharandt). Von 2008 – 2017 Präsident der Deutschen Dendrologischen Gesellschaft (DDG), seitdem Ehrenpräsident der DDG. Autor zahlreicher fachwissenschaftlicher Artikel und Bücher, aber auch populärwissenschaftlicher Veröffentlichungen.

*Manfred Wessel (MW)* absolvierte eine Gärtnerlehre als Baumschuler, Gartenbaustudium in Hannover und FH Osnabrück, Abschluss Gartenbau-Ingenieur, nach Berufspraxis in Landschaftsgartenbau- und Baumschulbetrieben Leitungsfunktionen in den Botanischen Gärten Kiel und Frankfurt am Main, letzteres 28 Jahre als Technischer Leiter. DDG-Mitglied seit 1990, dort z. Z. Fachreferent für Champion Trees / Rekordbäume in der Deutschen Dendrologischen Gesellschaft.

## Literatur


ALBRECHT, H.-J. (2018): Wildes Obst, Seltene Arten für den Garten Wildes Obst. BLV, München.

BALDER, H. (1998): Die Wurzeln der Stadtbäume, 1. Auflage, Parey, Berlin.

BÄRTELS, A.; SCHMIDT, P. A. [Hrsg.] (2014): Enzyklopädie der Gartengehölze. 2. Aufl. Ulmer, Stuttgart.

BARTELS, H. (1993): Gehölzkunde. Ulmer, Stuttgart.

BEECH, E.; RIVERS, M.; OLDFIELD, S.; SMITH, P. P. (2017): GlobalTreeSearch. The first complete global database of tree species and country distributions. Journ. of Sustainable Forestry 36, 5: 454–489.

BENK, J.; ARTMANN, S.; KUTSCHEIDT, J.; MÜLLER-INKMANN, M.; STRECKENBACH, M.; WELTECKE, K. (2020): Praxishandbuch Wurzelraumansprache, Arbeitskreis Baum im Boden, Möhnesee.

BFN (Bundesamt für Naturschutz) (2021): Gebietsfremde und invasive Arten in Deutschland. https://neobiota.bfn.de/

BFN (Bundesamt für Naturschutz, Hrsg.) (2018): Rote Liste gefährdeter Tiere, Pflanzen und Pilze Deutschlands. Band 7: Pflanzen. Naturschutz u. Biol. Vielfalt 70(7). Bundesamt für Naturschutz, Bonn – Bad Godesberg.

BGCI (2020): GlobalTreeSearch online database. Botanic Gardens Conservation International. Richmond, UK. https//tools.bgci.org/global_tree_search.php.

BMEL, 3 Bundeswaldinventur 2012

BREUSTE, J. (2019): Die Grüne Stadt: Stadtnatur als Ideal, Leistungsträger und Konzept für Stadtgestaltung. Springer Verlag, Heidelberg.

BUTIN, H. (2010): Krankheiten der Wald- und Parkbäume. Ulmer, Stuttgart.

BUTIN, H.; BRAND, T. (2017): Farbatlas Gehölzkrankheiten. 5. Auflage, Ulmer, Stuttgart.

DIN Deutsches Institut für Normung e.V. [Hrsg.] (2014): DIN 18920 -Vegetationstechnik im Landschaftsbau – Schutz von Bäumen, Pflanzenbeständen und Vegetationsflächen bei Baumaßnahmen, Beuth, Berlin.

DWD (Deutscher Wetterdienst) (2021): Winterhärtezonen. https://www.dwd.de/DE/leistungen/deutscherklimaatlas/erlaeuterungen/elemente/erl_winterhaertezonen.html.

EC (European Commission) (2021): List of Invasive Alien Species of Union concern. https://ec.europe.eu/environment/nature/invasivealien/list/index_eu.htm.

EHRENBERG, R. (2015): Trillions of trees. Nature vol. 525, issue 7568. https://www.nature.com/news/trillions-of-trees-1.18333.

FGSV Forschungsgesellschaft für Straßen- und Verkehrswesen e.V., Arbeitsgruppe Straßenentwurf [Hrsg.] (1999): RAS-LP 4: Richtlinien für die Anlage von Straßen, Teil: Landschaftspflege, Abschnitt 4: Schutz von Bäumen, Vegetationsbeständen und Tieren bei Baumaßnahmen, FGSV, Köln: 32 S.

FitzJohn, R. G.; Pennell, M. W.; Zanne, A. E.; Stevens, P. F.; Tank, D. C.; Cornwell, W. K. (2014): How much of the world is woody? Journal of Ecology 102: 1266–1272. doi: 10.1111/1365-2745.12260.

Förster, K. (1981): Der Steingarten der sieben Jahreszeiten. Neumann, Radebeul.

GTSG (Global Tree Specialist Group) (2021):GTA Progress. GTSG Newsletter January 2021: 1–2.

Hartmann, G.; Butin, H. (2017): Farbatlas Waldschäden. 4. Auflage, Ulmer, Stuttgart, 269 S.

Heinze, W.; Schreiber, D. (1984): Eine neue Kartierung der Winterhärtezonen für Gehölze in Europa. Mitt. Deutsch. Dendrol. Ges. 75: 11–56.

ISSG (Invasive Species Specialist Group of IUCN) (2021): Global Invasive Species Database. https://issg.org/database.

IUCN (International Union for Conservation of Nature) (2021): The IUCN Red List of Threatened Species. http://www.iucnredlist.org/.

Kehr, R. (2013): Wichtige Krankheiten und Schädlinge an Stadtbäumen. In: Roloff, A.: Bäume in der Stadt – Besonderheiten, Funktion, Nutzen, Arten, Risiken. Ulmer, Stuttgart. S. 202-233.

Kehr, R. (2016): Aspects of urban tree pathology. In: Roloff, A. (ed.): Urban tree management for the sustainable development of green cities. Wiley Blackwell, West Sussex, S. 58-81.

Knigge, W.; Schulz, H. (1966): Grundriss der Forstbenutzung. P. Parey. Hamburg und Berlin.

Köstler, J. N.; Brücker, E.; Bibelriether, H. (1968): Die Wurzeln der Waldbäume. Parey, Hamburg, Berlin.

Kutschera, L.; Lichtenegger, E. (2002): Wurzelatlas mitteleuropäischer Waldbäume und Sträucher. Stocker, Graz.

Ledesma-Krist, G. M.; Schröder, S.; Nick, P.; Dister, E. (2010): Überlebenssicherung der Wildrebe *Vitis vinifera* L. subsp. *sylvestris* Gmelin in den Rheinauen durch gezieltes In-situ-Management. In: BLE 2010: 126-133.

Lohmann, U. (2016): Holz Handbuch. 7. Aufl. Nikol-Verlag Hamburg.

Lösch, R. (2003): Wasserhaushalt der Pflanzen. 2. Aufl. Quelle & Meyer, Wiebelsheim.

Lüthje, E. (2005): Weiß + Grün = Panaschiert? Vergleichende Untersuchung weißgrüner Blätter, Biologie in unserer Zeit 28(3): 181–185.

Lyr, H.; Fiedle, H.-J.; Tranquillini, W. [Hrsg.] (1999): Physiologie und Ökologie der Gehölze. Spektrum Akademischer Verlag, Heidelberg.

Matyssek, R.; Fromm, J.; Rennenberg, H.; Roloff, A. (2010): Biologie der Bäume. Ulmer, Stuttgart.

Oldfield, S.; Lusty, Ch.; MacKinven, A. [Hrsg.] (1998): The World List of Threatened Trees. World Conservation Press, Cambridge.

Pirc, H. (2016): Enzyklopädie der Wildobst- und seltenen Obstarten. Leopold Stocker, Graz.

Rehder, A. (1940): Manual of Cultivated Trees and Shrubs Hardy in North America. Ed. 2. MacMillan, New York.

Reim, S.; Proft, A.; Heinz, S.; Höfer, M. (2010): Erhaltung von *Malus sylvestris* L. unter *In-situ*-Bedingungen im Osterzgebirge. In: BLE (Bundesanstalt für Landwirtschaft u. Ernährung; Hrsg.) (2010): Informationstage Biologische Vielfalt. Modell- und Demonstrationsvorhaben. Tagungsband. Bonn. S. 136-145

Richter, C. (2010): Holzmerkmale. 3. Aufl. DRW Weinbrenner. Leinfelden-Echterdingen.

Roloff, A. (2013): Bäume in der Stadt: Besonderheiten, Funktion, Nutzen, Arten, Risiken. Ulmer, Stuttgart.

Roloff, A. (2013): Bäume: Lexikon der praktischen Baumbiologie. Wiley-VCH, Weinheim.

Roloff, A. (2015): Handbuch Baumdiagnostik: Baum-Körpersprache und Baum-Beurteilung  Ulmer, Stuttgart.

Roloff, A. (2017): Der Charakter unserer Bäume. Ihre Eigenschaften und Besonderheiten. Ulmer, Stuttgart.

Roloff, A. (2021): Trockenstress bei Bäumen: Ursachen • Strategien • Praxis. Quelle & Meyer, Wiebelsheim.

Roloff, A. [Hrsg.] (2018): Enzyklopädie der Holzgewächse. Wiley-VCH, Weinheim.

Roloff, A. [Hrsg.] (2020): Die starken Bäume Deutschlands: 111 faszinierende Naturerben und ihre Geschichten. Quelle & Meyer, Wiebelsheim.

Roloff, A.; Bärtels, A. (2018): Flora der Gehölze. 5. Aufl. Ulmer, Stuttgart.

Rotach, P. (2000): Zur Gefährdung seltener Baumarten in der Schweiz: Grundsätzliche Überlegungen, Situationsanalyse und zwei Fallbeispiele. Forest Snow Landscape Research 75, 1/2: 267–284.

Schmidt, C.; Michaelis, G. (2010): Deutsche Genbank Rhododendron. In: BLE (Bundesanstalt für Landwirtschaft u. Ernährung; Hrsg.) (2010): Informationstage Biologische Vielfalt. Modell- und Demonstrationsvorhaben. Tagungsband. Bonn. S. 240-246.

Schmidt, P. A. (1996): Forest development and the status of woody flora in Germany. In: Hunt, D. (ed.): Temperate Trees under Threat. Proceed. IDS Symposium Conservation Status of Temperate Trees University of Bonn 1994. S. 5–40.

Schmidt, P. A.; Hecker, U. (2020): Die wildwachsenden und kultivierten Laub- und Nadelgehölze Mitteleuropas. Quelle & Meyer, Wiebelsheim.

SCHMIDT, P. A.; TEGELER, R. (2013): Rare and other remarkable trees in nature and cultivation in Germany. Annals of Agrarian Science 11, 2: 91–94.

SCHÜTT, P.; SCHUCK, H. J.; STIMM, B. [Hrsg.] (2002): Lexikon der Baum- und Straucharten. Nikol, Hamburg.

SCHWARZE, F.W.M.R.; ENGELS, J.; MATTHECK, C. (2011): Holzzersetzende Pilze in Bäumen. Rombach, Baden-Baden.

SPOHN, M. und R. (2020): Die Rinden unsere Bäume. Quelle & Meyer, Wiebelsheim.

STUBENAZY, T. (2021): Waldwissen in Frage und Antwort: Die Grundlagen zu Wald und Boden. Print on demand.

WAGENFÜHR, R. und A. (2021): Holzatlas. Carl Hanser, München.

WULFF, E.; BOUILLON, J. (2024): Erstellung einer neuen Winterhärtezonenkarte für Europa unter Berücksichtigung mesoklimatischer Effekte. Mitt. Deutsch. Dendrol. Ges. 109: 81–98.

# Register

## A


Abholzigkeit 121, 210
*Abies alba* 40, 44, 86, 181, 182, 265
*Abies amabilis* 51
*Abies nebrodensis* 260
*Abies nephrolepis* 159
*Abies nordmanniana* 157, 250
abiotische Gefahren 185
Abschiedskragen 208
Absterben 141, 142
Abwehrstrategien 191
*Acacia* 171
*Acer campestre* 123
*Acer capillipes* 47
*Acer opalus* 262
*Acer palmatum* 13
*Acer pseudoplatanus* 10, 264
*Acer sempervirens* 137
Adventivwurzeln 125
Ahorn, Berg- 10, 264
Ahorn, Fächer- 13
Ahorn, Feld- 123
Ahorn, Japanischer 127
Ahorn, Roter Schlangenhaut- 47
Ahorn, Schneeball- 262
*Ailanthus altissima* 274
Akazien 171
Akazie, Schirm- 164
Akrotonie 10
Algen 206
Allee 218, 221, 223
*Alnus glutinosa* 264
Alter 41, 143, 145
Altersspanne 143
ältester Baum 146
Andentanne 259, 266
Anpassungsprozesse 134
Anthozyane 127
Apfel, Holz- 264, 266
Apfel, Wild- 264, 265, 266
apomiktisch 266
Aprikose, Japanische 235
*Araucaria araucana* 259, 266
Arboretum 270
Archäophyt 254, 261
Areal 151
Arillus 92, 93
Artenschutz 265
Artnamen 29
Astnarbe 124
Atemknie 118, 133
Atemwurzeln 133
Atmung 103
Aufsitzerpflanze 22
Ausbreitung 252
Außenhaut 39
Aussterben 262
*Avicennia germinans* 118
Azalee, Dahurische- 159


## B


Balsampappel, Westliche 14
Bärlappe 14
Basenpaar 14
Basitonie 10
Bast 61
Bauarbeiten 193
Baum 9, 12
Baum des Jahres 245f
Baumgrenze 160
Baumhöhe 109
Baumkalender 251
Baumpflanzung 215
Baumstubben 63
Bedecktsamer 14, 16, 17, 18, 74
Behaarung 137
*Berberis vulgaris* 12
Bergeibe, Lockere 20

Bestäubung 71
Bestäubungstropfen 81, 84
*Betula alleghaniensis* 47
*Betula nana* 160
Bildungsgewebe 61
binäre Nomenklatur 28, 29
Biomasseproduktion 115
Birke 169
Birke, Gelb- 47
Birke, Niedrige 264
Birke, Zwerg- 160
Birne, Birkenblättrige 48
Birnengitterrost 203
Blatt 35
Blattalter 41
Blattanatomie 148
Blattaustrieb 137
Blattdornen 52
Blattfall 130
Blattfläche 137
Blattnervatur 39
Blatttypen 35
Blauglockenbaum 115
Blüte 77
Bodenbeschaffenheit 56
Bodenluft 57
Bonsai 112
Boreale Wälder 158
Borke 45, 46, 49, 206
botanische Gärten 269
Braunfäule 198
Brechnussbaum 238
Buche 12, 33
Buchengewächse 12
Buchen-Hallenwald 183
Buche, Orient- 157
Buche, Rot- 33
Buche, Rot- ‚Rotundifolia' 232
Buchsbaum 264
Bundesartenschutzverordnung 268
Bundesnaturschutzgesetz 268
Bundeswaldinventur 175
*Buxus sempervirens* 264

C

*Callitris endlicheri* 90
*Calothamnus* 22
*Calothamnus rupestris* 22, 35
Carl von Linné 28
*Carpinus betulus* 34
*Carya* 18
*Castanea sativa* 254
*Cathaya agyrophylla* 86
*Cedrus brevifolia* 112
*Cephalotaxus harringtonia* 86
*Cerbera odollam* 238
*Chamaecyparis lawsoniana* 79
Champion Tree 246, 273
Chinesenbart 124
Chlorophyll 42, 102, 127
Chloroplasten 102
*Chrysophila warscewiczii* 52
*Cinnamomum camphora* 235
*Cornus* 12
*Cornus mas* 13
*Crataegus rhipidophylla* 264
*Cryptomeria japonica* 85
*Cupressus cashmeriana* 19
*Cupressus sempervirens* 292
*Cycas circinalis* 21
*Cycas revoluta* 15, 19
*Cytisus scoparius* 102

D

*Daphne mezereum* 268
Darrdichte 69
*Dacrydium laxifolium* 20
Deckschuppe 91
Dendrochronologie 149
Dendrologie 240

Deutsche Dendrologische Gesellschaft 240
Dickenwachstum 39, 107, 113, 139
Distickstoffmonoxid 105
Dominanzbereich 153
Doppelnadeln 44
Dorn 52
Douglasie 109, 179
Drehwuchs 119
dreihäusig 71, 73
Durchwurzelung 56, 138

## E

Eberesche, Kahle 261
Efeu 12
Eibe, Europäische 92, 79, 237
Eibe, Japanische 267
Eiche 12
Eiche, Flaum- 262, 264
Eiche, Gall- 98
Eiche, Trauben- 123
einhäusig 71, 73
einheimisch 253
einsame Bäume 164
Eisenholzbaum 42
Elsbeere 263, 272
Embolie 136
*Ephedra distachya* 21, 38
*Ephedra fragilis* 21
Epidermis 137
Epikotyl 100
Epiphyt 27, 206
Epitheton 29
Erbinformation 80
Erhaltung 265
Erle, Schwarz- 264
Erneuerungsknospen 11
Erntefestmeter 180
Esche 14
Esche, Gewöhnliche 264
Esche, Grün- 257
Eschentriebsterben 188
Ethylen 150
*Eucalyptus melliodora* 235
Eukalyptus 170, 170, 235
*Euphorbia triangularis* 52
Existenzbereich 152

## F

Fadenalge, Rotbraune 207
*Fagus orientalis* 157
*Fagus sylvatica* 33, 76, 232
*Falcatifolium taxoides* 22, 27
Farbstoffe 42
Farn 14, 20
Farne, baumförmige. Siehe Baumfarn
Fäulepilze 203
Feinstaub 104
Feinwurzeln 53, 55
Femelschlag 176
Feuerschutzborke 49
Fichte 14, 18, 181
Fichte, Ajan- 159
Fichte, Orientalische- 157
Fichte, Rot- 43, 51, 79, 89, 181, 182
*Fitchia mangarevensis* 259
*Fitzroya cupressoides* 19
Flaschenbauch 209
Flechte 206
Fliegenpilz 196
Flügelfrüchte 102
Flusszeder, Chilenische 79
*Fokienia hodginisii* 90
Fortpflanzung 71
*Franklinia alatamaha* 259
Franklinbaum 259
Fraßschutz 50
*Fraxinus* 16
*Fraxinus excelsior* 264
*Fraxinus pennsylvanica* 257

Freistand 115
Fremdländer 255
Fressfeinde 200
Frostleiste 204
Frosttrocknis 43, 118
Frostverträglichkeit 161
Fruchtbehang 75
Fruchtblatt 18, 74
Früchte 20
Früchte mit Flügeln 95
Früchte mit Lufteinschlüssen 96
Fruchtfarbe 95
Fruchtwand 20
Frühholz 66

## G

Gagelstrauch 264
Gattungsnamen 29
Gedächtnis 147
Gefährdete Baumarten 259
Gefährdung 262, 263
Gefäße 66
Gefäßparasiten 189
Gefäßpflanzen 16
Geflügelte Früchte 95
Gehölz 11
Gehölzarten 17
Gehölzfamilie 170
Geißblatt, Wald- 13
Genbanken 265
genetische Vielfalt 266
Genom 14
gentechnisch veränderte Bäume 236
Gespensterbuchen 183
Gewöhnlicher Seidelbast 268
giftigste Gehölze 237
Ginkgo 12, 15, 17, 20, 23, 129, 94, 125
*Ginkgo biloba* 15, 19, 23, 38, 94, 129, 235, 260
Ginkgosamen 94
Ginster, Besen- 102
Glattrinde 47
Gleditsche, Kaspische- 52
*Gleditsia caspica* 52
Glukose 101
Gnetaten 20, 21
*Gnetum gnemon* 19, 38, 85
Goldlärche 129
Götterbaum 274
Granite Net-Bush 22
Großstrauch 13
Grundstoffe 108
Gymnospermen 94

## H

Habitus 115
Hainbuche 34
Halbstrauch 11, 12
Hartriegel 12
Harz 50
Heckenkirsche, Rote 10
*Hedera helix* 12
Heilmittel 236
Herbstfärbung 42, 127
Herzwurzelsystem 58
Hexenbesen 126
Hiba-Lebensbaum 38
Hickorynuss 18
*Hippomane mancinella* 237
Hiroshima 235
Hitze 200, 277
höchster Baum 109
Hochwald 176
Holländische Ulmenkrankheit 233
Holz als Nahrungsmittel 70
Holzfasern 66
Holzfäulepilz 196
Holzgewicht 69
Holzmaße 180
Holzstrahlen 66

Holzstraßen 239
Hopfenbuche 77
Hunde-Urin 207
Hutewald 177
Hypokotyl 99

I

*Ilex aquifolium* 235, 268
*Ilex gardneriana* 260
*Ilex rotundata* 235
immergrün 42, 137
Immunsystem 190
Informationen 148
Informationsspeicherung 148
Innenwurzeln 125
Insektenbefall 189
Insektenbestäubung 84
Intermediäre Samen 98
Internodien 100
invasive Gehölze 256
Isopren 105

J

Jahrringe 61, 107, 138, 147, 148
Jahrringe (Wurzeln) 61
Johannisbeere 12
Johannistrieb 122, 123
*Juniperus chinensis* 235
*Juniperus communis* 82, 93, 169

K

Kahlschlag 176
Kälte 200
Kältereize 99
Kambium 9, 107, 206
Kampferbaum 235
*Karomia gigas* 260
Karomie, Riesen- 260
Kastanie, Ess- 254
Kätzchen 77
Keimblätter 99
Keimfähigkeit 97
Keimhemmung 99
Keimruhe 99
Keimung 98
Keimzellen 20
Kernholz 65
Kiefer 18
Kiefer, Coulters- 87, 90
Kieferngewächse 18, 20
Kiefer, Wald- 14, 22, 51, 83, 156, 253
Kiefer, Weymouths- 14
Kiefer, Zucker- 87
Kirsche 14
Kirsche, Felsen- 255
Kirsche, Vogel- 42, 74
kleinster Baum der Erde 112
Kletterpflanzen 212
KlimaArtenMatrix 218
klimastabile Wälder 180
Klimawandel 213, 179, 274
Klimaxbaumart 154, 156
Klon 72
Knospenschuppen 12
Knospenschwellen 140
Kohlendioxid 101
Kohlenhydrate 101
Kohlenstoff 103, 150
Kohlenstoffdioxid 104
Kommunikation 150
Konifere 20, 22, 78, 85
Koniferenblüte 78
Kopfeibe, Japanische 86
Korkkambium 46
Korkwarzen 119
Kornelkirsche 13
Krankheiten 191
Krebs 202
Kretischer Ahorn 137

kulturhistorisch 241
Kurztrieb 42, 45
Küsten-Mammutbaum 31, 32, 49

L

Langtrieb 42
*Laetiporus sulphureus* 196
Lärche, Europäische 129
*Larix decidua* 129
*Larix gmelinii* 158, 160
Latschen-Kiefer 83
Laubabwurf 129
Laubfärbung 129
lebende Fossilien 14
Lebensbaum, Sibirischer 20
Lebensfaktoren 108
Lebensform 11
Leitungsbahnen 136
Lentizellen 119
Liane 12, 21
Lichtbaumart 153
Lichtblätter 148
Lichtkeimer 99
Lignin 64, 70
*Liriodendron tulipifera* 210
Lokalendemiten 259
Lorbeerwald 171
*Lonicera caprifolium* 13
*Lonicera xylosteum* 10
Luftqualität 104
Luftsäcke 83
Luftschadstoffe 104
Lupine, Vielblättrige- 19
*Lupinus polyphyllus* 19

M

Magnolia 12, 14
Magnolien 12, 14
*Mahonia aquifolium* 224
Mahonie 224
Maibaum 243
Makrophanerophyten 12
*Malus sylvestris* 264, 266
Mammutbaum 20, 31
Mammutbaum, Berg- 32, 49
Manchinelbaum 237
Maserknollen 202
Massenkork 47
Maulbeereibe 20
mechanische Schäden 186
Meerträubel 21, 38
Mehlbeere 134
Mehrstämmigkeit 115
*Mespilus germanica* 255
*Metasequoia glyptostroboides* 15, 16, 31, 33, 86, 129, 210
*Microbiota decussata* 159
*Microcachrys tetragona* 20
Mintolla 238
Mispel, Echte 255
Mistel 211
Mittelwald 253
Moderfäulepilze 198
montane Wälder 158
Moosbeere 264
Moose 16, 20, 206
Mykorrhiza 56, 149, 196
*Myrica gale* 264
*Myricaria germanica* 261, 266
Myrtengewächse 170

N

Nacktsamer 14, 16, 17, 18, 20, 24, 38, 84, 85, 259
Nadelbäume 22, 275
Nadelblätter 22, 38, 39
Nadelblattmorphologie 37
Nadelgehölze 17
Nährstoffarmut 23

Nassstandorte 134
Nationalerbe-Baum 247, 273
Naturdenkmal 272
Naturmonument 272
Nebenblattdornen 53
*Nectria cinnabarina* 204
nemorale Wälder 157
Neophyt 254
Netzwerke 150
nichteinheimische 254
Niederwald 177
Nomenklatur 30

O

Oberholz 116
oberirdische (epigäische)
Keimung 100
Obstgehölze 227
Ökosystemleistung 220
Orthodoxes Saatgut 97
*Osyris alba* 21
Ozon 106

P

Palisadengewebe 35
Palme 9
Palmfarn 15, 16, 20, 22, 24
Panaschierung 234
Pando 72
Pappel, Verschiedenblättrige 97
Parasit 27
*Parasitaxus usta* 22, 27
*Parrotia persica* 42
Patagonische Zypresse 19
*Paulownia tomentosa* 115
Pfahlwurzelsystem 58
Pflanzengallen 208
Pflanzensammlungen 269
Phanerophyten 11
Photosynthese 41, 101, 102, 103
*Picea* 14, 18, 181
*Picea abies* 43, 51, 79, 89, 181, 182
*Picea jezoensis* 159
*Picea orientalis* 157
*Pilgerodendron uviferum* 79
Pilzgeflecht 55
Pilzinfektionen 191
*Pinus coulteri* 87, 90
*Pinus lambertiana* 87
*Pinus mugo* 83, 86, 159
*Pinus strobus* 14
*Pinus sylvestris* 22, 37, 51, 83
Pionierbaumart 72, 153, 156
Pionierwaldstadium 154
Plastizität 108
Plattenborke 48
*Platycladus decussata* (Syn.
*Microbiota decussata*) 21
Plenterwald 177
*Podocarpus neriifolius* 79
Pollenblätter 92
Pollenfang 20
Pollenkörner 83
Pollenzapfen 78, 86
*Populus heterophylla* 97
Potenzbereich 152
Primärblätter 100
primäres Dickenwachstum 9
Propfanomalie 213
*Prunus avium* 42, 74
*Prunus mahaleb* 255
*Prunus mume* 235
*Prunus spinosa* 52
*Pseudolarix amabilis* 129
*Pseudotsuga menziesii* 109, 179
*Pyrus betulifolia* 48

Q

*Quercus* 12

*Quercus infectoria* 98
*Quercus petraea* 123
*Quercus pubescens* 262, 264
*Quercus robur* 14, 273

## R

Raummeter 181
Regenwald 138, 171
Regulationsmechanismen 134
Reifholzarten 65
Rekalzitrantes Saatgut 98
Rekordbaum 246, 272, 273
Resistenz 190
*Rhododendron* 171
*Rhododendron calophytum* 171
*Rhododendron dauricum* 159
Rhododendron, Schöner 171
*Rhododendron tomentosum* ( Syn.: *Ledum palustre*) 264
Ribes 12
*Ricinus communis* 238
Rinde 45, 46, 206
Rindenbrand 204
Rindenbrandnekrose 204
Rindenquetschfalte 124
ringporig, Ringporer 67, 132, 135, 136
Rispelstrauch 261, 266
Rizinus 238
Robinia 272, 274
Robinie 272, 274
Rohdichte 69
Röhrensystem 136
*Rosa omeiensis* f. *pteracantha* 52
Rose, Omei- 52
Rosengallwespe 208
Rosettenpflanze 11
Rost 202
Rote Liste 258, 261, 269
Rotpustelpilz 204
Rutenstrauch 21

## S

Sago-Palmfarn 19, 21
Salicylsäure 237
*Salix babylonica* 235
*Salix bicolor* 261
*Salix chaenomeloides* 235
*Salix herbacea* 111
Salzvergiftung 195
*Sambucus nigra* 13
Samen 90, 94
Samenanlage 18, 81, 84
Samenflügel 90
Samenmantel (= Arillus) 93
Samenpflanzen 14, 17, 18
Samenschuppe 91
Samenzapfen 78, 87, 91
Sauerdorn 12
Sauerstoff 101
Sauerstoffproduktion 101
Saugspannung 135
Saumschlag 176
Schachtelhalme 14
Schaderregertypen 187
Schädlinge 191
Schaftpflanze 11
Schattenbaumart 153
Scheinfichte 86
Scheinzypresse, Lawsons 79
Schirmschlag 176
Schirmtanne 44
Schirmtanne, Japanische 79, 90
schlafende Augen 107
Schlauchpilz 126, 204
Schlehe 62
Schleimfluss 203
Schmuckzypresse, Rote 90
schnellwachsende Baumarten 114
Schnittmaßnahmen 228
Schopfbaum 20, 21
Schuppenborke 48

Schüttraummeter 181
Schutz 266, 268
Schwammgewebe 36
Schwarze Mangrove 118
Schwarzer Holunder 13
Schwefelporling 196
*Sciadopitys verticillata* 44, 79, 90
Seidelbast, Lorbeer- 268
Sekundäres Dickenwachstum 9, 16, 61
Selbstbestäubung 80
Selbstmordbaum 238
Seltenheit 263
Senkerwurzelsystem 58
*Sequoia sempervirens* 31, 32
*Sequoiadendron giganteum* 32, 49
Sicheltanne, Japanische 48, 85
Skelettwurzeln 53
Sommergrüne Gehölze 42
Sommerschnitt 228
Sonnenbrand 186, 206
*Sophora toromiro* 260
*Sorbus aucuparia* subsp. *glabrata* 261
*Sorbus torminalis* 70, 167, 263
Sorten 231, 233
Spaltöffnungen 39, 40, 117, 134, 135
Spaltöffnungsstreifen 40
Spannrückigkeit 120
Spätholz 66
Speierling 29, 262
Splint 65
Splintholzarten 65
Spreizklimmer 21
Sprossdornen 52
Stabilität 64
Stachel 52
Stadtstandort 142
Stammbasis 210
Stammhöhlung 198
Stammschutz 194
Standort 151, 163
Standortansprüche 152
Standortbedingungen 151
Standsicherheit 230
*Stangeria eriopus* 38
Staubblätter 74
Stechpalme, Europäische 235, 268
Stechpalme, Nilgiri- 260
Steineiben 20
Steineibengewächse 22
Steineibe, Oleanderblättrige 79
Stickoxide 105
Stickstoff 127
Stiel-Eiche 14, 273
Straßenbaum 217, 219
Strauch 12
Streifenborke 48
Streifenkork 47
Stress 106, 200
Stressfaktoren 142
Streuobst 226
Streusalz 194
*Strychnos nux-vomica* 238
subalpine Wälder 159
Sukzession 154
Sumpf-Porst 264
Sumpfzypresse 118, 129
Symbiose 55

T

Tag des Baumes 244
Tagesverlauf 139
Tamariske, Deutsche 261
Tanne, Marokko- 260
Tannen 18
Tannen-Mistel 262
Tanne, Nordmanns- 250
Tannen-Rose 261
Tannensterben 266
Tanne, Purpur- 51
Tanne, Sizilien- 260
Tanne, Weiß- 40, 86, 182

Tanzlinde 250
Taubenbaum 86
*Taxodium distichum* 118, 129
Taxol 237
*Taxus baccata* 76, 79, 92, 268
*Taxus cuspidata* 267
Terpene 106
Terpentinöl 51
Theophrastos von Eresos 28
*Thujopsis dolabrata* 38
Tierausbreitung 24, 25, 93, 95
Toleranz 190
Toromiro-Schnurbaum 260
Transpiration 136
Transpirationssog 135
Transportvorgänge 53
Traubenkirsche, Späte 257, 274
*Trentepohlia umbrina* 207
*Trichocereus terscheckioides* 52
Trockenheit 132, 136, 137
Trockenstress 131, 134
Tschitschi 125
Tulpenbaum 210
Tumor 202

U

Übergangswaldstadium 154
Ulme 233
Ulme, Holländische 102
Ulmenwelke 189, 191
Ulme, Resista-~ 'Sapporo Autumn Gold' 233
Ulmus 102, 189, 191, 233
Unterholz 116
unterirdische (hypogäische) Keimung 100
urbane Ökosysteme 221
Urweltmammutbaum 15, 31, 33, 86, 129, 210

V

*Vachellia tortilis* 164
Vanillin 239
Verankerung 53
Verdunstung 23, 117
Verdunstungsrate 37
Verdunstungsschutz 134
verfärben 127
Verkehrssicherheit 230
Verkehrssicherungspflicht 229
Verkernung 65
Verwendung 277
Virusinfektionen 201
*Viscum album* 211
Viskose 239
Volksname 28, 30
Vollparasit 22
Vorratsfestmeter 180

W

Wacholderbeere 93
Wacholder, Chinesischer 235
Wacholder, Gewöhnlicher 82, 93, 169
Wachsschicht 39
Wachstumsgewebe 107
Wachstumsregulatoren 54
Wachstumsschicht 45
Waldfläche 175
Waldgesellschaft 172, 173
Waldgrenze 151, 160
Waldrebe 12
Walnuss 17, 18
Washingtoner Artenschutzübereinkommen 268
Wasser 101
Wasserfilm 136
Wasserhaushalt 134
Wassermangel 132, 200
Wasserpotenzial 135

Wasserstress 23
Wassertransport 117, 135
Weide 237
Weide, Babylonische Trauer- 235
Weide, Kätzchen- 235
Weide, Kraut- 111
Weidengewächse 170
Weide, Rundblättrige 235
Weide, Zweifarbige 261
Weihnachtsbaum 248, 249
Weiserjahre 149
Weißbuche 34
Weißdorn, Krummkelch- 264
Weißfäulepilze 198
Weiß-Kiefer, Chinesische 17
Weiß-Tanne 265
weltweit gefährdeter Baumarten 259
*Welwitschia mirabilis* 38, 39, 85
Welwitschie 38, 39, 85
Wertholz 115
Wetterbuche 243
Widerspänigkeit 120
Wildobst 224
windbestäubt 84
Winterblüher 140
Winterhärtezonen 161
winterkahl 130
Winterruhe 117
Winterschlaf 117
wissenschaftlichen Namen 28, 30
Wolfsmilch, Dreikantige 52
*Wollemia nobilis* 15, 16, 86, 166
Wollemie 15, 16, 86, 166
Wuchsformen 12
Wuchsgeschwindigkeit 115
Wunderbaum 238
Wundleiste 205
Wurzelatmung 57
Wurzelbereich 193
Wurzelbildung 99
Wurzelbrut 72
Wurzeldornen 53
Wurzeldruck 136
Wurzelfraß 189
Wurzelmasse 60
Wurzeln 53, 56, 63
Wurzelraum 192
Wurzelstachel-Palme 52
Wurzelsysteme 53, 56, 58, 59
Wurzeltiefe 56
Wurzelverwachsungen 63

X

Xylem 61

Z

*Zamia amblyphyllidia* 26, 85, 91
*Zamia furfuracea* 91
*Zamia pseudoparasitica* 21, 27
Zapfen 25, 86, 87, 88
Zapfengröße 87
Zapfenposition 88
Zapfenspindel 89
Zeder, Atlas- 260
Zeder, Zypern- 112
Zellarten 66
Zellulose 64, 70
Zentralfäule 197
Zerberusbaum 238
Zerstreutporer 67, 132, 135, 136
zweihäusig 71, 73
Zwergstrauch 11, 20, 21, 111
Zwergstrobe 20
Zwieselbildung 115
Zwitterblüte 74
zwittrig 71, 73, 74
Zypresse, Kaschmir- 19
Zypresse, Mittelmeer- 252
Zypressengewächse 20
Zypresse, Pemou- 90

# Eine unerschöpfliche Informationsquelle!

Dieses Standardwerk beschreibt über 1000 in Mitteleuropa wild wachsende und kultivierte Laub- und Nadelgehölze. Erkennungsmerkmale, Verbreitung, Lebensräume und Verwendung der Gehölze werden ebenso beleuchtet und erklärt wie deren Namen, biologische und ökologische Eigenschaften, Ansprüche an den Standort und die Möglichkeiten der Nutzung. Das Buch liefert ebenso Informationen, ob die Arten gefährdet, giftig oder besonders geschützt sind. Eine Liste mit geeigneten Wildobstarten und Hinweise auf bonsai-geeignete Arten runden dieses Buch ab. Ein wertvoller Begleiter und eine unerschöpfliche Informationsquelle – egal ob bei Spaziergängen, Exkursionen oder Ausflügen in unsere heimische Natur!

Peter A. Schmidt/Ulrich Hecker
**Die wildwachsenden und kultivierten Laub- und Nadelgehölze Mitteleuropas**
Beschreibung – Herkunft – Verwendung
680 Seiten, 1152 farb. Abbildungen,
geb., 14,8 x 21 cm
ISBN 978-3-494-01800-3
Best.-Nr.: 494-1800
€ 39,95

Quelle & Meyer Verlag GmbH & Co.
Industriepark 3 · 56291 Wiebelsheim
vertrieb@quelle-meyer.de · www.quelle-meyer.de
Tel.: 0 67 66 / 906-140 · Fax 0 67 66 / 903-320